Springer-Lehrbuch

Springer
Berlin
Heidelberg
New York
Barcelona
Budapest
Hong Kong
London
Mailand
Paris
Tokyo

Jörg Brüdern

Einführung in die analytische Zahlentheorie

Prof. Dr. Jörg Brüdern
Mathematisches Institut A
Universität Stuttgart
Pfaffenwaldring 57
D-70550 Stuttgart

Mathematics Subject Classification (1991):
11-01, 11-N05, 11N13, 11N36, 11M06

ISBN 3-540-58821-3 Springer-Verlag Berlin Heidelberg New York

Die Deutsche Bibliothek – CIP-Einheitsaufnahme
Brüdern, Jörg:
Einführung in die analytische Zahlentheorie / Jörg Brüdern. – Berlin; Heidelberg; New York; Barcelona; Budapest; Hong Kong; London; Mailand; Paris; Tokyo: Springer, 1995
(Springer-Lehrbuch)
ISBN 3-540-58821-3

Satz: Reproduktionsfertige Vorlage vom Autor
SPIN: 10491863 44/3143-5 4 3 2 1 0 – Gedruckt auf säurefreiem Papier

Vorwort

Der vorliegende Text basiert auf Vorlesungen, die der Verfasser unter den Titeln *Primzahlverteilung* im akademischen Jahr 1991/92 und *Einführung in die analytische Zahlentheorie* im Wintersemester 1993/94 an der Georg-August-Universität Göttingen gehalten hat. Dabei sollten die wichtigsten Methoden der multiplikativen Zahlentheorie in möglichst kondensierter Form, aber mit vollständigen, von externen Anleihen freien Beweisen dargestellt werden. Die eher funktionentheoretischen Aspekte wie eine ausführliche Diskussion von Dirichletschen Reihen wird der Leser nicht finden, der Akzent wurde bewußt auf der arithmetischen Seite gesetzt. Die analytischen Eigenschaften etwa der Riemannschen Zetafunktion werden stets nur so weit entwickelt wie es die hier zur Sprache kommenden zahlentheoretischen Untersuchungen erfordern.

Die ersten beiden Abschnitte des ersten Kapitels haben einführenden Charakter. Eingebettet in eine historische Übersicht zur Primzahlverteilung werden für die analytische Zahlentheorie typische Fragen vorgestellt. Anschließend wird der grundlegende Zusammenhang zwischen arithmetischen Funktionen und Dirichlet-Reihen diskutiert und die Theorie an klassischen Grundaufgaben erprobt: der Dirichletsche Primzahlsatz, der Primzahlsatz und Summen zweier Quadrate werden besprochen.

Das zweite Kapitel steht im Zeichen der bemerkenswerten Beiträge Bernhard Riemanns, der den Weg zum Beweis des Primzahlsatzes geebnet hatte. Das Schlüsselergebnis sind die expliziten Formeln in 2.7. Der Primzahlsatz ergibt sich dann erneut. Dieser Weg ist nicht der kürzeste, aber wohl der eindrucksvollste und durchsichtigste. Die analoge Theorie für arithmetische Progressionen wird stets parallel entwickelt und im dritten Kapitel weiter ausgebaut. Dieser Abschnitt gipfelt im für spätere Anwendungen so wichtigen Satz von Siegel-Walfisz. In diesen beiden Kapiteln lehnt sich die Darstellung an das Buch von Davenport an.

Im vierten Kapitel wird die Zetafunktion im kritischen Streifen näher untersucht. Hier finden bereits Methoden Anwendung, die für die gegenwärtige Forschung von Bedeutung sind. Die in Kapitel 7 benötigten Mittelwertsätze für die Riemannsche Zetafunktion ergeben sich als einfache Folgerung der beiden zentralen Sätze, der approximate functional equation und der Momentenabschätzung für Dirichlet-Polynome. Die Dirichlet-Polynome wiederum werden mit der verallgemeinerten Hilbertschen Ungleichung nach Montgomery und Vaughan behandelt. Zumindest für die in dieser Vorlesung behandelten Anwendungen gibt es einfachere Zugänge, doch zahlt sich der scheinbare Umweg bei der Diskussion des großen Siebs im fünften Kapitel aus. Für

Ungleichungen vom Typ des großen Siebs liefert die Montgomery-Vaughan-Ungleichung zur Zeit die besten Resultate. Gleichzeitig wird eine gewisse Analogie zwischen Dirichlet-Polynomen und trigonometrischen Polynomen sichtbar.

In Kapitel 6 steht eine Identität von Vaughan im Mittelpunkt, die Summen über Primzahlen in gewisse handlichere Summen übersetzt. Das ermöglicht einen weitgehend elementaren Beweis des Satzes von Bombieri-Vinogradov nach einer Methode von Vaughan. Daneben wird noch das ternäre Goldbachsche Problem gelöst. Die dabei zur Anwendung kommende Hardy-Littlewoodsche Kreismethode hätte ein eigenes Kapitel verdient, die tieferliegenden Anwendungen derselben auf Probleme der Primzahlverteilung gehen aber doch über die Ziele dieses Buches hinaus.

Das letzte Kapitel ist von den Kapiteln 5 und 6 unabhängig und stellt eine andere Entwicklungslinie vor. Es werden Methoden zu Untersuchung der Nullstellenverteilung der Zetafunktion behandelt, die zu Dichteabschätzungen führen. Der Text schließt mit dem schönen Satz von Huxley über Primzahlen in kurzen Intervallen. Obwohl nicht offensichtlich, hängen die Methoden der Kapitel 5, 6 und 7 doch eng zusammen. Der historische Beweis des Satzes von Bombieri-Vinogradov benutzt Dichteabschätzungen für Dirichletsche L-Funktionen anstelle der Vaughan-Identität. Andererseits kann der schon erwähnte Satz von Huxley mit einer Variante der Vaughan-Identität nach Heath-Brown ohne Rückgriff auf Dichteabschätzungen bewiesen werden. Die Methode von Halasz-Montgomery in 7.3 fußt auf einer Verallgemeinerung der Besselschen Ungleichung, aus der sich wiederum auch das große Sieb ableiten läßt. Eine völlig andere Anordnung des Materials ist durchaus denkbar.

Der gesamte Text entspricht etwa 6 Semesterwochenstunden Vorlesung. Für einen kürzeren Kurs können entweder Kapitel 7 oder die Kapitel 5 und 6 fortgelassen werden. Ohne Schaden für den weiteren Fortgang kann auch eine beliebige Teilmenge der folgenden Abschnitte übergangen werden: 1.8, 2.9, 4.3, 5.6, 6.4. Wird Kapitel 7 nicht gelesen, darf auch 4.5 ausgelassen werden. Kapitel 1 ist in sich geschlossen und kann auch als kurze Einführung in die Methoden der analytischen Zahlentheorie für sich gelesen werden.

Zur Lektüre sollten neben den üblichen Anfängervorlesungen und einer Kursvorlesung über elementare Zahlentheorie rudimentäre Kenntnisse in Funktionentheorie (Stichwort Residuensatz) ausreichen.

Allen Freunden und Kollegen, die das Entstehen dieses Buches mit kritischem Rat begleitet haben, sei an dieser Stelle herzlich gedankt. Herr Alexander Durner und Herr Lutz Lucht haben Teile des Manuskripts durchgesehen, mein Dank gilt ihnen für ihre wertvollen Hinweise ebenso wie Herrn Siegfried Lehr für die Herstellung der Abbildungen. Zu besonderem Dank verpflichtet bin ich Herrn Stephan Daniel, der mehrere vorläufige Versionen dieses Textes mit großer Sorgfalt und Geduld geprüft hat.

Stuttgart, im Mai 1995 Der Verfasser

Standardnotationen

Im allgemeinen sollten Bezeichnungen aus dem Kontext heraus verständlich sein. Die folgenden Konventionen werden im Text ohne Kommentar benutzt.

Die natürlichen Zahlen $\mathbb{N}$ enthalten nicht die Null, wir schreiben $\mathbb{N}_0 = \mathbb{N} \cup \{0\}$. Das Symbol p ist ausschließlich für Primzahlen reserviert. Komplexe Variable schreiben wir meist wie in der analytischen Zahlentheorie üblich $s = \sigma + it$ mit reellen σ, t. Gelegentlich wird auch, vor allem in funktionentheoretischem Zusammenhang, $z = x+iy$ benutzt. Der komplexe Logarithmus und die allgemeine Potenz sind stets mit dem Hauptzweig des Arguments, also $-\pi < \arg s \leq \pi$, erklärt, wenn nicht ausdrücklich Gegenteiliges gesagt wird. Für $a, b \in \mathbb{C}$ bezeichnet $[a, b]$ die orientierte Strecke von a nach b. Wird diese als Integrationsweg benutzt, wird $\int_a^b$ anstelle von $\int_{[a,b]}$ geschrieben. Die Bezeichnung $[a, b]$ wird bei reellen a, b auch für das abgeschlossene Intervall benutzt; Mißverständnisse sind nicht zu befürchten. Das offene Intervall wird mit (a, b) bezeichnet. Bei ganzen Zahlen a, b ist (a, b) der größte gemeinsame Teiler von a und b, wiederum gibt dies nicht zu Mißverständnissen Anlaß. Gelegentlich treten nur bedingt konvergente Reihen auf. Wir schreiben dann

$$\lim_{M\to\infty} \sum_{|m|\leq M} a_m = \sum_{m=-\infty}^{\infty} a_m,$$

diese kompakte Schreibweise ist entsprechend vorsichtig zu interpretieren.

Die Landau-Symbole O, o haben ihre übliche Bedeutung. Ist $G \subset \mathbb{C}$ und sind $f : G \to \mathbb{C}$, $g : G \to [0, \infty)$ Funktionen, dann schreiben wir $f = O(g)$, wenn es eine Konstante $c \in \mathbb{R}$ gibt mit $|f(z)| \leq cg(z)$ für alle $z \in G$. Anstelle von $f = O(g)$ wird oft die handlichere Schreibweise $f \ll g$ benutzt. In den Anwendungen hängen f und g oft noch von Parametern ab. Die Konstante c hängt dann, sofern nichts anderes gesagt wird, in der Regel von diesen Parametern ab. Ist a Häufungspunkt von $\bar{G}$, dann schreiben wir $f(s) = o(g(s))$ für $s \to a$, wenn $\lim_{s\to a} f(s)/g(s) = 0$ ist. Ähnlich wird $f(s) \sim g(s)$ für $s \to a$ gesetzt, wenn $\lim_{s\to a} f(s)/g(s) = 1$ ist; hier darf g auch komplexwertig sein.

Inhaltsverzeichnis

1. Arithmetische Funktionen und Dirichlet-Reihen

1.1 Primzahlverteilung: eine Einführung

Die natürlichen Zahlen und auch das Rechnen mit diesen erscheinen nicht nur Mathematikern vertraut, ja selbstverständlich. Primzahlen sind beinahe genauso selbstverständlich. Beim Teilen mit Rest kommen nämlich immer wieder Zahlen vor, die sich nur durch 1 und sich selbst ohne Rest teilen lassen. Dies ist die antike Definition einer Primzahl[1]. Es überrascht also nicht, wenn schon in frühen Quellen Primzahlen behandelt werden. Zumindest seit Euklid war bekannt, daß Primzahlen die Bausteine der multiplikativen Struktur der natürlichen Zahlen sind, denn jede natürliche Zahl ist ein Produkt von Primzahlen, und dieses Produkt ist auch im wesentlichen eindeutig.

Fundamentalsatz der Arithmetik. *Zu jedem $n \in \mathbb{N}$ existieren eindeutig bestimmte Zahlen $e(p) \in \mathbb{N}_0$, so daß gilt*

$$n = \prod_p p^{e(p)}.$$

Insbesondere sind nur endlich viele $e(p)$ von Null verschieden.

Der Beweis ist einfach und wird in der elementaren Zahlentheorie erbracht. Die Existenz ergibt sich sofort durch Induktion über n. Für die Eindeutigkeit braucht man den *Euklidischen Hilfssatz*: Teilt p ein Produkt ab, so auch mindestens einen Faktor, etwa a.

Dies allein sollte Motivation genug sein, Primzahlen genauer zu studieren. Die Fragen, die sich anbieten, sind mannigfach. Zunächst ist zu klären, wieviele Primzahlen es gibt. Dann kann man weiter fragen: Gibt es stets Primzahlen in einer vorgegebenen Restklasse? Wie lang muß ein Intervall sein, um sicherzustellen, daß mindestens eine Primzahl darin enthalten ist? Erzeugen die Primzahlen etwa auch die additive Struktur von $\mathbb{Z}$? Nach einer Vermutung von Goldbach (1742) sollten sich alle geraden Zahlen $n \geq 4$ als Summe zweier Primzahlen schreiben lassen. Derartige Fragestellungen sind

---

[1] Nach dieser Definition ist 1 eine Primzahl, was früher durchaus üblich war. Heute wird 1 nicht zu den Primzahlen gerechnet.

typisch für die analytische Zahlentheorie. Wenn sie auch für sich genommen schon interessant erscheinen, so ist die Untersuchung solcher Probleme doch umso berechtigter, wenn die Ergebnisse auch Antworten auf Fragen finden helfen, die auf den ersten Blick nur lose mit der Primzahlverteilung zusammenhängen. Zwei Beispiele sind dem Leser vielleicht bekannt. Sowohl Legendres Beweisversuch des Quadratischen Reziprozitätsgesetzes als auch ein Beweis des Satzes von Hasse und Minkowski über quadratische Formen benutzen die Existenz einer Primzahl in einer gegebenen Restklasse a mod m mit $(a, m) = 1$.

Eine erste Aussage zur Mächtigkeit der Menge aller Primzahlen war bereits in der Antike bekannt.

Satz 1.1.1 (Euklid). *Es gibt unendlich viele Primzahlen.*

Beweis. Angenommen, es gäbe nur endlich viele, etwa $p_1, \dots, p_r$. Dann wäre die Zahl $p_1 p_2 \dots p_r + 1$ nach dem Fundamentalsatz durch mindestens ein p_j teilbar. Nun folgte daraus $p_j | 1$, ein Widerspruch!

Zwar ist dieser Beweis sehr elegant, er liefert aber keinerlei Information über die "Dichte" der Primzahlmenge in $\mathbb{N}$. Fragt man nach der Häufigkeit, nach der "Statistik" der Primzahlen, also etwa nach dem Wachstum der Anzahlfunktion

$$\pi(x) = \#\{p : p \leq x\},$$

dann ist die indirekte Schlußweise des Euklid unbrauchbar. Das Argument läßt sich aber positiv wenden. Sind die p_j der Größe nach geordnet und bezeichnen die Folge aller Primzahlen, dann zeigt das Argument des Euklid $p_{r+1} \leq p_1 p_2 \dots p_r + 1$. Dem läßt sich mit Induktion über r die Ungleichung $\pi(x) > \log \log x$ entnehmen, was an dieser Stelle aber nicht ausführlich begründet werden soll, da wir noch in diesem Abschnitt weit bessere Abschätzungen kennenlernen werden.

Euler hat 1737 einen neuen Beweis für Satz 1.1.1 gefunden, der richtungsweisend für den Einsatz analytischer Hilfsmittel in der Zahlentheorie war. Ausgangspunkt von Eulers Überlegungen ist eine einfache Beobachtung. Sei $\mathcal{P}$ eine endliche Menge von Primzahlen und $s > 0$ reell. Dann gilt die Identität

$$\prod_{p \in \mathcal{P}} \left(1 - \frac{1}{p^s}\right)^{-1} = \prod_{p \in \mathcal{P}} \sum_{k=0}^{\infty} \frac{1}{p^{ks}} = \sum_{n \in \mathcal{N}(\mathcal{P})} \frac{1}{n^s}. \tag{1.1}$$

Hier ist zur Abkürzung

$$\mathcal{N}(\mathcal{P}) = \{n \in \mathbb{N} : p | n \Rightarrow p \in \mathcal{P}\}$$

gesetzt. Zur Begründung von (1.1) ist zunächst jeder Faktor $(1 - (1/p^s))^{-1}$ in eine geometrische Reihe zu entwickeln, dann nach Ausmultiplizieren des Produkts der Fundamentalsatz anzuwenden.

Zu beliebigem $x \geq 2$ wählen wir für $\mathcal{P}$ die Menge aller Primzahlen $\leq x$. Nach dem Fundamentalsatz umfaßt $\mathcal{N}(\mathcal{P})$ zumindest die Menge $\{1, 2, \ldots, [x]\}$. Aus (1.1) folgt also

$$\prod_{p \leq x} \left(1 - \frac{1}{p^s}\right)^{-1} = \sum_{n \leq x} n^{-s} + \sum_{\substack{n > x \\ p|n \Rightarrow p \leq x}} n^{-s}. \tag{1.2}$$

Mit $s = 1$ erhalten wir

$$\prod_{p \leq x} \left(1 - \frac{1}{p}\right)^{-1} \geq \sum_{n \leq x} \frac{1}{n} > \int_1^x \frac{d\xi}{\xi} = \log x.$$

Da $\log x$ für $x \to \infty$ nicht beschränkt bleibt, folgt Satz 1.1.1 erneut. Es folgt aber noch mehr. Wegen der Monotonie des Logarithmus ergibt sich nämlich

$$\sum_{p \leq x} \log \left(1 - \frac{1}{p}\right)^{-1} > \log \log x.$$

Mit der in $|y| < 1$ gültigen Reihenentwicklung

$$\log \frac{1}{1 - y} = \sum_{k=1}^{\infty} \frac{y^k}{k}$$

findet man

$$\sum_{p \leq x} \log \left(1 - \frac{1}{p}\right)^{-1} = \sum_{p \leq x} \sum_{k=1}^{\infty} \frac{1}{kp^k} = \sum_{p \leq x} \frac{1}{p} + E$$

mit

$$\begin{aligned} E &= \sum_{p \leq x} \sum_{k=2}^{\infty} \frac{1}{kp^k} \leq \frac{1}{2} \sum_{p \leq x} \sum_{k=2}^{\infty} \frac{1}{p^k} \\ &= \frac{1}{2} \sum_{p \leq x} \frac{1}{p(p-1)} < \frac{1}{2} \sum_{m=2}^{\infty} \frac{1}{m(m-1)} = \frac{1}{2}. \end{aligned}$$

Durch Kombination dieser Ungleichungen ergibt sich folgende Verschärfung von Satz 1.1.1.

Satz 1.1.2. *Für $x \geq 2$ gilt*

$$\sum_{p \leq x} \frac{1}{p} > \log \log x - \frac{1}{2}.$$

Insbesondere ist $\sum 1/p$ divergent.

Das soeben benutzte Argument läßt sich noch etwas variieren. Für $s > 1$ zeigt der Grenzübergang $x \to \infty$ in (1.2)

$$\sum_{n=1}^{\infty} \frac{1}{n^s} = \prod_p \left(1 - \frac{1}{p^s}\right)^{-1}. \tag{1.3}$$

Mit $s \to 1$ folgt nochmals Satz 1.1.1, denn die harmonische Reihe $\sum \frac{1}{n}$ divergiert, und das Produkt auf der rechten Seite in (1.3) wäre bei $s = 1$ stetig, wenn es nur endlich viele Primzahlen gäbe.

Der Beweis von (1.3) beruht im wesentlichen nur auf dem Fundamentalsatz. Der Schluß ist leicht umkehrbar; aus (1.3) läßt sich der Fundamentalsatz zurückgewinnen. Deshalb kann (1.3) als analytische Fassung des Fundamentalsatzes angesehen werden. Die Entdeckung dieser Identität durch Euler ist damit die Geburtsstunde der analytischen Zahlentheorie. Erst hundert Jahre später ist es Dirichlet gelungen, die Methode so zu verallgemeinern, daß auch für teilerfremde gegebene Zahlen a, m die Reihe

$$\sum_{p \equiv a \bmod m} \frac{1}{p}$$

als divergent erkannt werden kann. Wir besprechen dies in 1.6.

Satz 1.1.2 gibt eine gewisse Einsicht in die Anzahl $\pi(x)$ der Primzahlen $\leq x$. Zur Bestimmung der Größenordnung von $\pi(x)$ reicht er aber bei weitem nicht aus. Um 1800 kristallisierte sich bei mehreren Mathematikern die Vermutung

$$\pi(x) \sim x/\log x \tag{1.4}$$

heraus. Gauß schlug die Asymptotik

$$\pi(x) \sim \int_2^x \frac{dt}{\log t} \tag{1.5}$$

vor. Die Aussagen (1.4) und (1.5) sind äquivalent, wie wir noch sehen werden. Einen Beweis für (1.5) haben unabhängig voneinander Hadamard und de la Vallée-Poussin 1896 erbringen können. Wir zeigen den *Primzahlsatz* (1.5) in 1.7. Ein erster Schritt in Richtung auf den Primzahlsatz geht auf Tchebychev (1852) zurück.

Satz 1.1.3. *Es gibt Konstanten $c_1 > c_2 > 0$, so daß für alle $x > 2$ gilt*

$$c_2 \frac{x}{\log x} < \pi(x) < c_1 \frac{x}{\log x}.$$

Der Beweis ist elementar und wird im Anschluß an die historische Übersicht erbracht. Zumindest die Größenordnung von $\pi(x)$ stimmt damit mit der Behauptung (1.4) überein.

Der entscheidende Durchbruch gelang dann Riemann 1859. Er betrachtet die Reihe

$$\zeta(s) = \sum_{n=1}^{\infty} n^{-s}, \tag{1.6}$$

die in (1.3) auftritt, als Funktion einer *komplexen* Variablen s. Die Reihe konvergiert für $\operatorname{Re} s > 1$ und stellt dort eine holomorphe Funktion dar. Riemann findet eine meromorphe Fortsetzung von $\zeta(s)$ in die gesamte komplexe Ebene. Bei $s = 1$ hat ζ einen Pol erster Ordnung vom Residuum 1, für $s \neq 1$ ist ζ holomorph. In $\operatorname{Re} s < 0$ hat ζ genau bei $s = -2, -4, -6, \ldots$ Nullstellen, in $\operatorname{Re} s > 1$ kann ζ nach (1.3) nicht verschwinden. Riemann behauptet, daß ζ in $0 \leq \operatorname{Re} s \leq 1$ unendlich viele Nullstellen hat. Nun kann man versuchen, die ganze Funktion $(s-1)\zeta(s)$ in ein Weierstraß-Produkt über die Nullstellen zu entwickeln. Dann liegen zwei Produktdarstellungen für ζ vor, nämlich das Weierstraß-Produkt und das Produkt (1.3) über die Primzahlen. Durch Vergleich dieser beiden Produkte gelangt man zu einer bemerkenswerten "Dualität" zwischen den Primzahlen und den Nullstellen ϱ der Zetafunktion in $0 \leq \operatorname{Re} s \leq 1$, die in der sogenannten *expliziten Formel*

$$\pi(x) = \operatorname{li}(x) - \sum_{\varrho:\, \operatorname{Im} \varrho > 0} \left(\operatorname{li}(x^{\varrho}) + \operatorname{li}(x^{1-\varrho})\right) + \int_x^{\infty} \frac{d\xi}{(\xi^2 - 1)\log \xi} - \log 2 \tag{1.7}$$

zum Ausdruck kommt. Dabei wurde zur Abkürzung

$$\operatorname{li}(x) = \lim_{\epsilon \to 0} \left(\int_0^{1-\epsilon} \frac{dt}{\log t} + \int_{1+\epsilon}^{x} \frac{dt}{\log t} \right)$$

benutzt. Auch diese Formel und einiges mehr wurde von Riemann in seiner bahnbrechenden Untersuchung angegeben. Wir besprechen seine Beiträge ausführlich in Kapitel 2. Nach der Tradition wird $\zeta(s)$ als die *Riemannsche Zetafunktion* bezeichnet.

Die explizite Formel wurde 1895 von v. Mangoldt bewiesen. Sie impliziert den Primzahlsatz, wenn die Summe über die Nullstellen als Restglied im Vergleich zum logarithmischen Integral $\int_2^x (\log t)^{-1} dt$ erkannt werden kann. Genau dies ist zumindest im Prinzip dann auch von Hadamard und de la Vallée-Poussin gezeigt worden.

Ähnliche Überlegungen lassen sich auch für die Primzahlverteilung in Restklassen anstellen. Obwohl wir dieser Frage später stets parallel nachgehen wollen, können an dieser Stelle keine weiteren Einzelheiten Erwähnung finden.

Zum Schluß der Einführung soll noch Satz 1.1.3 bewiesen werden. Es stellt sich heraus, daß die Funktion

$$\theta(x) = \sum_{p \leq x} \log p$$

leichter handzuhaben ist als $\pi(x)$. Wir formulieren daher zuerst ein zu Satz 1.1.3 analoges Resultat für $\theta(x)$.

Satz 1.1.4. *Es gilt*

$$\sum_{p\le x}\frac{\log p}{p}=\log x+O(1).$$

Ferner gibt es Konstanten $c_1>c_2>0$, *so daß für alle* $x>2$ *gilt*

$$c_2x<\theta(x)<c_1x.$$

Die in Satz 1.1.3 angegebenen Abschätzungen für $\pi(x)$ sind ein beinahe triviales Korollar dieses Satzes. Die untere Schranke für $\pi(x)$ ergibt sich aus

$$\pi(x)\ge\sum_{p\le x}\frac{\log p}{\log x}=\frac{\theta(x)}{\log x}>c_2\frac{x}{\log x}.$$

Die obere Schranke ist etwas komplizierter. Zunächst gilt

$$\theta(x)\ge\sum_{\sqrt{x}<p\le x}\log p>(\log\sqrt{x})\sum_{\sqrt{x}<p\le x}1=\frac{1}{2}(\log x)(\pi(x)-\pi(\sqrt{x})).$$

Also kommt wie behauptet

$$\pi(x)<\frac{2\theta(x)}{\log x}+\pi(\sqrt{x})=O\Big(\frac{x}{\log x}+\sqrt{x}\Big).$$

Der Beweis von Satz 1.1.4 benutzt zwei Hilfssätze über Fakultäten.

Lemma 1.1.1 (elementare Stirlingsche Formel). *Es gilt*

$$\log n!=n\log n-n+O(\log n).$$

Beweis. Der Logarithmus ist monoton wachsend. Durch Vergleich von Summe und Integral ergibt sich deshalb

$$\log n!=\sum_{k=1}^{n}\log k=\int_1^n\log t\,dt+O(\log n).$$

Nach Ausführung der Integration folgt das Lemma sofort.

Lemma 1.1.2. *Ist*

$$n!=\prod_{p\le n}p^{e(p)},$$

so gilt

$$e(p)=\sum_{k\ge1}\Big[\frac{n}{p^k}\Big].$$

Beweis. Gesucht ist die genaue p-Potenz, die in $n!$ aufgeht. Dazu betrachte man die Menge aller Faktoren von $n!$, also $\{1, 2, \ldots, n\}$. Von diesen sind genau $[\frac{n}{p}]$ durch p teilbar, und allgemeiner genau $[\frac{n}{p^k}]$ durch p^k. Da $e(p)$ die Anzahl aller Faktoren p im Produkt ist, folgt daraus die behauptete Formel für $e(p)$.

Zum Beweis von Satz 1.1.4 logarithmieren wir Lemma 1.1.2 und finden

$$\log n! = \sum_{p \leq n} \log p^{e(p)} = \sum_{p \leq n} \sum_{k \geq 1} \left[\frac{n}{p^k}\right] \log p.$$

Der Beitrag der Terme mit p^k, $k \geq 2$, stellt sich als klein heraus, denn es gilt

$$\sum_{p \leq n} \sum_{k \geq 2} \left[\frac{n}{p^k}\right] \log p \leq n \sum_{p \leq n} \log p \sum_{k \geq 2} \frac{1}{p^k} = n \sum_{p \leq n} \frac{\log p}{p(p-1)} = O(n).$$

Hier ist nur zu beachten, daß die letzte auftretende Summe für $n \to \infty$ konvergiert. Kombinieren wir diese beiden Resultate nun mit Lemma 1.1.1, folgt

$$\sum_{p \leq n} \left[\frac{n}{p}\right] \log p = n \log n + O(n). \tag{1.8}$$

Wir benutzen dies mit n und mit $2n$ anstelle von n und subtrahieren. Wegen $[\frac{n}{p}] = 0$ für $p > n$ ergibt sich

$$\sum_{p \leq 2n} \left(\left[\frac{2n}{p}\right] - 2\left[\frac{n}{p}\right]\right) \log p = 2n \log(2n) - 2n \log n + O(n) = O(n). \tag{1.9}$$

Für beliebiges $\alpha > 0$ ist $[2\alpha] - 2[\alpha] \geq 0$, außerdem ist $[\frac{2n}{p}] - 2[\frac{n}{p}] = 1$ für $n < p \leq 2n$. Deshalb folgt jetzt aus (1.9)

$$\theta(2n) - \theta(n) = \sum_{n < p \leq 2n} \log p = O(n).$$

Diese Abschätzung bleibt auch richtig, wenn statt n eine reelle Zahl x eingesetzt wird, denn man hat

$$\theta(2x) - \theta(x) = \theta([2x]) - \theta([x]) = \theta(2[x]) - \theta([x]) + O(\log x) = O(x),$$

da zwischen $2[x]$ und $[2x]$ höchstens eine Primzahl liegt. Als obere Schranke ergibt sich dann

$$\theta(x) = \sum_{i=1}^{\infty} \left(\theta\left(\frac{x}{2^{i-1}}\right) - \theta\left(\frac{x}{2^i}\right)\right) = O\left(\sum_{i=1}^{\infty} \frac{x}{2^i}\right) = O(x),$$

wie auch im Satz behauptet.

Die erste Aussage in Satz 1.1.4 kann durch Fortlassen der Gaußklammer in (1.8) gewonnen werden. Wegen $[y] = y + O(1)$ gilt

$$\sum_{p\leq n}\frac{n}{p}\log p = n\log n + O(n) + O\Big(\sum_{p\leq n}\log p\Big),$$

und die letzte Summe rechts ist $\theta(n) = O(n)$. Nach Division durch n ergibt sich die gewünschte Asymptotik in Satz 1.1.4 zunächst für $x = n$ und dann auch für reelle x nach obigem Argument.

Jetzt ist noch die untere Schranke für $\theta(x)$ zu verifizieren. Dazu sei $0 < \alpha < 1$. Nach dem schon bewiesenen Teil von Satz 1.1.4 gilt

$$\sum_{\alpha x<p\leq x}\frac{\log p}{p} = \log x - \log(\alpha x) + O(1) = \log\frac{1}{\alpha} + O(1). \tag{1.10}$$

Da die Konstante $O(1)$ hier weder von x noch von α abhängt und $\log(1/\alpha)$ mit $\alpha\to 0$ nicht beschränkt bleibt, ist für hinreichend kleines α und $x > c/\alpha$ für geeignetes $c > 2$ die Summe in (1.10) stets > 10. Wählen wir jetzt ein festes solches α, kommt

$$10 < \sum_{\alpha x<p\leq x}\frac{\log p}{p} \leq \frac{1}{\alpha x}\sum_{\alpha x<p\leq x}\log p \leq \frac{\theta(x)}{\alpha x}.$$

Damit ist auch die untere Schranke für $\theta(x)$ bewiesen.

Die Asymptotik in Satz 1.1.4 erlaubt eine deutliche Verschärfung von Satz 1.1.2. Man beachte, daß sich die beiden in diesen Sätzen behandelten Summen lediglich um einen Faktor $\log p$ in jedem Summanden unterscheiden. Ein solcher Faktor kann mit partieller Summation entfernt werden. Wir erwarten also eine asymptotische Formel für die Summe aus Satz 1.1.2.

Satz 1.1.5 (Mertens 1874). *Für geeignetes $A\in\mathbb{R}$ gilt*

$$\sum_{p\leq x}\frac{1}{p} = \log\log x + A + O((\log x)^{-1}).$$

Partielle Summation ist ein allgemeines Verfahren, Summen des Typs

$$\sum_{n\leq x} a_n b_n$$

auszuwerten, wenn die Summen

$$A(y) = \sum_{n\leq y} a_n$$

bekannt sind. Mit $N = [x]$ ergibt eine einfache Verschiebung des Summationsindexes

$$\sum_{n\leq x} a_n b_n = A(N)b_N - \sum_{n\leq N-1} A(n)(b_{n+1} - b_n). \tag{1.11}$$

Dies ist offenbar für beliebige $a_n, b_n \in\mathbb{C}$ richtig. Oft ist es jedoch zweckmäßig, folgende Formulierung für die partielle Summation zu benutzen.

Lemma 1.1.3. *Seien $y \in \mathbb{N}$ und x reell mit $x > y$. Sei $g : [y, x] \to \mathbb{C}$ stetig differenzierbar. Seien $a_n \in \mathbb{C}$ gegeben und*

$$A(\xi) = \sum_{y \le n \le \xi} a_n$$

gesetzt. Dann gilt

$$\sum_{y \le n \le x} a_n g(n) = A(x)g(x) - \int_y^x A(\xi)g'(\xi)\,d\xi.$$

Die Verwandtschaft dieser Identität mit der partiellen Integration ist kein Zufall. Der Beweis ist einfach. Es gilt

$$\begin{aligned} A(x)g(x) - \sum_{y \le n \le x} a_n g(n) &= \sum_{y \le n \le x} a_n (g(x) - g(n)) \\ &= \sum_{y \le n \le x} a_n \int_n^x g'(\xi)\,d\xi = \int_y^x g'(\xi) \sum_{y \le n \le \xi} a_n \,d\xi \end{aligned}$$

wie behauptet.

Zum Beweis von Satz 1.1.5 benutzen wir Lemma 1.1.3 mit $g(\xi) = (\log \xi)^{-1}$ und $a_p = \frac{\log p}{p}$, $a_n = 0$, wenn n keine Primzahl ist. Dann ist

$$A(\xi) = \sum_{p \le \xi} \frac{\log p}{p}$$

zu setzen, und nach Lemma 1.1.3 ergibt sich

$$\sum_{p \le x} \frac{1}{p} = \frac{A(x)}{\log x} + \int_2^x \frac{A(y)}{y(\log y)^2}\,dy.$$

Wir machen den Ansatz $A(y) = \log y + E(y)$. Nach Satz 1.1.4 ist $E(y) = O(1)$. Einsetzen zeigt

$$\begin{aligned} \sum_{p \le x} \frac{1}{p} &= 1 + O((\log x)^{-1}) + \int_2^x \frac{dy}{y \log y} + \int_2^x \frac{E(y)\,dy}{y(\log y)^2} \\ &= 1 + \int_2^\infty \frac{E(y)\,dy}{y(\log y)^2} + \int_2^x \frac{dy}{y \log y} + O((\log x)^{-1}). \end{aligned}$$

Der fragliche Satz folgt nun ohne Mühe, wenn im letzten Integral die Substitution $t = \log y$ vorgenommen wird.

Satz 1.1.5 impliziert eine Reihe weiterer Ungleichungen, darunter auch die später noch oft gebrauchte Abschätzung

$$\prod_{p \le x} \left(1 + \frac{1}{p}\right) = O(\log x). \tag{1.12}$$

Zur Begründung beachten wir $\log(1+t) \leq t$ für $t > 0$ und haben dann mit Satz 1.1.5

$$\log \prod_{p \leq x} \left(1 + \frac{1}{p}\right) \leq \sum_{p \leq x} \frac{1}{p} \leq \log\log x + O(1).$$

Aufgaben

1. Zeige: Für geeignetes $B > 0$ gilt

$$\prod_{p \leq x} (1 - \frac{1}{p})^{-1} = B \log x + O(1).$$

2. Zeige $\pi(x) > \log\log x$ mit dem Argument des Euklid.

1.2 Teilerstatistik

Der Fundamentalsatz beschreibt die multiplikative Struktur auf $\mathbb{Z}$ nicht nur qualitativ, sondern erlaubt auch erste Einblicke in die Verteilung der Primzahlen, wie die Untersuchungen des vorigen Abschnitts gezeigt haben. In vielen Zusammenhängen ist es wichtig, eine gewisse Übersicht über die Teiler einer natürlichen Zahl zu bekommen. Dabei ist nicht nur die Anzahl $d(n)$ der positiven Teiler von n von Interesse, auch die Anzahl der Primteiler ist eine wichtige Größe. Ist $n = p_1^{l_1} \ldots p_r^{l_r}$ die Primfaktorzerlegung mit paarweise verschiedenen p_i, dann wird

$$\nu(n) = r, \qquad \Omega(n) = l_1 + l_2 + \ldots + l_r \tag{1.13}$$

gesetzt; ν zählt also die *verschiedenen* Primteiler, während Ω die Anzahl *aller* Primfaktoren angibt. Aus dem Fundamentalsatz folgt unmittelbar

$$d(n) = (l_1 + 1) \ldots (l_r + 1), \tag{1.14}$$

die später noch wichtige Ungleichung

$$2^{\nu(n)} \leq d(n) \leq 2^{\Omega(n)} \tag{1.15}$$

ergibt sich unschwer aus (1.13) und (1.14).

Zwar läßt sich für jedes konkret gegebene n die Primfaktorzerlegung und damit auch $d(n)$ explizit berechnen, aber diese nur scheinbar perfekte Antwort auf die Frage nach der Anzahl der Teiler kann nicht zufriedenstellen, denn für sehr große n ist dieses Verfahren weder praktikabel noch liefert es Informationen über die Größenordnung von $d(n)$. Selbstverständlich verhält sich $d(n)$ recht unübersichtlich: es gilt $d(n) = 2$ genau dann, wenn n eine Primzahl ist, andererseits gibt es auch Zahlen mit vielen Teilern. Der nachfolgende Satz beschreibt die maximale Größe von $d(n)$.

Satz 1.2.1. *Sei $\epsilon > 0$ beliebig. Dann gibt es ein $C = C(\epsilon)$, so daß für alle $n \in \mathbb{N}$ gilt $d(n) \leq Cn^\epsilon$. Umgekehrt gibt es zu jedem $A > 0$ unendlich viele n mit $d(n) > (\log n)^A$.*

Beweis. Der zweite Teil des Satzes ist leicht einzusehen. Sei $r \in \mathbb{N}$ mit $r > A+1$. Wir wählen r verschiedene Primzahlen $p_1, \dots, p_r$, setzen $q = p_1 p_2 \dots p_r$ und betrachten die Zahlen $n = q^\nu$ mit $\nu \in \mathbb{N}$. Unter Beachtung von (1.14) ergibt sich

$$\frac{d(q^\nu)}{(\log q^\nu)^A} \geq \frac{d(q^\nu)}{(\log q^\nu)^{r-1}} = \frac{(\nu+1)^r}{\nu^{r-1}}(\log q)^{1-r} > 1$$

für alle hinreichen großen ν.

Die obere Abschätzung für $d(n)$ ist nur wenig schwieriger. Wieder aus (1.14) erhalten wir

$$\frac{d(n)}{n^\epsilon} = \prod_{p^l \| n} \frac{l+1}{p^{\epsilon l}}.$$

Nun ist zu zeigen, daß dieser Ausdruck beschränkt bleibt. Dazu können zunächst alle Faktoren mit $\frac{l+1}{p^{\epsilon l}} \leq 1$ fortgelassen werden. Die umgekehrte Ungleichung $l + 1 > p^{\epsilon l}$ impliziert

$$\log p < \frac{\log(l+1)}{\epsilon l} \leq \frac{1}{\epsilon},$$

so daß wir jetzt

$$\frac{d(n)}{n^\epsilon} \leq \prod_{\substack{p^l \| n \\ p \leq e^{1/\epsilon}}} \frac{l+1}{p^{\epsilon l}}$$

folgern können. Das Produkt enthält höchstens noch $e^{1/\epsilon}$ Faktoren, von denen jeder einzelne wegen $p \geq 2$ durch

$$B(\epsilon) = \max_{l \in \mathbb{N}} 2^{-\epsilon l}(l+1)$$

beschränkt ist. Damit ist der Satz mit $C = B(\epsilon)^{e^{1/\epsilon}}$ bewiesen.

Eine Abbildung $f : \mathbb{N} \to \mathbb{C}$ heißt *arithmetische Funktion*; die Menge aller arithmetischen Funktionen bezeichnen wir mit $\mathcal{A}$. Viele für die Zahlentheorie interessante arithmetische Funktionen zeigen ein ähnlich sprunghaftes Verhalten wie die Teilerfunktionen $d(n)$ und $\nu(n)$. Dennoch läßt sich häufig das Verhalten einer arithmetischen Funktion zumindest grob beschreiben, indem man zu den arithmetischen Mitteln $\frac{1}{N}(f(1) + f(2) + \ldots + f(N))$ übergeht. So werden Irregularitäten gedämpft, und oft läßt sich die Wachstumsordnung der arithmetischen Mittel genau bestimmen. Wir illustrieren dies an den Beispielen $d(n)$ und $\nu(n)$.

Satz 1.2.2. *Es gilt*

$$\sum_{n\le N} d(n) = N\log N + (2\gamma-1)N + O(\sqrt{N}).$$

Hier bezeichnet

$$\gamma = \lim_{M\to\infty}\Big(\sum_{m\le M}\frac{1}{m} - \log M\Big) \tag{1.16}$$

die Eulersche Konstante.

Bevor wir uns dem Beweis dieses auf Dirichlet zurückgehenden Satzes zuwenden, soll zuerst die Existenz des Grenzwerts (1.16) begründet werden. In Lemma 1.1.3 wählen wir $f(t) = t^{-1}$, $a_n = 1$ für alle n und erhalten dann

$$\sum_{n\le x}\frac{1}{n} = \frac{[x]}{x} + \int_1^x [t]t^{-2}\,dt.$$

Hier setzen wir $[t] = t - \{t\}$ ein; dann folgt

$$\begin{aligned}\sum_{n\le x}\frac{1}{n} &= \log x + 1 - \int_1^x \{t\}t^{-2} + O\Big(\frac{1}{x}\Big)\\ &= \log x + 1 - \int_1^\infty \{t\}t^{-2} + O\Big(\frac{1}{x}\Big).\end{aligned} \tag{1.17}$$

Der Grenzwert (1.16) existiert also tatsächlich, und es gilt die Formel

$$\gamma = 1 - \int_1^\infty \{t\}t^{-2}\,dt. \tag{1.18}$$

Zum Beweis von Satz 1.2.2 interpretieren wir $d(n)$ als Anzahl aller Paare $(u,v)\in\mathbb{N}^2$ mit $uv = n$. Dann ergibt sich sofort

$$\sum_{n\le N} d(n) = \#\{(u,v)\in\mathbb{N}^2 :\ uv\le N\}. \tag{1.19}$$

Punkte im $\mathbb{R}^k$ mit ganzzahligen Koordinaten werden als *Gitterpunkte* bezeichnet. Wir haben also die Gitterpunkte im ersten Quadranten des $\mathbb{R}^2$ unter der Hyperbel $uv = N$ zu zählen (siehe Skizze).

Die in (1.19) gezählten $(u,v)\in\mathbb{N}^2$ zerlegen wir in die drei disjunkten Klassen $v > \sqrt{N}$ (in der Skizze die Punkte in I), $u > \sqrt{N}$ (in der Skizze II) und $u\le\sqrt{N}$, $v\le\sqrt{N}$ (in der Skizze das Quadrat III). Wegen der Symmetrie in u und v enthalten die Klassen I und II gleich viele Elemente; ferner gibt es genau $[\sqrt{N}]^2$ Gitterpunkte in III. Damit haben wir

$$\sum_{n\le N} d(n) = 2\sum_{\substack{uv\le N\\ u>\sqrt{N}}} 1 + [\sqrt{N}]^2. \tag{1.20}$$

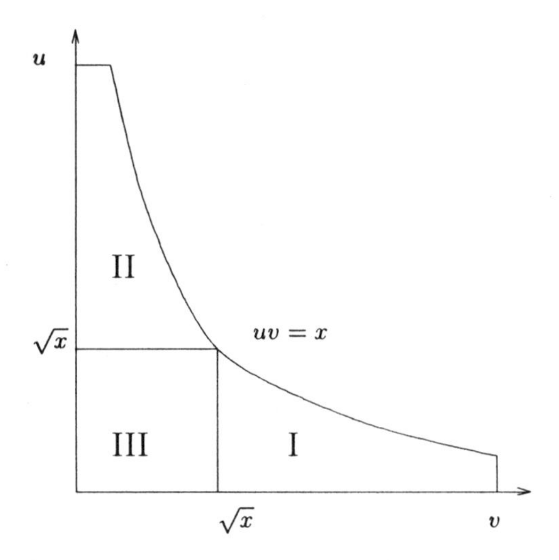

Die Bedingungen $uv \le N$, $u > \sqrt{N}$ sind mit $v \le \sqrt{N}$, $\sqrt{N} < u \le N/v$ äquivalent; es folgt

$$\sum_{\substack{uv\le N\\ u>\sqrt{N}}} 1 = \sum_{v\le\sqrt{N}} \Big(\frac{N}{v} - \sqrt{N} + O(1)\Big) = N \sum_{v\le\sqrt{N}} \frac{1}{v} - N + O(\sqrt{N}).$$

Setzen wir dies unter Beachtung von (1.17) und (1.18) in (1.20) ein, ergibt sich schließlich wie behauptet

$$\sum_{n\le N} d(n) = 2N\log\sqrt{N} + (2\gamma - 1)N + O(\sqrt{N}).$$

Ähnliche asymptotische Formeln wie in Satz 1.2.2 lassen sich auch für $\nu(n)$ und $\Omega(n)$ anstelle von $d(n)$ angeben. Eine einfache Vertauschung der Summationsreihenfolge zeigt

$$\sum_{n\le N} \nu(n) = \sum_{n\le N}\sum_{p|n} 1 = \sum_{p\le N} \left[\frac{N}{p}\right] = N\sum_{p\le N}\frac{1}{p} + O(\pi(N)).$$

Ist A die in Satz 1.1.5 eingeführte Konstante, dann folgt mit diesem Satz und Satz 1.1.3

$$\sum_{n\le N} \nu(n) = N\log\log N + AN + O\Big(\frac{N}{\log N}\Big). \tag{1.21}$$

Für $\Omega(n)$ ergibt sich analog

$$\sum_{n\le N} \Omega(n) = \sum_{n\le N}\sum_{p^l|n} 1 = \sum_{p,l}\left[\frac{N}{p^l}\right],$$

wobei die Summe ganz rechts über alle Primzahlen p und alle $l \in \mathbb{N}$ zu erstrecken ist. Der Beitrag aller Terme mit $l = 1$ in dieser Doppelsumme gleicht $\sum_{n \leq N} \nu(n)$. Da es ferner nur $O(\sqrt{N})$ Paare p, l mit $p^l \leq N$ und $l \geq 2$ gibt, können wir ohne Mühe

$$\sum_{p, l \geq 2} \left[\frac{N}{p^l}\right] = N \sum_p \sum_{l=2}^{\infty} \frac{1}{p^l} + O(\sqrt{N})$$

bestätigen. Mit (1.21) folgt nun

$$\sum_{n \leq N} \Omega(n) = N \log\log N + \Big(A + \sum_p \frac{1}{p(p-1)}\Big) N + O\Big(\frac{N}{\log N}\Big). \tag{1.22}$$

Ist $f : \mathbb{N} \to [0, \infty)$ eine arithmetische Funktion und $g : \mathbb{N} \to (0, \infty)$ monoton, dann heißt g *mittlere Ordnung* von f, wenn gilt

$$\lim_{N \to \infty} \frac{f(1) + \ldots + f(N)}{g(1) + \ldots + g(N)} = 1.$$

In diesem Sinne ist $\log n$ mittlere Ordnung von $d(n)$. Allerdings sollte man nicht versucht sein zu glauben, eine arithmetische Funktion f mit mittlerer Ordnung g nehme häufig Werte in der Nähe von g an. Die Teilerfunktionen können hier als Beispiel dienen, denn es wird sich zwar gleich herausstellen, daß $\nu(n)$ und $\Omega(n)$ in der Tat oft ungefähr den Wert ihrer mittleren Ordnung $\log\log n$ annehmen, wegen (1.15) müssen wir dann für $d(n)$ häufig Werte in der Nähe von $(\log n)^{\log 2}$ erwarten. Dies soll jetzt genauer untersucht werden.

Sei $\mathcal{B} \subset \mathbb{N}$. Dann heißen

$$\begin{aligned} \overline{d}(\mathcal{B}) &= \limsup \frac{1}{N} \#\{n \leq N : n \in \mathcal{B}\}, \\ \underline{d}(\mathcal{B}) &= \liminf \frac{1}{N} \#\{n \leq N : n \in \mathcal{B}\} \end{aligned}$$

die *obere* bzw. *untere Dichte* von $\mathcal{B}$. Gilt $\overline{d}(\mathcal{B}) = \underline{d}(\mathcal{B})$, dann schreiben wir kurz $d(\mathcal{B})$ und sprechen von der Dichte. Gilt $d(\mathcal{B}) = 1$, dann sagt man auch, *fast alle* n gehörten zu $\mathcal{B}$. Die Dichte kann als Wahrscheinlichkeit angesehen werden, bei zufälliger Auswahl einer natürlichen Zahl ein Element aus $\mathcal{B}$ zu wählen.

Ist nun $f : \mathbb{N} \to [0, \infty)$ eine arithmetische Funktion, dann heißt eine monoton wachsende Funktion $g : \mathbb{N} \to (0, \infty)$ *Normalordnung* von f, wenn für jedes $\epsilon > 0$ die Ungleichung

$$|f(n) - g(n)| < \epsilon g(n)$$

für fast alle n erfüllt ist.

Die Normalordnung approximiert im Gegensatz zur mittleren Ordnung die Funktion f tatsächlich, aber nicht notwendig für alle n; Ausnahmen sind auf einer Menge mit Dichte 0 zugelassen.

Satz 1.2.3 (Hardy-Ramanujan, 1917). *Sei* $0 < \delta < \frac{1}{2}$ *gegeben. Sei* $\mathcal{E}_\nu$ *die Menge aller* n *mit*

$$|\nu(n) - \log\log n| > (\log\log n)^{\frac{1}{2}+\delta}.$$

Dann gilt

$$\#\{n \le N : n \in \mathcal{E}_\nu\} \ll N(\log\log N)^{-2\delta}.$$

Dieselbe Aussage bleibt richtig, wenn ν *durch* Ω *ersetzt wird. Insbesondere ist* $\log\log n$ *Normalordnung von* $\nu(n)$ *und* $\Omega(n)$.

Als einfache Folgerung aus (1.15) und Satz 1.2.3 ergibt sich noch, daß $\log d(n)$ die Normalordnung $(\log 2)\log\log n$ hat. Für jedes $\epsilon > 0$ gelten demnach die Ungleichungen

$$(\log n)^{\log 2-\epsilon} < d(n) < (\log n)^{\log 2+\epsilon} \tag{1.23}$$

für fast alle n. Dies präzisiert unsere frühere Bemerkung, die meisten Zahlen hätten etwa $(\log n)^{\log 2}$ Teiler. Die nun naheliegende Frage, ob die Funktion $d(n)$ eine Normalordnung besitzt, wird durch einen Satz von Birch (1957) negativ beantwortet. Darauf kann hier aber nicht näher eingegangen werden.

Für den Beweis des Satzes benötigen wir folgenden Hilfssatz.

Lemma 1.2.1. *Es gilt*

$$\sum_{n \le N} (\nu(n) - \log\log n)^2 \ll N \log\log N.$$

Nehmen wir diese Abschätzung für den Moment als bewiesen an, dann läßt sich der fragliche Satz schnell ableiten. Die Menge

$$\mathcal{F} = \{n \in \mathbb{N} : |\nu(n) - \log\log n| > \tfrac{1}{2}(\log\log n)^{\frac{1}{2}+\delta}\}$$

umfaßt $\mathcal{E}_\nu$, und es gilt

$$\begin{aligned}\sum_{\substack{n\in\mathcal{F}\\ n\le N}} 1 &\le \sqrt{N} + \sum_{\substack{n\in\mathcal{F}\\ \sqrt{N}<n\le N}} \frac{4(\nu(n)-\log\log n)^2}{(\log\log n)^{1+2\delta}}\\ &\le \sqrt{N} + 16 \sum_{\substack{n\in\mathcal{F}\\ \sqrt{N}<n\le N}} \frac{(\nu(n)-\log\log n)^2}{(\log\log N)^{1+2\delta}} \ll \frac{N}{(\log\log N)^{2\delta}}.\end{aligned}$$

Damit ist Satz 1.2.3 für ν bewiesen. Setzen wir weiter

$$\mathcal{G} = \{n \in \mathbb{N} : \Omega(n) - \nu(n) > \tfrac{1}{2}(\log\log n)^{\frac{1}{2}+\delta}\}$$

und beachten die aus (1.21) und (1.22) folgende Ungleichung

$$\sum_{n\le N} (\Omega(n) - \nu(n)) \ll N,$$

dann erhalten wir mit einem ähnlichen Argument wie zuvor

$$\sum_{\substack{n\in\mathcal{G}\\ n\le N}} 1 \le \sqrt{N} + \sum_{\substack{n\in\mathcal{G}\\ \sqrt{N}<n\le N}} \frac{2(\Omega(n)-\nu(n))}{(\log\log n)^{\frac{1}{2}+\delta}} \ll \frac{N}{(\log\log N)^{\frac{1}{2}+\delta}}.$$

Wegen $\mathcal{E}_\Omega \subset \mathcal{F}\cup\mathcal{G}$ folgt Satz 1.2.3 für Ω.

Zum Beweis des Lemmas beginnen wir mit

$$\sum_{n\le N}(\nu(n)-\log\log n)^2 = \sum_{n\le N}\nu(n)^2 + \sum_{n\le N}(\log\log n)^2 - 2\sum_{n\le N}\nu(n)\log\log n. \tag{1.24}$$

Sowohl für den zweiten als auch den dritten Summanden rechts läßt sich leicht eine asymptotische Formel angeben, denn für $\sqrt{N}<n\le N$ gilt

$$(\log\log N) - 1 < \log\log\sqrt{N} < \log\log n \le \log\log N,$$

und damit ergibt sich sofort

$$\begin{aligned}\sum_{n\le N}(\log\log n)^2 &= \sum_{\sqrt{N}<n\le N}(\log\log N + O(1))^2 + O(N)\\ &= N(\log\log N)^2 + O(N\log\log N).\end{aligned} \tag{1.25}$$

Unter Beachtung von (1.21) liefert dieselbe Methode

$$\begin{aligned}&\sum_{n\le N}\nu(n)\log\log n\\ &= \sum_{\sqrt{N}<n\le N}\nu(n)(\log\log N + O(1)) + O\Big(\sum_{n\le\sqrt{N}}\nu(n)\log\log N\Big)\\ &= N(\log\log N)^2 + O(N\log\log N).\end{aligned} \tag{1.26}$$

Gelänge nun eine Verifikation der Formel

$$\sum_{n\le N}\nu(n)^2 = N(\log\log N)^2 + O(N\log\log N), \tag{1.27}$$

dann folgte Lemma 1.2.1 durch Kombination von (1.24), (1.25), (1.26) und (1.27).

Die Herleitung von (1.27) ist etwas technisch. Es gilt

$$\sum_{n\le N}\nu(n)^2 = \sum_{n\le N}\Big(\sum_{p|n}1\Big)^2 = \sum_{n\le N}\#\{(p_1,p_2) : p_1|n,\ p_2|n\}.$$

Für $p_1\ne p_2$ ist $p_1|n$, $p_2|n$ äquivalent mit $p_1p_2|n$. Deshalb folgt weiter

$$\sum_{n\le N}\nu(n)^2 = \sum_{n\le N}\nu(n) + \sum_{n\le N}\#\{(p_1,p_2) : p_1\ne p_2,\ p_1p_2|n\}.$$

Die in der Summe ganz rechts fehlenden Paare mit $p_1 = p_2$ würden zu dieser Summe nur $O(N)$ beitragen und dürfen deshalb wieder hinzugefügt werden. Mit (1.21) folgt dann

$$\begin{aligned}\sum_{n\le N}\nu(n)^2 &= \sum_{n\le N}\#\{(p_1,p_2):\ p_1p_2|n\} + O(N\log\log N)\\ &= \sum_{\substack{p_1,p_2\\ p_1p_2\le N}}\left[\frac{N}{p_1p_2}\right] + O(N\log\log N).\end{aligned}$$

Daraus ergäbe sich (1.27), wenn wir noch

$$\sum_{\substack{p_1,p_2\\ p_1p_2\le N}}\frac{1}{p_1p_2} = (\log\log N)^2 + O(\log\log N) \tag{1.28}$$

bestätigen könnten. Dafür bietet sich Satz 1.1.5 an. Aus $p_1p_2 \le N$ folgt $p_1 \le N, p_2 \le N$. Das zeigt

$$\sum_{\substack{p_1,p_2\\ p_1p_2\le N}}\frac{1}{p_1p_2} \le \Big(\sum_{p\le N}\frac{1}{p}\Big)^2 \le (\log\log N)^2 + O(\log\log N).$$

In der umgekehrten Richtung beachten wir, daß $p_1 \le \sqrt{N}$, $p_2 \le \sqrt{N}$ stets $p_1p_2 \le N$ zur Folge hat. Deshalb erhalten wir

$$\sum_{\substack{p_1,p_2\\ p_1p_2\le N}}\frac{1}{p_1p_2} \ge \Big(\sum_{p\le\sqrt{N}}\frac{1}{p}\Big)^2 \ge (\log\log N)^2 + O(\log\log N).$$

Das beweist (1.28).

Aufgaben

1. Im Beweis von Satz 2.1 zeige, daß $B(\epsilon) \le 2^{\epsilon}(\epsilon\log 2)^{-1}$ ist.
2. Durch Verfeinerung des Beweises von Satz 2.1 zeige

$$\limsup \log d(n)\frac{\log\log n}{\log n} = \log 2.$$

3. Konstruiere eine arithmetische Funktion mit nicht-negativen reellen Werten, die eine Normalordnung, aber keine mittlere Ordnung besitzt.
4. Konstruiere eine arithmetische Funktion mit nicht-negativen reellen Werten, die eine mittlere Ordnung, aber keine Normalordnung besitzt.

1.3 Der Ring der arithmetischen Funktionen

Arithmetischen Funktionen, die mit der Multiplikation auf $\mathbb{Z}$ verträglich sind, kommt bei der Untersuchung des in 1.2 angeschnittenen Fragenkreises besondere Bedeutung zu. Eine Funktion $a \in \mathcal{A}$ heißt *multiplikativ*, wenn a nicht identisch verschwindet und für alle teilerfremden Paare n, m gilt $a(nm) = a(n)a(m)$. Wir nennen eine multiplikative Funktion a, die die letzte Gleichung sogar für alle n, m erfüllt, *vollständig multiplikativ*. Multiplikative Funktionen sind bereits durch Angabe der Werte auf Primzahlpotenzen bestimmt. Dies folgt aus der Eindeutigkeit der Primfaktorzerlegung.

Beispiele multiplikativer Funktionen sind $2^{\nu(n)}$, $d(n)$, die allgemeinere Teilerfunktion

$$\sigma_k(n) = \sum_{d|n} d^k$$

und die aus der elementaren Zahlentheorie bekannte Eulersche φ-Funktion, die die Ordnung der primen Restklassengruppe angibt. Diese Funktionen sind sämtlich nicht vollständig multiplikativ.

Auf $\mathcal{A}$ ist als Addition die gewöhnliche Addition von Funktionen erklärt. Jetzt soll eine Multiplikation auf $\mathcal{A}$ definiert werden. Für $f, g \in \mathcal{A}$ setze

$$f * g(n) = \sum_{d|n} f(d)g(n/d).$$

Wir nennen $f * g$ die *Faltung* von f und g und bemerken, daß die Faltung multiplikativer Funktionen wieder multiplikativ ist. Die Faltung vollständig multiplikativer Funktionen braucht dagegen nicht vollständig multiplikativ zu sein, wie wir gleich sehen werden.

Satz 1.3.1. *$(\mathcal{A}, +, *)$ ist ein kommutativer Ring mit dem Einselement η, das durch $\eta(1) = 1$ und $\eta(n) = 0$ für $n \geq 2$ gegeben ist. Ein $f \in \mathcal{A}$ ist genau dann Einheit, wenn $f(1) \neq 0$ ist.*

Beweis. Die Verifikation der Ringaxiome sei dem Leser überlassen, wir beweisen nur die Aussage über die Einheiten. Ist $f \in \mathcal{A}$ invertierbar, so gibt es ein g mit $f * g = \eta$. Also ist $1 = \eta(1) = f * g(1) = f(1)g(1)$, was $f(1) \neq 0$ zur Folge hat. Ist umgekehrt $f \in \mathcal{A}$ mit $f(1) \neq 0$ gegeben, so konstruieren wir das Inverse g rekursiv. Setze $g(1) = 1/f(1)$. Ist nun $g(m)$ für $m < n$ schon bekannt, so definieren wir $g(n)$ durch die Gleichung

$$0 = \eta(n) = g * f(n) = f(1)g(n) + \sum_{\substack{d|n \\ d>1}} f(d)g(n/d),$$

was wegen $f(1) \neq 0$ möglich ist.

Satz 1.3.2. *Sei $f \in \mathcal{A}$ multiplikativ. Dann ist $f(1) = 1$ und das $*$-Inverse g von f ist ebenfalls multiplikativ.*

Beweis. Nach Voraussetzung gibt es ein n mit $f(n) \neq 0$. Nun ist aber $f(n) = f(1 \cdot n) = f(1)f(n)$, also $f(1) = 1$ wie behauptet. Nach Satz 1.3.1 existiert g. Wir definieren die Funktion $h \in \mathcal{A}$ durch

$$h(p_1^{e_1} \dots p_r^{e_r}) = \prod_{i=1}^{r} g(p_i^{e_i}).$$

Nach Konstruktion ist h multiplikativ, und es gilt $h(p^e) = g(p^e)$. Für Primzahlpotenzen p^e sieht man jetzt

$$f * h(p^e) = f * g(p^e) = \eta(p^e)$$

unmittelbar ein. Da h und f multiplikativ sind, ist auch $f * h$ multiplikativ. Damit gilt $f * h = \eta$ in $\mathcal{A}$. Nun ist auch g wegen $h = \eta * h = g * f * h = g$ als multiplikativ erkannt.

Die Faltungsinverse einer multiplikativen Funktion läßt sich im allgemeinen nicht in geschlossener Form angeben. Gelegentlich führt die im Beweis von Satz 1.3.2 angegebene Konstruktion auf eine explizite Formel. Als Beispiel betrachten wir die Funktion $\varepsilon \in \mathcal{A}$, die durch $\varepsilon(n) = 1$ für alle $n \in \mathbb{N}$ gegeben ist. Das Inverse von ε wird mit μ bezeichnet und heißt *Möbiusfunktion.* Da ε multiplikativ ist, muß dies auch für μ gelten. Nach dem vorigen Satz ist $\mu(1) = 1$. Es genügt jetzt, μ auf den Primzahlpotenzen aus $\varepsilon * \mu = \eta$ zu berechnen. Es muß $0 = \varepsilon(1)\mu(p) + \varepsilon(p)\mu(1)$ gelten, also ist $\mu(p) = -1$. Für $k \geq 2$ findet man induktiv $\mu(p^k) = 0$ aus den Gleichungen

$$0 = \sum_{l=0}^{k} \mu(p^l) = \sum_{l=2}^{k} \mu(p^l) \quad (k \geq 2).$$

Es ergibt sich also

$$\mu(n) = \begin{cases} 1 & \text{falls } n = 1, \\ 0 & \text{falls } n \text{ einen quadratischen Teiler} \neq 1 \text{ hat}, \\ (-1)^r & \text{falls } n = p_1 \dots p_r \text{ mit paarweise verschiedenen } p_i. \end{cases}$$

Das Beispiel zeigt auch, daß das Inverse einer vollständig multiplikativen Funktion keineswegs vollständig multiplikativ zu sein braucht.

Unsere Theorie liefert sofort die sogenannten Möbiusschen Umkehrformeln: *Es gilt* $\varepsilon * f = F$ *genau dann, wenn* $F * \mu = f$. Wegen $\varepsilon * \mu = \eta$ ist dies offensichtlich. Wir schreiben diese Umkehrformeln noch "klassisch" an.

Satz 1.3.3. *Seien* $f, F \in \mathcal{A}$. *Es gilt*

$$F(n) = \sum_{d|n} f(d)$$

für alle $n \in \mathbb{N}$ *genau dann, wenn ebenfalls für alle* n *gilt*

$$f(n) = \sum_{d|n} \mu(d)F(n/d) = \sum_{d|n} \mu(n/d)F(d).$$

Dieser Satz ist ausgesprochen nützlich. Als Beispiel wählen wir für f die Eulersche φ-Funktion. Es gilt $\varphi(p^k) = p^k - p^{k-1}$. Also folgt

$$\varepsilon * \varphi(p^r) = 1 + \sum_{k=1}^{r}(p^k - p^{k-1}) = p^r.$$

Da $\varepsilon * \varphi$ multiplikativ ist, zeigt dies $\varepsilon * \varphi(n) = n$ sogar für alle $n \in \mathbb{N}$. Die Umkehrformeln zeigen dann

$$\varphi(n) = \sum_{d|n} \mu(n/d)d. \tag{1.29}$$

Das Beispiel läßt sich verallgemeinern und zur Berechnung der *Ramanujan-Summe*

$$c_q(h) = \sum_{\substack{a=1 \\ (a,q)=1}}^{q} \mathrm{e}^{2\pi \mathrm{i} ah/q} \tag{1.30}$$

ausbauen. Ausdrücke des Typs $\mathrm{e}^{2\pi\mathrm{i}\alpha}$ kommen in der analytischen Zahlentheorie häufig vor; man kürzt deshalb durch die Konvention $e(\alpha) = \mathrm{e}^{2\pi\mathrm{i}\alpha}$ ab.

Zur Bestimmung von (1.30) benutzen wir die Tatsache

$$\sum_{a=1}^{q} e\left(\frac{ah}{q}\right) = \begin{cases} q & \text{falls } h \equiv 0 \bmod q, \\ 0 & \text{sonst} \end{cases} \tag{1.31}$$

(die linke Seite ist eine geometrische Summe). Die Summe in (1.31) läßt sich als Faltung mit Ramanujan-Summen schreiben, denn es gilt

$$\sum_{a=1}^{q} e\left(\frac{ah}{q}\right) = \sum_{d|q} \sum_{\substack{a=1 \\ (a,q)=d}}^{q} e\left(\frac{ah}{q}\right) = \sum_{d|q} c_{q/d}(h).$$

Nach den Umkehrformeln (mit q für n) kommt jetzt

$$c_q(h) = \sum_{\substack{d|q \\ h \equiv 0 \bmod d}} \mu(q/d)d = \sum_{d|(q,h)} \mu(q/d)d. \tag{1.32}$$

Insbesondere ist $c_q(h)$ stets reell und bei festem h als Funktion von q multiplikativ. Außerdem zeigt die letzte Formel noch $c_q(h) = c_q((q,h))$. Jetzt können wir leicht folgende explizite Auswertung für $c_q(h)$ bestätigen.

Lemma 1.3.1. *Es gilt*

$$c_q(h) = \varphi(q) \frac{\mu(q/(q,h))}{\varphi(q/(q,h))}.$$

Nach dem bereits Bekannten reicht es, diese Formel für $q = p^k$ nachzurechnen. Sei $p^\beta \parallel h$. Dann ist $c_{p^k}(h) = c_{p^k}(p^\beta)$. Wir betrachten folgende Fälle.

1. Sei $k \leq \beta$. Dann ist $(p^k, p^\beta) = p^k$, und aus (1.32) und (1.29) entnehmen wir $c_{p^k}(h) = \varphi(p^k)$ wie behauptet.

2. Ist $k = \beta + 1$, so kommt aus (1.32)

$$c_{p^{\beta+1}}(h) = \sum_{d|p^\beta} \mu(\frac{p^{\beta+1}}{d})d = \mu(p)p^\beta = \mu(p)\frac{\varphi(p^{\beta+1})}{\varphi(p)}$$

wieder wie behauptet. Ist $k > \beta + 1$, zeigt dieselbe Rechnung $c_{p^k}(h) = 0$.

Jeder arithmethischen Funktion a kann man eine *formale Dirichlet-Reihe* zuordnen, indem man eine "Unbestimmte" s einführt und dann den zunächst rein formalen Ausdruck

$$\sum_{n=1}^{\infty} a(n)n^{-s}$$

betrachtet. Mit diesen Reihen kann wie gewohnt gerechnet werden. Beim Multiplizieren solcher Reihen ergibt sich durch Umordnen

$$\sum_{n=1}^{\infty} a(n)n^{-s} \sum_{m=1}^{\infty} b(m)m^{-s} = \sum_{n,m=1}^{\infty} a(n)b(m)(nm)^{-s} = \sum_{k=1}^{\infty} a * b(k)k^{-s}. \tag{1.33}$$

Das formale Multiplizieren solcher Reihen entspricht also dem Falten der arithmetischen Funktionen. Die formalen Dirichlet-Reihen bilden demnach einen Ring, der zu $\mathcal{A}$ isomorph ist[2]. Soweit ist nichts Neues gewonnen. Dennoch ist die Idee wertvoll. Zum einen können in die formalen Reihen für s komplexe Werte eingesetzt werden. Konvergiert die Reihe dann, so spricht man von einer *konvergenten Dirichlet-Reihe*, die als Funktion einer komplexen Variable eventuell dazu geeignet ist, Einsichten in die Koeffizienten $a(n)$ zu gewinnen. Darüber hinaus können auch schon bekannte Identitäten zwischen arithmetischen Funktionen zunächst als Identitäten zwischen Dirichlet-Reihen geschrieben werden. Werden diese dann nach s (formal) differenziert, ergeben sich neue Identitäten zwischen arithmetischen Funktionen. Diese Ansätze verfolgt man besser im Kontext konvergenter Dirichlet-Reihen, was im nächsten Abschnitt geschehen soll. Wir werden dort auch sehen, daß Dirichlet-Reihen zu multiplikativen Funktionen ähnlich wie die Riemannsche Zetafunktion in ein Produkt über alle Primzahlen entwickelt werden können. Zuvor wollen wir aber noch die Dirichlet-Reihen zu den obigen Beispielen

[2] Die rein suggestive Einführung einer Unbestimmten wird Puristen nicht befriedigen. Ähnlich wie bei Potenzreihen oder Polynomen in der Algebra kann dies aber ohne Mühe präzisiert werden. De facto wird dann der Isomorphismus zum Ring $\mathcal{A}$ zur Definition erhoben. Da wir im folgenden allein an konvergenten Dirichlet-Reihen interessiert sein werden, sollen solche Feinheiten hier nicht weiter verfolgt werden.

arithmetischer Funktionen bestimmen. Zu η gehört die Dirichlet-Reihe 1, zu ε nach Definition die Riemannsche Zetafunktion $\zeta(s)$. Wegen $\varepsilon * \mu = \eta$ folgt dann

$$\sum_{n=1}^{\infty} \mu(n) n^{-s} = \zeta(s)^{-1}. \tag{1.34}$$

Sei $k \in \mathbb{Z}$. Für die durch $I_k(n) = n^k$ gegebene arithmetische Funktion I_k ist die zugeordnete Dirichlet-Reihe $\zeta(s-k)$. Nun ist $\sigma_k = \varepsilon * I_k$, also

$$\sum_{n=1}^{\infty} \sigma_k(n) n^{-s} = \zeta(s)\zeta(s-k).$$

Den Spezialfall $k = 0$ davon notieren wir nochmals als

$$\sum_{n=1}^{\infty} d(n) n^{-s} = \zeta(s)^2.$$

Der oben gezeigten Identität $\varphi = I_1 * \mu$ (vgl. (1.29)) entnimmt man noch

$$\sum_{n=1}^{\infty} \varphi(n) n^{-s} = \zeta(s-1)/\zeta(s).$$

Solche rein formal hergeleiteten Formeln bleiben auch nach dem Einsetzen komplexer Werte für s richtig, wenn die bei der Anwendung von (1.33) beteiligten Reihen absolut konvergieren. So gilt z.B. (1.34) für $s \in \mathbb{C}$ mit $\operatorname{Re} s > 1$.

Bevor wir uns der Konvergenz von Dirichlet-Reihen im Detail zuwenden, zeigen wir noch am Beispiel der Eulerschen φ-Funktion, wie die Faltung zur Bestimmung mittlerer Ordnungen eingesetzt werden kann. Aus (1.29) entnehmen wir

$$\sum_{n \le N} \varphi(n) = \sum_{n \le N} \sum_{d \mid n} \mu(d) \frac{n}{d} = \sum_{d \le N} \frac{\mu(d)}{d} \sum_{\substack{n \le N \\ n \equiv 0 \bmod d}} n.$$

Hier wird $n = dm$ gesetzt, einfache Abschätzungen führen dann auf

$$\begin{aligned} \sum_{n \le N} \varphi(n) &= \sum_{d \le N} \mu(d) \sum_{m \le N/d} m = \sum_{d \le N} \mu(d) \Big(\frac{1}{2} \Big(\frac{N}{d} \Big)^2 + O\Big(\frac{N}{d} \Big) \Big) \\ &= \frac{1}{2} N^2 \sum_{d \le N} \frac{\mu(d)}{d^2} + O(N \log N) = \frac{1}{2} N^2 \sum_{d=1}^{\infty} \frac{\mu(d)}{d^2} + O(N \log N). \end{aligned}$$

Setzen wir $\zeta(2) = \frac{\pi^2}{6}$ als bekannt voraus (vgl. Aufg. 2.2.4) und beachten (1.34), dann haben wir gezeigt:

Satz 1.3.4. *Es gilt*

$$\sum_{n\le N}\varphi(n)=\frac{3}{\pi^2}N^2+O(N\log N).$$

Dieses Ergebnis läßt eine geometrische Interpretation zu. Ein Gitterpunkt $(n,m)\in\mathbb{Z}^2$ heißt *sichtbar*, wenn auf der Strecke zwischen $(0,0)$ und (n,m) kein weiterer Gitterpunkt liegt. Ein Gitterpunkt (n,m) mit $nm\neq 0$ ist genau dann sichtbar, wenn die Koordinaten teilerfremd sind. In naheliegender Verallgemeinerung des Begriffs der Dichte aus 1.2 definieren wir die Dichte der sichtbaren Punkte durch $\lim_{N\to\infty}(2N)^{-2}A(N)$, wobei zur Abkürzung

$$A(N)=\#\{(n,m)\in\mathbb{Z}^2\text{ sichtbar, }|n|\le N,\ |m|\le N\}$$

gesetzt ist. Die sichtbaren Punkte liegen symmetrisch zu den Koordinatenachsen, und (n,m) ist sichtbar genau dann, wenn (m,n) es ist. Das zeigt

$$A(N)=8\#\{(n,m)\in\mathbb{N}^2\text{ sichtbar, }1\le m\le n\le N\}+O(1).$$

Andererseits haben wir

$$\sum_{n\le N}\varphi(n)=\sum_{n\le N}\sum_{\substack{m=1\\(m,n)=1}}^{n}1=\#\{(n,m)\in\mathbb{N}^2\text{ sichtbar, }1\le m\le n\le N\}.$$

Nach Satz 1.3.4 haben die sichtbaren Punkte also Dichte $\frac{6}{\pi^2}$. Mit anderen Worten: bei zufälliger Auswahl zweier ganzer Zahlen sind diese mit Wahrscheinlichkeit $\frac{6}{\pi^2}$ teilerfremd.

Die obige Herleitung von Satz 1.3.4 folgt einem allgemeinen Prinzip zur Gewinnung asymptotischer Formeln für $\sum_{n\le N}f(n)$, wenn f als Faltung $f=g*h$ gegeben ist. Die Methode verspricht Erfolg, wenn für $\sum_{n\le N}g(n)$ eine asymptotische Formel bereits bekannt ist und h nicht allzu große Werte annimmt. Für weitere Anwendungen dieser Technik sei auf 5.4 und die Aufgaben 2 und 3 verwiesen.

Aufgaben

1. Drücke die Dirichlet-Reihen

$$\sum_{n=1}^{\infty}\mu(n)^2n^{-s},\quad \sum_{n=1}^{\infty}c_q(n)n^{-s},\quad \sum_{q=1}^{\infty}c_q(n)q^{-s},\quad \sum_{n=1}^{\infty}d(n^2)n^{-s}$$

durch die Riemannsche Zetafunktion aus.

2. Zeige

$$\sum_{n\le x}\sigma_1(n)=\tfrac12\zeta(2)x^2+O(x\log x).$$

3. Zeige

$$\sum_{n\le x}\mu(n)^2=\zeta(2)^{-1}x+O(\sqrt{x}).$$

4. Bestimme alle $f \in \mathcal{A}$ mit $f * f = \varepsilon$.
5. Sei $f \in \mathcal{A}$. Konvergiert die Reihe

$$\sum_{n=1}^{\infty} f(an)\mu(n)$$

für jedes $a \in \mathbb{N}$, dann konvergiert auch

$$\sum_{n=1}^{\infty} f(n)c_n(a)$$

für jedes $a \in \mathbb{N}$. Gilt die Umkehrung? Wie hängen die durch diese beiden Reihen dargestellten arithmetischen Funktionen zusammen?

1.4 Konvergente Dirichlet-Reihen

Wir wollen jetzt die Ideen aus dem letzten Abschnitt vertiefen und zuerst konvergente Dirichlet-Reihen charakterisieren, die von multiplikativen Funktionen kommen.

Satz 1.4.1. *Sei $f \in \mathcal{A}$ multiplikativ, die Dirichlet-Reihe $\sum f(n)n^{-s}$ konvergiere absolut für ein $s \in \mathbb{C}$. Dann gilt*

$$\sum_{n=1}^{\infty} f(n)n^{-s} = \prod_{p} \sum_{k=0}^{\infty} f(p^k)p^{-ks}. \tag{1.35}$$

Ist f sogar vollständig multiplikativ, so gilt

$$\sum_{n=1}^{\infty} f(n)n^{-s} = \prod_{p} \frac{1}{1 - f(p)p^{-s}}. \tag{1.36}$$

Die in (1.35) und (1.36) auftretenden Produkte heißen *Euler-Produkt* der Dirichlet-Reihe.

Beweis. Sei $F = \sum_{n=1}^{\infty} f(n)n^{-s}$. Sei $\epsilon > 0$ gegeben. Wähle N so groß, daß $\sum_{n>N} |f(n)n^{-s}| < \epsilon$ wird. Sei $\mathcal{P}$ eine endliche Menge von Primzahlen, die $\{p : p \leq N\}$ umfaßt. Nach dem Fundamentalsatz gilt

$$\prod_{p \in \mathcal{P}} \sum_{k=0}^{\infty} \frac{f(p^k)}{p^{ks}} = \sum_{\substack{n \\ p|n \Rightarrow p \in \mathcal{P}}} \frac{f(n)}{n^s}.$$

Das zeigt

$$\left| F - \prod_{p \in \mathcal{P}} \sum_{k=0}^{\infty} \frac{f(p^k)}{p^{ks}} \right| \leq \sum_{n>N} \left| \frac{f(n)}{n^s} \right| < \epsilon.$$

Bekanntlich konvergieren Potenzreihen stets in einer Kreisscheibe, und im Innern ist die Konvergenz absolut und auf jedem kompakten Teil gleichmäßig. Wir versuchen nun, ähnliche Aussagen für konvergente Dirichlet-Reihen zu gewinnen. Es stellt sich heraus, daß das Konvergenzgebiet stets eine rechte Halbebene $\operatorname{Re} s > \alpha$ ist.

Satz 1.4.2. *Seien $a \in \mathcal{A}$, $s_0 \in \mathbb{C}$, die Reihe $\sum a(n)n^{-s_0}$ konvergiere. Dann ist für jedes $\delta > 0$ die Reihe $\sum a(n)n^{-s}$ gleichmäßig konvergent auf der Menge $G_\delta = \{s \in \mathbb{C} : |\arg(s - s_0)| \le \frac{\pi}{2} - \delta\}$. Insbesondere ist die Funktion $F(s) = \sum a(n)n^{-s}$ in $\operatorname{Re} s > \operatorname{Re} s_0$ holomorph.*

Nach diesem Satz existiert also ein $\alpha \in \mathbb{R} \cup \{\pm\infty\}$, so daß $\sum a(n)n^{-s}$ für $\operatorname{Re} s > \alpha$ konvergiert und für $\operatorname{Re} s < \alpha$ divergiert. Dieses α heißt *Konvergenzabszisse* der Dirichlet-Reihe $\sum a(n)n^{-s}$. Im Innern des Konvergenzgebietes herrscht im Gegensatz zu Potenzreihen im allgemeinen keine absolute Konvergenz. So konvergiert die Reihe $\sum(-1)^n n^{-s}$ nach dem Leibniz-Kriterium für reelle $s > 0$, nach Satz 1.4.2 also auch in $\operatorname{Re} s > 0$. Absolute Konvergenz liegt jedoch nur in $\operatorname{Re} s > 1$ vor.

Aus Satz 1.4.2 folgt ohne Mühe ein Analogon zum Abelschen Grenzwertsatz aus der Theorie von Potenzreihen.

Folgerung. *Bezeichnungen und Voraussetzungen seien wie in Satz* 1.4.2. *Dann gilt*

$$\lim_{\substack{s \to s_0 \\ s \in G_\delta}} F(s) = \sum_{n=1}^{\infty} a(n)n^{-s_0}.$$

Beweis. Wegen der gleichmäßigen Konvergenz auf G_δ können Limes und Summation vertauscht werden.

Beweis für Satz 1.4.2. Sei $s \in G_\delta$. Wir benutzen partielle Summation. In Lemma 1.1.3 setze $g(\xi) = \xi^{s_0 - s}$. Wegen $n^{-s} = n^{-s_0} g(n)$ kommt zunächst für $1 \le M < N$

$$\begin{aligned}\sum_{M \le n \le N} a(n)n^{-s} &= N^{s_0 - s} \sum_{M \le n \le N} a(n)n^{-s_0} \\ &+ \int_M^N \Big(\sum_{M \le n \le \xi} a(n)n^{-s_0} \Big) (s - s_0) \xi^{s_0 - s - 1}\, d\xi. \end{aligned} \tag{1.37}$$

Sei $\epsilon > 0$. Wir können ein $M(\epsilon)$ so bestimmen, daß für alle $M > M(\epsilon)$, $\xi \ge M$ gilt $\left| \sum_{M \le n \le \xi} a(n)n^{-s_0} \right| < \epsilon$. Schreiben wir noch $\sigma = \operatorname{Re} s$, $\sigma_0 = \operatorname{Re} s_0$, folgt für $M > M(\epsilon)$

$$\begin{aligned}\Big| \sum_{M \le n \le N} a(n)n^{-s} \Big| &\le \epsilon \Big(N^{\sigma_0 - \sigma} + |s_0 - s| \int_M^N \xi^{\sigma_0 - \sigma - 1}\, d\xi \Big) \\ &\le \epsilon \Big(N^{\sigma_0 - \sigma} + \frac{|s_0 - s|}{\sigma_0 - \sigma} (N^{\sigma_0 - \sigma} - M^{\sigma_0 - \sigma}) \Big) \\ &\le \epsilon \Big(1 + \frac{2}{\sin \delta} \Big), \end{aligned}$$

denn es gilt $\sigma_0 - \sigma < 0$ und $\dfrac{|s_0 - s|}{|\sigma_0 - \sigma|} < \dfrac{1}{\sin \delta}$. Damit ist der Satz bewiesen.

Für konvergente Dirichlet-Reihen gilt der Identitätssatz.

Satz 1.4.3. *Seien* $F(s) = \sum a_n n^{-s}$ *und* $G(s) = \sum b_n n^{-s}$ *für* $\operatorname{Re} s > \alpha$ *konvergent. Es gelte* $F(\sigma) = G(\sigma)$ *für alle hinreichend großen reellen* σ. *Dann ist* $a_n = b_n$ *für alle* n.

Beweis. Nach Satz 1.4.2 konvergieren die Reihen auf $[\alpha + 1, \infty) \subset \mathbb{R}$ gleichmäßig. Insbesondere zeigt das

$$\lim_{\sigma \to \infty} F(\sigma) = \sum_{n=1}^{\infty} a_n \lim_{\sigma \to \infty} n^{-\sigma} = a_1.$$

Dieselbe Rechnung für $G(\sigma)$ liefert dann $a_1 = b_1$. Die Behauptung ergibt sich jetzt leicht mit Induktion über n.

Wir wollen uns nun der Frage zuwenden, inwieweit aus den analytischen Eigenschaften einer Dirichlet-Reihe auf das Verhalten der Koeffizientensumme zurückgeschlossen werden kann. Ein nützliches Hilfsmittel dabei ist folgendes

Lemma 1.4.1 (Perronsche Formel). *Seien* c, y, T *positive reelle Zahlen. Sei*

$$\delta(y) = \begin{cases} 0 & \text{für } 0 < y < 1, \\ \frac{1}{2} & \text{für } y = 1, \\ 1 & \text{für } y > 1. \end{cases}$$

Ferner sei

$$I(y, T) = \frac{1}{2\pi i} \int_{c-iT}^{c+iT} y^s \frac{ds}{s}.$$

Dann gilt

$$|I(y,T) - \delta(y)| < \begin{cases} y^c \min(1, T^{-1} |\log y|^{-1}) & \text{für } y \neq 1, \\ cT^{-1} & \text{für } y = 1. \end{cases}$$

Beweis. Sei zunächst $y = 1$. Mit $s = c + it$ kommt

$$I(1,T) = \frac{1}{2\pi} \int_{-T}^{T} \frac{dt}{c + it} = \frac{1}{\pi} \int_0^T \frac{c}{c^2 + t^2}\, dt = \frac{1}{2} - \frac{1}{\pi} \int_{T/c}^{\infty} \frac{d\xi}{1 + \xi^2},$$

woraus in diesem Fall die Behauptung bereits folgt.

Sei nun $0 < y < 1$. Sei $r > c$. Mit W bezeichnen wir den Rand des Rechtecks mit den Ecken $c \pm iT$, $r \pm iT$. Da y^s/s in $\operatorname{Re} s > 0$ holomorph ist, folgt aus dem Cauchyschen Integralsatz

$$\int_W y^s \frac{ds}{s} = 0.$$

Für $\operatorname{Re} s = r > 1$ hat man $|\frac{y^s}{s}| \leq \frac{y^r}{r} \leq \frac{1}{r}$ wegen $0 < y < 1$. Mit $r \to \infty$ folgt

$$I(y,T) = -\frac{1}{2\pi \mathrm{i}}\int_{c+iT}^{\infty+iT} y^s\frac{ds}{s} + \frac{1}{2\pi \mathrm{i}}\int_{c-iT}^{\infty-iT} y^s\frac{ds}{s};$$

es ergibt sich weiter

$$|I(y,T)| \le \frac{1}{\pi T}\int_c^\infty y^\sigma\, d\sigma \le \frac{y^c}{T|\log y|}.$$

Alternativ kann man auch so abschätzen: Zunächst verbinde man die Punkte $c \pm \mathrm{i}T$ durch einen Kreisbogen K um 0 (siehe Skizze). Der Kreis hat den Radius R mit $R^2 = c^2 + T^2$, also gilt für s auf K

$$|\frac{y^s}{s}| = \frac{|y^s|}{R} \le \frac{y^c}{R}.$$

Nach dem Cauchyschen Integralsatz ist

$$I(y,T) = \frac{1}{2\pi \mathrm{i}}\int_K y^s\frac{ds}{s},$$

die Standardabschätzung für Kurvenintegrale ergibt dann

$$|I(y,T)| \le \frac{1}{2\pi}\cdot \pi R \cdot \frac{y^c}{R} < y^c.$$

Damit ist der Fall $y < 1$ abgehandelt.

Für $y > 1$ betrachtet man das Rechteck mit den Ecken $c \pm \mathrm{i}T$, $-r \pm \mathrm{i}T$ und schließt wie oben. Bei $s = 0$ hat y^s/s das Residuum 1, das Integral über den Rand des Rechtecks liefert jetzt den Wert $2\pi\mathrm{i}$. Mit $r \to \infty$ folgt die Behauptung wie oben. Genauso kann die alternative Abschätzung modifiziert werden. Man integriert über K' anstelle von K (siehe Skizze). Die Einzelheiten können als Übung ausgeführt werden.

Mit $T \to \infty$ bei festen c und y erhalten wir als einfache Folgerung der Perronschen Formel

$$\frac{1}{2\pi \mathrm{i}}\int_{(c)} y^s\frac{ds}{s} = \delta(y). \tag{1.38}$$

Hier benutzen wir $\int_{(c)}$ zur Abkürzung für $\lim_{T\to\infty}\int_{c-\mathrm{i}T}^{c+\mathrm{i}T}$.

Satz 1.4.4. *Sei $c > 0$ und $a \in \mathcal{A}$, die zugeordnete Dirichlet-Reihe konvergiere absolut für $s = c$. Dann gilt für $x \notin \mathbb{Z}$*

$$\sum_{n\le x} a(n) = \frac{1}{2\pi \mathrm{i}}\int_{(c)}\Big(\sum_{n=1}^{\infty} a(n)n^{-s}\Big)x^s\frac{ds}{s}.$$

Ist $x \in \mathbb{Z}$, muß auf der linken Seite der Summand $a(x)$ durch $\frac{1}{2}a(x)$ ersetzt werden.

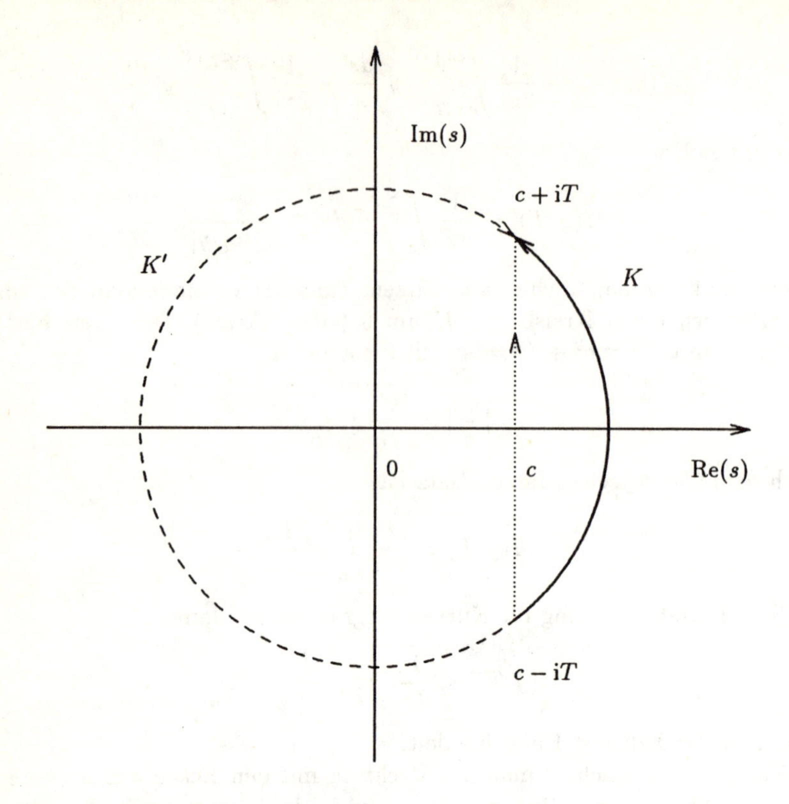

Beweis. Die Reihe $\sum a(n)n^{-s}$ konvergiert wegen der absoluten Konvergenz bei $s = c$ auf der Strecke $s = c + it$, $-T \leq t \leq T$ gleichmäßig, so daß eine Vertauschung von Integration und Summation die Formel

$$\sum_{n=1}^{\infty} a(n) \int_{c-iT}^{c+iT} \left(\frac{x}{n}\right)^s \frac{ds}{s} = \int_{c-iT}^{c+iT} \Big(\sum_{n=1}^{\infty} a(n)n^{-s}\Big) x^s \frac{ds}{s}$$

bestätigt. Wird nun in der Perronschen Formel $y = x/n$ gesetzt, folgt für $x \notin \mathbb{Z}$

$$\sum_{n \leq x} a(n) = \frac{1}{2\pi i} \int_{c-iT}^{c+iT} \Big(\sum_{n=1}^{\infty} a(n)n^{-s}\Big) x^s \frac{ds}{s} + E \tag{1.39}$$

mit

$$|E| \leq x^c \sum_{n=1}^{\infty} |a(n)| n^{-c} \min(1, T^{-1} |\log \tfrac{x}{n}|^{-1}). \tag{1.40}$$

Offenbar gilt $\lim_{T\to\infty} E = 0$, die Behauptung folgt aus (1.39). Der Fall $x \in \mathbb{Z}$ kann mit demselben Argument begründet werden.

Für die meisten Anwendungen ist es günstiger, nicht mit Satz 1.4.4 zu arbeiten, sondern wie in (1.39) nur über einen kompakten Teil der Geraden $\operatorname{Re} s = c$ zu integrieren und den entstehenden Fehler E als Funktion von T

und x abzuschätzen. Dabei kann wie folgt vorgegangen werden. Für $|n-x| \geq \frac{1}{4}x$ ist $|\log\frac{x}{n}|^{-1} = O(1)$, diese n tragen also zum Fehler E in (1.40) höchstens

$$O\Big(\frac{x^c}{T}\sum_{n=1}^{\infty}|a(n)|n^{-c}\Big)$$

bei. Setzen wir

$$A_x = \max_{\frac{3}{4}x\leq n\leq\frac{5}{4}x}|a(n)|, \tag{1.41}$$

dann kann der Beitrag aller Terme mit $2 \leq |n-x| \leq \frac{1}{4}x$ zu (1.40) durch

$$O\Big(A_x\frac{x^c}{T}\sum_{2\leq|n-x|\leq\frac{1}{4}x}n^{-c}|\log\tfrac{x}{n}|^{-1}\Big) = O(T^{-1}A_x x\log x)$$

abgeschätzt werden. Die verbleibenden Terme mit $|n-x| \leq 2$ lassen sich trivial durch $O(A_x)$ abschätzen. Wir haben also gezeigt:

Lemma 1.4.2. *Seien $c > 0$, $x \geq 2$, $T \geq 2$. Sei $a \in \mathcal{A}$, die zugeordnete Dirichlet-Reihe konvergiere absolut für $s = c$. Dann gilt*

$$\begin{aligned}\sum_{n\leq x}a(n) &= \frac{1}{2\pi\mathrm{i}}\int_{c-\mathrm{i}T}^{c+\mathrm{i}T}\Big(\sum_{n=1}^{\infty}a(n)n^{-s}\Big)x^s\frac{ds}{s}\\ &\quad+O\Big(\frac{x^c}{T}\sum_{n=1}^{\infty}|a(n)|n^{-c}+A_x\Big(1+\frac{x\log x}{T}\Big)\Big),\end{aligned}$$

wobei A_x durch (1.41) *gegeben ist.*

Die Fälle $x \in \mathbb{Z}$ und $x \notin \mathbb{Z}$ müssen wegen $\frac{1}{2}a([x]) = O(A_x)$ nicht mehr unterschieden werden.

Nach Satz 1.4.4 oder Lemma 1.4.2 kann die Koeffizientensumme

$$\sum_{n\leq x}a(n) \tag{1.42}$$

durch ein Integral über die zugeordnete Dirichlet-Reihe berechnet werden, selbst wenn diese bei $s = 0$ nicht konvergiert. Wie wir in den einführenden Abschnitten schon gesehen haben, lassen sich viele interessante Probleme der analytischen Zahlentheorie als Bestimmung der Größenordnung der Summe (1.42) auffassen, wenn die $a(n)$ geeignet gewählt werden. Auch die asymptotische Auswertung von $\pi(x)$ ordnet sich hier unter, denn $\pi(x)$ ist vom Typ (1.42), wenn für $a(n)$ die Indikatorfunktion für die Primzahlen eingesetzt wird. Diese Funktion ist leider nicht multiplikativ, und die zugeordnete Dirichlet-Reihe $\sum_p p^{-s}$ ist schwerer handzuhaben als Dirichlet-Reihen, die sich direkt durch die Zetafunktion ausdrücken lassen. Aber auch die Reihe $\sum_p p^{-s}$ hängt eng mit der Zetafunktion zusammen. Nimmt man in (1.3) den Logarithmus und entwickelt diesen dann in eine Potenzreihe, kommt

$$\log \zeta(s) = \sum_p \log \frac{1}{1 - p^{-s}} = \sum_p \sum_{k=1}^{\infty} \frac{p^{-ks}}{k}. \tag{1.43}$$

Diese Rechnung ist für reelle $s > 1$ sicher zulässig. Für diese s gilt aber auch

$$\sum_{k=2}^{\infty} \frac{p^{-ks}}{k} \le p^{-2s}(1 + p^{-s} + p^{-2s} + \ldots) \le \frac{p^{-2s}}{1 - p^{-s}} \le \frac{2}{p^2}.$$

Es folgt also

$$\log \zeta(s) = \sum_p p^{-s} + O(1) \tag{1.44}$$

für $s > 1$. Dieselbe Methode haben wir bei der Herleitung von Satz 1.1.2 schon einmal benutzt.

Für das Studium der Primzahlverteilung bietet sich somit die Funktion $\log \zeta(s)$ an. In 1.1 haben wir schon erwähnt, daß ζ in $\operatorname{Re} s < 1$ Nullstellen hat. Dort hat $\log \zeta$ dann logarithmische Singularitäten, was das analytische Verhalten etwas unübersichtlich macht. Es empfiehlt sich deshalb, (1.43) nach s zu differenzieren. Es folgt dann

$$\frac{\zeta'}{\zeta}(s) = \frac{d}{ds} \sum_p \sum_{k=1}^{\infty} \frac{p^{-ks}}{k} = -\sum_p \sum_{k=1}^{\infty} (\log p) p^{-ks}.$$

Wir schreiben dies als Dirichlet-Reihe

$$-\frac{\zeta'}{\zeta}(s) = \sum_{n=1}^{\infty} \Lambda(n) n^{-s}, \tag{1.45}$$

wobei $\Lambda(p^k) = \log p$ und $\Lambda(n) = 0$ zu setzen ist, wenn n nicht Potenz einer Primzahl ist. Die arithmetische Funktion Λ trägt den Namen *von Mangoldt-Funktion* und wird später eine entscheidende Rolle spielen. Die entsprechende Summe (1.42)

$$\psi(x) = \sum_{n \le x} \Lambda(n) \tag{1.46}$$

hängt direkt mit der *Tchebychev-Funktion* $\theta(x)$ aus 1.1 zusammen, denn es gilt

$$\psi(x) = \sum_{k \ge 1} \theta(x^{1/k}) = \theta(x) + O(\sqrt{x}) \tag{1.47}$$

nach Satz 1.1.4. Andererseits ist nach Satz 1.4.4 für $x \notin \mathbb{Z}$

$$\psi(x) = -\frac{1}{2\pi i} \int_{(2)} \frac{\zeta'}{\zeta}(s) x^s \frac{ds}{s}. \tag{1.48}$$

Aus dem Beweis von Satz 1.1.3 wissen wir schon, daß anstelle von $\pi(x)$ auch die Funktion $\theta(x)$ untersucht werden kann. Mit den letzten beiden Formeln ist damit das Studium der Primzahlverteilung mit der Riemannschen Zetafunktion in Verbindung gebracht. In 1.7 werden wir diesen Gedankengang weiter ausbauen.

Jetzt sollen aber die soeben entwickelten Methoden benutzt werden, um Primzahlen in gegebenen arithmetischen Progressionen zu finden. Wir werden sehen, daß für $(a,q) = 1$ die Reihe $\sum_{p \equiv a \bmod q} \frac{1}{p}$ divergiert. Im Prinzip kann dazu dieselbe Idee wie in (1.44) benutzt werden. Wegen einiger Besonderheiten sind die Fälle $q = 3$ und $q = 4$ leichter als der allgemeine Fall. Da die Struktur des Arguments bei diesen Spezialfällen deutlicher zutage tritt, wollen wir sie vorab behandeln. Sei also jetzt $q = 3$ oder $q = 4$. Setze

$$\chi(n) = \begin{cases} 1 & \text{für } n \equiv 1 \bmod q, \\ -1 & \text{für } n \equiv -1 \bmod q, \\ 0 & \text{sonst.} \end{cases}$$

Wegen $|\chi(n)| \leq 1$ konvergiert die zugeordnete Dirichlet-Reihe

$$F(s) = \sum_{n=1}^{\infty} \chi(n) n^{-s}$$

absolut in $\operatorname{Re} s > 1$. Da χ vollständig multiplikativ ist, gilt nach Satz 1.4.1

$$F(s) = \prod_p (1 - \chi(p) p^{-s})^{-1}.$$

Nochmals wegen $|\chi(n)| \leq 1$ zeigt man wörtlich wie in (1.44)

$$\log F(s) = \sum_p \chi(p) p^{-s} + O(1) \tag{1.49}$$

für reelle $s > 1$. Wir bemerken nun, daß die Reihe für $F(s)$ bei $s = 1$ noch konvergiert, denn es handelt sich um eine alternierende Reihe mit dem Betrage nach monoton abnehmenden Gliedern. Für $q = 3$ ist $F(1) = 1 - \frac{1}{2} + \frac{1}{4} - \frac{1}{5} + \ldots$, d.h. es gilt sogar $\frac{1}{2} < F(1) < 1$. Für $q = 4$ kommt genauso $F(1) = 1 - \frac{1}{3} + \frac{1}{5} - \frac{1}{7} + \ldots$, also $\frac{2}{3} < F(1) < 1$. Damit ist in beiden Fällen $F(1) \neq 0$. Nach (1.49) bleibt

$$G(s) = \sum_p \chi(p) p^{-s}$$

für $s \to 1$ beschränkt. Jetzt kann man den Dirichletschen Primzahlsatz aus der für $\kappa = 0$ und $\kappa = 1$ gültigen Gleichung

$$2 \sum_{p \equiv (-1)^\kappa \bmod q} p^{-s} = \sum_p p^{-s} + (-1)^\kappa G(s) - \sum_{p \mid q} p^{-s} \tag{1.50}$$

ablesen: mit $s \to 1$ bleiben der zweite und der dritte Term auf der rechten Seite beschränkt, der erste strebt gegen ∞. Also sind die Reihen

$$\sum_{p\equiv(-1)^{\kappa} \bmod q} \frac{1}{p}$$

beide divergent. Das wollten wir zeigen.

Dieser Ansatz ist durchaus verallgemeinerungsfähig. Dazu müssen die verschiedenen primen Restklassen mod q geeignet "eingefärbt" werden, damit sie wiedererkannt werden können. In den Beispielen $q = 3$ und $q = 4$ gibt es nur zwei prime Restklassen, und die "Färbung" wird durch die Funktion χ gegeben, die den beiden Restklassen die Werte ± 1 zuweist. Nun ist χ sogar vollständig multiplikativ und kann deshalb als Homomorphismus der primen Restklassengruppe $(\mathbb{Z}/q\mathbb{Z})^{\times}$ nach $\{\pm 1\}$ aufgefaßt werden. Auf diesem Wege ist es Dirichlet gelungen, die Indikatorfunktion einer primen Restklasse als Linearkombination von vollständig multiplikativen Funktionen zu schreiben. Davon ist im nächsten Abschnitt die Rede.

Aufgaben

1. Drücke die Dirichlet-Reihen

$$\sum_{n=1}^{\infty} 2^{\nu(n)} n^{-s}, \quad \sum_{n=1}^{\infty} (-1)^{\Omega(n)} n^{-s}, \quad \sum_{n=1}^{\infty} d(n)^2 n^{-s}$$

durch die Riemannsche Zetafunktion aus.

2. In der Notation aus 1.3 zeige $\Lambda * \epsilon = \log$, d.h. es ist

$$\sum_{d|n} \Lambda(d) = \log n.$$

3. Für $k \in \mathbb{N}$ sei

$$\Lambda_k(n) = \sum_{d|n} \mu(d)(\log \tfrac{n}{d})^k.$$

Zeige $\Lambda_1 = \Lambda$ und drücke die Λ_k zugeordnete Dirichlet-Reihe durch $\zeta(s)$ aus. Zeige dann

$$\Lambda_{k+1}(n) = \Lambda_k(n) \log n + \sum_{d|n} \Lambda_k(d)\Lambda(n/d).$$

4. Sei $a \in \mathcal{A}$. Es gelte $\sum_{n \leq N} a(n) = O(N^{\alpha})$ für ein reelles α. Zeige, daß die Dirichlet-Reihe in $\operatorname{Re} s > \alpha$ konvergiert.

5. Voraussetzungen und Bezeichnungen wie in Satz 1.4.4. Zeige

$$\sum_{n \leq x} (1 - \tfrac{n}{x}) a(n) = \tfrac{1}{2\pi i} \int_{(c)} \Big(\sum_{n=1}^{\infty} a(n) n^{-s}\Big) \frac{x^s \, ds}{s(s+1)}.$$

6. Sei $a \in \mathcal{A}$, die zugeordnete Dirichlet-Reihe habe endliche Konvergenzabszisse α. Sei $b(n) = |a(n)|$, und β die Konvergenzabszisse der b zugeordneten Dirichletreihe. Zeige $\alpha \leq \beta \leq \alpha + 1$. Gib Beispiele an, die zeigen, daß β jeden Wert in diesem Intervall annehmen kann.

1.5 Charaktere

In diesem Abschnitt sei G eine endliche abelsche Gruppe. Nach dem Hauptsatz über endliche abelsche Gruppen ist G Produkt von endlich vielen zyklischen Gruppen $G_1, \dots, G_r$, d.h. jedes $g \in G$ ist auf genau eine Weise als

$$g = \prod_{i=1}^{r} g_i^{t_i} \tag{1.51}$$

mit $0 \leq t_i \leq n_i - 1$ darstellbar, wenn $n_i = \#G_i$ gesetzt wird und g_i ein erzeugendes Element von G_i bezeichnet.

Gruppenhomomorphismen $\chi : G \to \mathbb{C}^\times$ werden *Charaktere* genannt. Aus (1.51) kommt

$$\chi(g) = \prod_{i=1}^{r} \chi(g_i)^{t_i}. \tag{1.52}$$

Also sind Charaktere bereits durch Angabe der Werte $\chi(g_i)$ bestimmt. Sei e das neutrale Element in G. Aus $1 = \chi(e) = \chi(g_i^{n_i}) = \chi(g_i)^{n_i}$ folgt $\chi(g_i) = e(k_i/n_i)$ für ein $k_i \in \mathbb{Z}$ mit $0 \leq k_i \leq n_i - 1$. Also gibt es höchstens $n_1 n_2 \dots n_r$ Charaktere. Umgekehrt gibt es zu jeder Wahl von $k_1, \dots, k_r$ mit $0 \leq k_i \leq n_i$ einen Charakter χ mit $\chi(g_i) = e(k_i/n_i)$, der dann durch (1.52) auf G erklärt ist. Damit sind alle Charaktere bestimmt, es gibt $n_1 n_2 \dots n_r = \#G$ solche.

Die Menge aller Charaktere wird kanonisch zu einer Gruppe $\hat{G}$, wenn für zwei Charaktere χ, ψ das Produkt durch $\chi\psi(g) = \chi(g)\psi(g)$ für alle $g \in G$ erklärt wird. Mit χ_0 bezeichnen wir das neutrale Element in $\hat{G}$ und nennen χ_0 den Hauptcharakter. Offenbar gilt $\chi_0(g) = 1$ für alle $g \in G$. Das Inverse von $\chi \in \hat{G}$ wird mit $\bar{\chi}$ bezeichnet; wegen $|\chi(g)| = 1$ gilt $\bar{\chi}(g) = \chi(g)^{-1} = \overline{\chi(g)}$. Man erkennt sofort, daß die Gruppen G und $\hat{G}$ isomorph sind; ist $\chi_i \in \hat{G}$ durch $\chi_i(g_i) = e(1/n_i)$ und $\chi_i(g_j) = 1$ für $i \neq j$ gegeben, dann liefert die durch $g_i \to \chi_i$ definierte Abbildung einen Isomorphismus.

Besonders wichtig sind die *Charakterrelationen*. Für jedes $g \in G$ gilt

$$\sum_{\chi \in \hat{G}} \chi(g) = \begin{cases} \#G & \text{falls } g = e, \\ 0 & \text{sonst.} \end{cases} \tag{1.53}$$

Dazu gibt es wegen der Isomorphie von G mit $\hat{G}$ eine "duale" Relation. Ist $\chi \in \hat{G}$, so gilt

$$\sum_{g \in G} \chi(g) = \begin{cases} \#G & \text{falls } \chi = \chi_0, \\ 0 & \text{sonst.} \end{cases} \tag{1.54}$$

Zum Beweis von (1.54) sei zunächst $\chi \neq \chi_0$. Dann gibt es ein $h \in G$ mit $\chi(h) \neq 1$. Da mit g auch $h^{-1}g$ die gesamte Gruppe G durchläuft, folgt

$$\sum_{g \in G} \chi(g) = \sum_{g \in G} \chi(gh) = \chi(h) \sum_{g \in G} \chi(g).$$

Das ist nur mit $\sum_g \chi(g) = 0$ möglich. Der Fall $\chi = \chi_0$ ist trivial. Der Beweis von (1.53) verläuft völlig analog. Ist $g \neq e$, gibt es ein $\psi \in \hat{G}$ mit $\psi(g) \neq 1$. Dann kann wie zuvor geschlossen werden.

Satz 1.5.1. *Sei G eine endliche abelsche Gruppe. Seien $g, h \in G$ und $\chi, \psi \in \hat{G}$. Dann gelten*

$$\sum_{g \in G} \bar{\psi}(g)\chi(g) = \begin{cases} \#G & \textit{falls } \chi = \psi, \\ 0 & \textit{sonst,} \end{cases}$$

$$\sum_{\chi \in \hat{G}} \bar{\chi}(g)\chi(h) = \begin{cases} \#G & \textit{falls } g = h, \\ 0 & \textit{sonst.} \end{cases}$$

Dies ist nur scheinbar allgemeiner als (1.53), (1.54). Zum Beweis der ersten Formel ist in (1.54) lediglich χ durch $\bar{\psi}\chi$ zu ersetzen. Genauso folgt die zweite Formel, wenn in (1.53) g durch $g^{-1}h$ ersetzt wird.

In Satz 1.5.1 wird die Indikatorfunktion eines Elements $h \in G$ als Linearkombination von Charakteren dargestellt. Darin liegt der Wert von Charakteren.

Für den Dirichletschen Primzahlsatz brauchen wir nur den Fall $G = (\mathbb{Z}/q\mathbb{Z})^\times$ bei festem $q \in \mathbb{N}$. Ein Charakter χ der primen Restklassengruppe modulo q wird durch die Definition

$$\chi(n) = \begin{cases} \chi(n + q\mathbb{Z}) & \text{für } (n, q) = 1, \\ 0 & \text{für } (n, q) > 1 \end{cases} \tag{1.55}$$

zu einer Funktion auf $\mathbb{Z}$ (streng genommen müßte hier auf der linken Seite statt χ ein anderes Symbol benutzt werden; Mißverständnisse sind aber nicht zu befürchten), die als *Dirichlet-Charakter modulo q* oder kürzer nur als Dirichlet-Charakter bezeichnet wird. Dieses neue χ ist offenbar vollständig multiplikativ und hat Periode q. Die Charakterrelationen ergeben hier für $(q, a) = 1$

$$\frac{1}{\varphi(q)} \sum_{\chi} \bar{\chi}(a)\chi(n) = \begin{cases} 1 & \text{für } n \equiv a \bmod q, \\ 0 & \text{sonst.} \end{cases} \tag{1.56}$$

Die Summe ist hier über alle Dirichlet-Charaktere mod q erstreckt. Damit haben wir einen Ausdruck für die Indikatorfunktion einer primen Restklasse, der im Beweis des Dirichletschen Primzahlsatzes eine herausragende Rolle spielen wird.

Von nun an werden wir nur noch Dirichlet-Charaktere betrachten und diese oft verkürzt als Charaktere bezeichnen. Sie lassen sich auch durch ihre wichtigsten Eigenschaften charakterisieren.

Satz 1.5.2. *Sei f eine arithmetische Funktion mit folgenden Eigenschaften.*
i) f ist vollständig multiplikativ,
ii) f hat Periode q,
iii) es gilt $f(n) = 0$, wenn $(n, q) > 1$.
Dann ist f ein Dirichlet-Charakter modulo q.

Beweis. Dies ist trivial, denn als vollständig multiplikative Funktion verschwindet f nicht identisch. Wegen ii) und iii) kann f wie in (1.55) als Charakter auf der primen Restklassengruppe aufgefaßt werden.

Aufgaben

1. Bestimme alle Charaktere der (additiven) Restklassengruppe $\mathbb{Z}/q\mathbb{Z}$ und schreibe die Charakterrelationen explizit an. Vergleiche mit (1.31).
2. Sei p eine Primzahl, $q = p^f$ und $\mathbb{F}_q$ der Körper mit q Elementen. Sei $S : \mathbb{F}_q \to \mathbb{F}_p$ die Spur. Zeige: Jeder Charakter der additiven Gruppe von $\mathbb{F}_q$ ist von der Form $x \to e(S(ax)/p)$ für geeignetes $a \in \mathbb{F}_q$.

1.6 Der Dirichletsche Primzahlsatz

Sei $q \in \mathbb{N}$. Jedem Charakter χ mod q können wir eine Dirichlet-Reihe zuordnen, die wir mit $L(s,\chi)$ bezeichnen. In $\operatorname{Re} s > 1$ gilt dann nach Satz 1.4.1

$$L(s,\chi) = \sum_{n=1}^{\infty} \chi(n) n^{-s} = \prod_p \left(1 - \chi(p)p^{-s}\right)^{-1}. \tag{1.57}$$

Diese zunächst in $\operatorname{Re} s > 1$ holomorphen Funktion werden als *Dirichletsche L-Funktionen* bezeichnet. Ist $\chi = \chi_0$ der Hauptcharakter, erkennt man durch Vergleich der Euler-Produkte in $\operatorname{Re} s > 1$

$$L(s,\chi_0) = \prod_{p \nmid q} (1 - p^{-s})^{-1} = \zeta(s) \prod_{p \mid q} (1 - p^{-s}). \tag{1.58}$$

Die analytischen Eigenschaften von $L(s,\chi_0)$ lassen sich damit aus den Ergebnissen für ζ ablesen. So folgt aus (1.58), daß $L(s,\chi_0)$ mit $s \to 1$ nicht beschränkt bleibt. Ist χ nicht der Hauptcharakter, so verhält sich die Reihe $L(s,\chi)$ deutlich anders.

Satz 1.6.1. *Sei χ ein Dirichlet-Charakter mod q, $\chi \neq \chi_0$. Dann ist die Reihe $\sum \chi(n) n^{-s}$ in $\operatorname{Re} s > 0$ konvergent, und es gilt $L(1,\chi) \neq 0$.*

Es folgt insbesondere, daß $L(s,\chi)$ auf dem reellen Intervall $[1,\infty)$ stetig ist und dort nirgends verschwindet (für $s > 1$ folgt das direkt aus der Produktdarstellung (1.57)). Also ist auch $\log L(s,\chi)$ auf $[1,\infty)$ eine stetige Funktion.

Jetzt berechnen wir $\log L(s,\chi)$ für einen beliebigen Charakter und $s > 1$ aus (1.57). Mit derselben Rechnung wie in (1.44) und (1.49) erhalten wir

$$\begin{aligned} \log L(s,\chi) &= \sum_p \log \frac{1}{1 - \chi(p)p^{-s}} \\ &= \sum_p \sum_{k=1}^{\infty} \frac{1}{k} \chi(p^k) p^{-ks} \end{aligned}$$

$$= \sum_p \chi(p)p^{-s} + O(1). \tag{1.59}$$

An dieser Stelle ist wegen der Mehrdeutigkeit des komplexen Logarithmus Vorsicht geboten, denn ohne weiteres gilt (1.59) nur bis auf Addition eines ganzzahligen Vielfachen von $2\pi i$. Durch Grenzübergang $s \to \infty$ wird (1.62) aber für reelle $s > 1$ sofort bestätigt.

Für $\chi \neq \chi_0$ bleibt $\sum_p \chi(p)p^{-s}$ mit $s \to 1$ also beschränkt.

Benutzen wir jetzt die Charakterrelation (1.56), folgt für $(a,q) = 1$ sofort

$$\begin{aligned} \sum_{p \equiv a \bmod q} p^{-s} &= \sum_p \frac{1}{\varphi(q)} \sum_\chi \bar{\chi}(a)\chi(p)p^{-s} \\ &= \frac{1}{\varphi(q)} \sum_\chi \bar{\chi}(a) \sum_p \chi(p)p^{-s} \\ &= \frac{1}{\varphi(q)} \sum_{p \nmid q} p^{-s} + \frac{1}{\varphi(q)} \sum_{\chi \neq \chi_0} \bar{\chi}(a) \sum_p \chi(p)p^{-s}. \end{aligned}$$

Der erste Term rechts strebt mit $s \to 1$ gegen ∞, die anderen Ausdrücke auf der rechten Seite bleiben dabei beschränkt. Damit ist bewiesen:

Dirichletscher Primzahlsatz. *Zu gegebenen teilerfremden Zahlen a, q gibt es unendlich viele Primzahlen $p \equiv a \bmod q$. Die Reihe $\sum_{p \equiv a \bmod q} 1/p$ ist divergent.*

Wir ziehen noch eine Folgerung aus (1.59). Für reelle $s > 1$ multiplizieren wir mit $\bar{\chi}(a)$ und summieren dann über alle Charaktere mod q. Unter Benutzung der Charakterrelation (1.56) ergibt sich

$$\frac{1}{\varphi(q)} \sum_\chi \bar{\chi}(a) \log L(s,\chi) = \sum_{\substack{p, k \geq 1 \\ p^k \equiv a \bmod q}} \frac{1}{k} p^{-ks} \geq 0.$$

Hier setzen wir $a = 1$. Dann ist $\bar{\chi}(a) = 1$. Anwenden der Exponentialfunktion liefert

Lemma 1.6.1. *Sei $s \in \mathbb{R}$, $s > 1$. Dann gilt*

$$\prod_\chi L(s,\chi) \geq 1.$$

Jetzt wollen wir zunächst für $\chi \neq \chi_0$ die Konvergenz der Reihe $L(s,\chi)$ in $\operatorname{Re} s > 0$ nachweisen. Dazu setzen wir

$$X(x) = \sum_{n \leq x} \chi(n).$$

Nach den Charakterrelationen ist $X(q) = 0$, und wegen der Periodizität von χ auch $X(mq) = 0$ für alle $m \in \mathbb{N}$. Da $|\chi(n)| \leq 1$ ist, folgt $|X(x)| \leq q$ für alle $x > 0$. Wir führen eine partielle Summation aus. Seien $1 \leq N \leq M$. Dann gilt in $\operatorname{Re} s > 0$

$$\begin{aligned} \sum_{N \leq n \leq M} \chi(n) n^{-s} &= X(M) M^{-s} - X(N) N^{-s} + s \int_N^M X(x) x^{-s-1}\, dx \\ &= O\Big(\Big(1 + \frac{|s|}{\operatorname{Re} s}\Big) N^{-\operatorname{Re} s}\Big). \end{aligned} \tag{1.60}$$

Die Reihe $\sum \chi(n) n^{-s}$ konvergiert also in $\operatorname{Re} s > 0$, und auf jedem kompakten Teil dieser Halbebene sogar gleichmäßig.

Ein ähnliches Argument kann auch auf $\zeta(s)$ oder $L(s, \chi_0)$ angewendet werden. Wiederum beginnt man in $\operatorname{Re} s > 1$ mit partieller Summation und erhält diesmal

$$\zeta(s) = s \int_1^\infty [x] x^{-s-1}\, dx.$$

Schreiben wir jetzt $x = [x] + \{x\}$ und setzen dies für $[x]$ ein, können wir das entstehende Integral über x^{-s} auswerten. In $\operatorname{Re} s > 1$ gilt also

$$\zeta(s) = \frac{s}{s-1} - s \int_1^\infty \{x\} x^{-s-1}\, dx. \tag{1.61}$$

Wegen $0 \leq \{x\} \leq 1$ konvergiert das Integral auf der rechten Seite in jedem kompakten Teil von $\operatorname{Re} s > 0$ gleichmäßig und stellt dort eine holomorphe Funktion dar. Fassen wir zusammen:

Lemma 1.6.2. *Die Riemannsche Zetafunktion $\zeta(s)$ ist nach $\operatorname{Re} s > 0$ meromorph fortsetzbar und hat bei $s = 1$ einen Pol erster Ordnung vom Residuum 1. Für $s \neq 1$ ist ζ in $\operatorname{Re} s > 0$ holomorph.*

Nach (1.58) kann damit auch $L(s, \chi_0)$ nach $\operatorname{Re} s > 0$ meromorph fortgesetzt werden, der einzige Pol bei $s = 1$ ist erster Ordnung und hat das Residuum $\prod_{p|q}(1 - \frac{1}{p})$.

Mit diesen Kenntnissen kann der Beweis für $L(1, \chi) \neq 0$ begonnen werden. Nehmen wir zunächst an, es gäbe zwei verschiedene Charaktere χ_1, χ_2 mit $L(1, \chi_i) = 0$. Da die $L(s, \chi)$ für $\chi \neq \chi_0$ in einer Umgebung von $s = 1$ holomorphe Funktionen sind, hat $L(s, \chi_0) L(s, \chi_1) L(s, \chi_2)$ bei $s = 1$ eine Nullstelle mindestens erster Ordnung. Dasselbe gilt dann auch für $\prod_\chi L(s, \chi)$. Das steht aber im Widerspruch zu Lemma 1.6.1.

Also kann $L(1, \chi) = 0$ für höchstens einen Charakter gelten. Nun folgt aus $L(1, \chi) = 0$ aber $L(1, \bar{\chi}) = 0$. Das kann nur sein, wenn χ und $\bar{\chi}$ zusammenfallen, d.h. wenn χ nur reelle Werte annimmt. Um Satz 1.6.1 vollständig zu beweisen, ist demnach nur noch $L(1, \chi) \neq 0$ für reellwertige Charaktere zu zeigen.

Sei χ ein reellwertiger Charakter mod q. Wir betrachten die arithmetische Funktion $f = \varepsilon * \chi$. Der Beweis von $L(1,\chi) \neq 0$ besteht aus zwei Schritten. Zuerst werden wir $f(n) \geq 0$ und $f(n^2) \geq 1$ für alle $n \in \mathbb{N}$ zeigen. Dann gilt aber

$$\sum_{n \leq N^2} f(n) n^{-1/2} \geq \sum_{m \leq N} f(m^2) m^{-1} \geq \sum_{m \leq N} m^{-1},$$

und mit $N \to \infty$ strebt die rechte Seite hier noch nach ∞. Im zweiten Schritt begründen wir die asymptotische Formel

$$\sum_{n \leq N^2} f(n) n^{-1/2} = 2NL(1,\chi) + O(1). \tag{1.62}$$

Die linke Seite strebt aber nur dann mit N nach ∞, wenn $L(1,\chi)$ positiv ist. Das war zu zeigen!

Die Funktion f ist als Faltung multiplikativer Funktionen wieder multiplikativ. Auf Primzahlpotenzen p^k mit $p \nmid q$ haben wir

$$f(p^k) = \sum_{l=0}^{k} \chi(p^l) = \begin{cases} k+1 & (\chi(p) = 1), \\ 1 & (\chi(p) = -1,\ k \equiv 0 \bmod 2), \\ 0 & (\chi(p) = -1,\ k \equiv 1 \bmod 2), \end{cases}$$

und für $p|q$ zeigt dasselbe Argument $f(p^k) = 1$ für alle $k \in \mathbb{N}$. Damit ist $f(n) \geq 0$, $f(n^2) \geq 1$ bereits bewiesen.

Zum Beweis von (1.62) berechnen wir die fragliche Summe auf andere Weise. Durch Umordnen erreicht man zunächst die Form

$$\begin{aligned} \sum_{n \leq N^2} f(n) n^{-\frac{1}{2}} &= \sum_{n \leq N^2} \sum_{d|n} \chi(d) n^{-\frac{1}{2}} = \sum_{(d,k):\, dk \leq N^2} \chi(d)(dk)^{-\frac{1}{2}} \\ &= \sum_{d \leq N} \chi(d) d^{-\frac{1}{2}} \sum_{k \leq N^2/d} k^{-\frac{1}{2}} + \sum_{k \leq N} k^{-\frac{1}{2}} \sum_{N < d \leq N^2/k} \chi(d) d^{-\frac{1}{2}}. \end{aligned}$$

In den beiden Termen auf der rechten Seite sind jeweils die inneren Summen auszuwerten. Durch wörtliche Kopie des die Formel (1.17) begründenden Arguments läßt sich

$$\sum_{k \leq T} k^{-\frac{1}{2}} = 2T^{1/2} + C + O(T^{-\frac{1}{2}})$$

mit einer gewissen Konstante C leicht bestätigen. Zusammen mit (1.60) in die vorige Rechnung eingesetzt, folgt nun

$$\begin{aligned} \sum_{n \leq N^2} f(n) n^{-\frac{1}{2}} &= \sum_{d \leq N} \chi(d) d^{-\frac{1}{2}} (2Nd^{-\frac{1}{2}} + C + O(d^{1/2} N^{-1})) + O(1) \\ &= 2N \sum_{d \leq N} \chi(d) d^{-1} + C \sum_{d \leq N} \chi(d) d^{-\frac{1}{2}} + O(1). \end{aligned}$$

Die zweite Summe auf der rechten Seite strebt mit $N \to \infty$ gegen $L(\frac{1}{2},\chi)$, ist also $O(1)$. Für den ersten Term kommt nach nochmaliger Anwendung von (1.60)

$$2N \sum_{d \le N} \chi(d) d^{-1} = 2NL(1,\chi) + O(1),$$

womit auch (1.62) bewiesen ist.

Der hier vorgestellte Beweis des Satzes 1.6.1 geht auf Mertens zurück. Es gibt eine Reihe weiterer Beweise, die meist mehr Theorie benutzen als das hier gegebene elementare Argument. Man könnte versucht sein, das Nichtverschwinden der L-Funktionen bei $s = 1$ so zu begründen: Die Reihe (1.57) konvergiert bei $s = 1$. Hätte man auch die Produktentwicklung zur Verfügung, ließe sich $L(1,\chi) \neq 0$ einfach ablesen. Leider ist Satz 1.4.1 nicht anwendbar, da die Reihe für $L(s,\chi)$ bei $s = 1$ nicht mehr absolut konvergiert.

Aufgaben

1. Sei χ ein Charakter mod q, $\chi \neq \chi_0$. Zeige
$$\sum_{n \le x} \chi(n) \tfrac{\log n}{n} = O(1).$$
2. Sei χ ein Charakter mod q, $\chi \neq \chi_0$. Zeige, daß die Reihe $\sum_p \chi(p)/p$ konvergiert.
3. Zeige für $(a,q) = 1$
$$\sum_{\substack{p \le x \\ p \equiv a \bmod q}} \tfrac{1}{p} = \tfrac{1}{\varphi(q)} \log\log x + O(1).$$
4. Sei γ die Eulersche Konstante. Für $|s-1| < 1$ zeige
$$\zeta(s) = (s-1)^{-1} + \gamma + O(|s-1|)$$

1.7 Der Primzahlsatz I

In diesem Abschnitt soll der in (1.1.4) bereits formulierte Primzahlsatz mit den in 1.4 bereitgestellten Hilfsmitteln bewiesen werden. Anstelle von $\pi(x)$ behandeln wir die Summe $\psi(x) = \sum_{n \le x} \Lambda(n)$; die daraus resultierenden technischen Vorteile hatten wir schon in 1.4 erkannt. Als Ausgangspunkt unserer Überlegungen dient eine Variante von (1.47), die wir aus Lemma 1.4.2 gewinnen. Für zunächst noch beliebige $c > 1, T \ge 2, x \ge 2$ haben wir

$$\psi(x) = -\frac{1}{2\pi \mathrm{i}} \int_{c-\mathrm{i}T}^{c+\mathrm{i}T} \frac{\zeta'}{\zeta}(s) x^s \frac{ds}{s} + O\Big(\frac{x^c}{T}\Big|\frac{\zeta'}{\zeta}(c)\Big| + \log x + \frac{x(\log x)^2}{T}\Big). \quad (1.63)$$

Zur weiteren Auswertung des Integrals in (1.63) beachten wir, daß $\frac{\zeta'}{\zeta}$ auf Grund des Lemmas 1.6.2 nach $\operatorname{Re} s > 0$ meromorph fortsetzbar ist, bei $s = 1$ entsteht ein Pol erster Ordnung mit Residuum -1, weitere Pole liegen an etwaigen Nullstellen von $\zeta(s)$. Sei nun $0 < \lambda < \frac{1}{10}$. Dann setzen wir $c = 1 + \lambda$, $c' = 1 - \lambda$ und integrieren die Funktion $\frac{\zeta'}{\zeta}(s)x^s s^{-1}$ über den Rand des Rechtecks mit den Ecken $c \pm \mathrm{i}T$, $c' \pm \mathrm{i}T$. Wenn wir annehmen, daß $\zeta(s)$ im Innern und auf dem Rand dieses Rechtecks nicht verschwindet, dann hat der Integrand allein bei $s = 1$ einen einfachen Pol mit Residuum $-x$. Der Residuensatz zeigt deshalb

$$-\int_{c-\mathrm{i}T}^{c+\mathrm{i}T} \frac{\zeta'}{\zeta}(s)x^s \frac{ds}{s} = 2\pi \mathrm{i} x + E_1 + E_2 + E_3 \tag{1.64}$$

mit

$$E_j = \int_{\gamma_j} \frac{\zeta'}{\zeta}(s)x^s \frac{ds}{s},$$

wenn die γ_j die gerichteten Strecken

$$\gamma_1 = [c + \mathrm{i}T,\, c' + \mathrm{i}T], \quad \gamma_2 = [c' + \mathrm{i}T,\, c' - \mathrm{i}T], \quad \gamma_3 = [c' - \mathrm{i}T,\, c - \mathrm{i}T]$$

bezeichnen. Das Nichtverschwinden von $\zeta(s)$ in $\operatorname{Re} s > 1$ folgt aus der Eulerschen Produktdarstellung (1.3). Für den obigen Ansatz müssen wir aber zeigen, daß auch noch ein Stück links der Geraden $\operatorname{Re} s = 1$ frei von Nullstellen ist. Ferner verspricht (1.64) nur dann Erfolg, wenn $\frac{\zeta'}{\zeta}$ auf $\operatorname{Re} s = 1 - \lambda$ erfolgreich abgeschätzt werden kann. Die benötigten Informationen sind im folgenden Lemma zusammengefaßt.

Lemma 1.7.1. *Es gibt ein $\delta > 0$, so daß für alle $s = \sigma + \mathrm{i}t$ mit $\sigma \geq 1 - \delta \min(1, (\log|t|)^{-9})$ gilt $\zeta(s) \neq 0$. Für dieselben s, die zusätzlich der Bedingung $|s - 1| \geq 2$ genügen, gilt*

$$\frac{\zeta'}{\zeta}(s) \ll (\log|t|)^9.$$

Den Beweis stellen wir zurück und schätzen nun die in (1.64) auftretenden "Fehlerterme" E_j weiter ab. Dazu wählen wir

$$\lambda = \delta(\log T)^{-9},$$

die in der Herleitung von (1.64) verlangte Nullstellenfreiheit ist dann durch Lemma 1.7.1 gesichert. Für $s \in \gamma_1$ gelten $|s| \geq T$, $|x^s| \leq x^{1+\lambda}$ und $\frac{\zeta'}{\zeta}(s) \ll \lambda^{-1}$. Da der Weg γ_1 die Länge 2λ hat, folgt sofort

$$E_1 \ll x^{1+\lambda}T^{-1}.$$

Dieselbe Abschätzung gilt selbstverständlich auch für E_3. Die Gerade γ_2 parametrisieren wir mit $s = 1 - \lambda + \mathrm{i}t$, $-T \leq t \leq T$. Dann gilt $|s| \geq \frac{1}{2}(1 + |t|)$, und es folgt

$$|E_2| \le 2x^{1-\lambda} \int_{-T}^{T} \Big|\frac{\zeta'}{\zeta}(1-\lambda+it)\Big| \frac{dt}{1+|t|}.$$

Für den Anteil zum Integral mit $|t| \ge 2$ können wir wieder die aus Lemma 1.7.1 bekannte Ungleichung $\frac{\zeta'}{\zeta}(s) \ll \lambda^{-1}$ benutzen. Für kleine Werte von t kommt $\frac{\zeta'}{\zeta}(1-\lambda+it)$ unter den Einfluß des Pols bei $s = 1$, weshalb wir wiederum $\frac{\zeta'}{\zeta}(1-\lambda+it) \ll \lambda^{-1}$ für $|t| \le 2$ erhalten. Das zeigt

$$E_2 \ll x^{1-\lambda}\lambda^{-1}\log T \ll x^{1-\lambda}(\log T)^{10}.$$

Wegen $c = 1+\lambda$ haben wir $|\frac{\zeta'}{\zeta}(c)| \ll \lambda^{-1}$. Durch Kombination von (1.63) und (1.64) kommt

$$\psi(x) = x + O\Big(\frac{x^{1+\lambda}}{T\lambda} + \log x + \frac{x(\log x)^2}{T} + x^{1-\lambda}(\log T)^{10}\Big).$$

Für das aus Lemma 1.7.1 stammende δ dürfen wir $0 < \delta < \frac{1}{100}$ annehmen. Wählen wir $T = \exp(\delta^{-1/9}(\log x)^{1/10})$, dann bestätigt eine kurze Rechnung

$$\psi(x) = x + O(x\exp(-\delta^3(\log x)^{1/10})). \tag{1.65}$$

Dies ist bereits eine Form des Primzahlsatzes. Wir formulieren das Ergebnis noch für $\pi(x)$.

Primzahlsatz. *Es gibt ein $C > 0$, so daß gilt*

$$\pi(x) = \int_2^x \frac{du}{\log u} + O(x\exp(-C(\log x)^{1/10})).$$

Beweis. Aus (1.65) und (1.46) haben wir

$$\theta(u) = \sum_{p\le u}\log p = u + O(x\exp(-\delta^3(\log x)^{1/10}))$$

gleichmäßig in $2 \le u \le x$. Partielle Summation zeigt dann

$$\begin{aligned}\pi(x) &= \frac{\theta(x)}{\log x} - \int_2^x \theta(u)\frac{d}{du}\Big(\frac{1}{\log u}\Big)du \\ &= \frac{x}{\log x} - \int_2^x u\frac{d}{du}\Big(\frac{1}{\log u}\Big)du + O(x\exp(-\delta^3(\log x)^{1/10});\end{aligned}$$

nochmalige partielle Integration bestätigt nun die behauptete Asymptotik für $\pi(x)$.

Zum besseren Verständnis des Hauptterms im Primzahlsatz sei noch auf die asymptotische Entwicklung

$$\int_2^x \frac{du}{\log u} = \sum_{j=0}^{k-1}\frac{j!x}{(\log x)^{j+1}} + O\Big(\frac{x}{(\log x)^{k+1}}\Big)$$

hingewiesen, die für jedes $k \in \mathbb{N}$ durch sukzessive partielle Integration leicht zu bestätigen ist.

Der Beweis von Lemma 1.7.1 ist noch nachzutragen. Für jedes $N \in \mathbb{N}$ zeigt partielle Summation wörtlich wie in (1.61)

$$\sum_{n=N}^{\infty} n^{-s} = (1-N)N^{-s} + \frac{s}{s-1}N^{1-s} - s\int_N^\infty \{x\}x^{-s-1}\,dx,$$

und die rechte Seite stellt eine in $\operatorname{Re} s > 0$ meromorphe Funktion dar, die dort nach dem Identitätssatz mit $\zeta(s) - \sum_{n<N} n^{-s}$ übereinstimmt. Schreiben wir wieder $s = \sigma + it$ und schätzen einige Terme ab, dann folgt

$$\zeta(s) = \sum_{n\le N} n^{-s} + \frac{N^{1-s}}{s-1} + O\Big(\Big(1+\frac{|s|}{\sigma}\Big)N^{-\sigma}\Big) \tag{1.66}$$

in $\sigma > 0$. Damit läßt sich die Zetafunktion noch links von $\sigma = 1$ kontrollieren.

Lemma 1.7.2. *In* $|t| \ge 8$, $1 - \frac{1}{2\log|t|} \le \sigma \le 2$ *gelten die Abschätzungen*

$$\zeta(s) \ll \log|t|, \quad \zeta'(s) \ll (\log|t|)^2.$$

Es genügt, $t \ge 8$ zu betrachten. Wir nehmen schwächer als im zu beweisenden Lemma vorläufig nur $1 - \frac{1}{\log|t|} \le \sigma \le 3$ an. Für $n \le t$ gilt dann $n^{-\sigma} \le en^{-1}$. Aus (1.66) mit $N = [t]$ kommt nun

$$\zeta(s) \ll \sum_{n\le t}\frac{1}{n} + \frac{t^{1-\sigma}}{\sigma} \ll \log t$$

wie behauptet. Die Abschätzung für die Ableitung folgt aus der Schranke für die Zetafunktion zusammen mit der Cauchyschen Integralformel

$$\zeta'(s) = \frac{1}{2\pi \mathrm{i}}\int_{|w-s|=r} \frac{\zeta(w)}{(w-s)^2}\,dw,$$

in der $r = (2\log t)^{-1}$ zu wählen ist.

Jetzt können wir uns den Nullstellen der Zetafunktion zuwenden. Wie bereits bemerkt, impliziert das Euler-Produkt das Nichtverschwinden von $\zeta(s)$ in $\sigma > 1$. Wir versuchen nun, dies in eine quantitative Form zu bringen und $\zeta(s)$ in $\sigma > 1$ nach unten abzuschätzen. Dann wird die in Lemma 1.7.2 angegebene Schranke für $\zeta'(s)$ benutzt, um auf ein nullstellenfreies Gebiet links von $\sigma = 1$ zu schließen.

Zur rigorosen Durchführung dieses Programms benutzen wir (1.43) in der Form

$$\zeta(s) = \exp\sum_p\sum_{k=1}^{\infty}\frac{1}{k}p^{-ks} \quad (\sigma > 1)$$

und erhalten daraus

$$|\zeta(\sigma+\mathrm{i}t)| = \exp\sum_p\sum_{k=1}^{\infty}\frac{1}{k}p^{-k\sigma}\cos(kt\log p)$$

in $\sigma > 1$. Aus der für alle $\alpha \in \mathbb{R}$ gültigen Ungleichung

$$3+4\cos\alpha+\cos 2\alpha = 2(1+\cos\alpha)^2 \geq 0 \tag{1.67}$$

folgt nun, wenn $\alpha = \alpha(p,k,t) = kt\log p$ gesetzt wird,

$$\zeta(\sigma)^3|\zeta(\sigma+\mathrm{i}t)|^4|\zeta(\sigma+2\mathrm{i}t)| = \exp\sum_p\sum_{k=1}^{\infty}\frac{1}{k}p^{-k\sigma}(3+4\cos\alpha+\cos 2\alpha) \geq 1 \tag{1.68}$$

für $\sigma > 1$, $t \in \mathbb{R}$. Diese Ungleichung geht auf Hadamard und de la Vallee-Poussin zurück und ist ein wesentlicher Schlüssel zum Beweis des Primzahlsatzes.

Lemma 1.7.3. *Für reelles $t \neq 0$ ist $\zeta(1+\mathrm{i}t) \neq 0$.*

Beweis. Für kleine $\sigma > 1$ gilt $\zeta(\sigma) \ll (\sigma-1)^{-1}$ wegen der Polstelle von ζ bei $s = 1$. Hätte nun $\zeta(1+\mathrm{i}t)$ bei $t = t_0 \neq 0$ eine Nullstelle, dann hätten wir $\zeta(\sigma+\mathrm{i}t_0) \ll \sigma - 1$. Das würde

$$\lim_{\substack{\sigma\to 1\\ \sigma>1}} \zeta(\sigma)^3\zeta(\sigma+\mathrm{i}t_0)^4 = 0$$

zur Folge haben und stünde im Widerspruch zu (1.68), denn $\zeta(1+2\mathrm{i}t)$ ist bei $t = t_0$ stetig.

Dieser Beweis läßt sich verfeinern und liefert sogar eine untere Schranke für $\zeta(1+\mathrm{i}t)$. Dazu sei $t > 8$ und $1 < \sigma < 2$. Dann folgt aus (1.68) mit der schon bekannten Schranke $\zeta(\sigma) \ll (\sigma-1)^{-1}$ und Lemma 1.7.2

$$\left|\frac{1}{\zeta(\sigma+\mathrm{i}t)}\right| \leq \zeta(\sigma)^{\frac{3}{4}}|\zeta(\sigma+2\mathrm{i}t)|^{\frac{1}{4}} \ll (\sigma-1)^{-\frac{3}{4}}(\log t)^{\frac{1}{4}}.$$

Nochmals aus Lemma 1.7.2 ergibt sich

$$\zeta(1+\mathrm{i}t)-\zeta(\sigma+\mathrm{i}t) = -\int_1^{\sigma}\zeta'(u+\mathrm{i}t)\,du = O(|\sigma-1|(\log t)^2). \tag{1.69}$$

Zusammen mit der vorigen Ungleichung kommt nun

$$\begin{aligned} |\zeta(1+\mathrm{i}t)| &\geq |\zeta(\sigma+\mathrm{i}t)| - A_2(\sigma-1)(\log t)^2 \\ &\geq A_1(\sigma-1)^{\frac{3}{4}}(\log t)^{-\frac{1}{4}} - A_2(\sigma-1)(\log t)^2 \end{aligned} \tag{1.70}$$

mit geeigneten Konstanten $A_j > 0$. Sei $B > 0$ so gewählt, daß $C = A_1B^{\frac{3}{4}} - A_2B$ positiv ausfällt; für genügend kleines B ist dies immer richtig. Wird dann $\sigma = 1 + B(\log t)^{-9}$ in (1.70) eingesetzt, so folgt

$$|\zeta(1+it)| \geq C(\log t)^{-7}. \tag{1.71}$$

Nach Lemma 1.7.2 bleibt (1.69) noch für $1 \geq \sigma \geq 1 - \delta(\log t)^{-9}$ richtig. Aus (1.71) folgt deshalb weiter

$$|\zeta(\sigma+it)| \geq C(\log t)^{-7} - A_2|\sigma - 1|(\log t)^2 \geq (C - A_2\delta)(\log t)^{-7}. \tag{1.72}$$

Ist δ genügend klein, dann ist $C - A_2\delta > 0$, womit die Aussage über das nullstellenfreie Gebiet in Lemma 1.7.1 bewiesen ist. Genauer haben wir sogar $\zeta(s) \gg (\log t)^{-7}$ gezeigt, und $\frac{\zeta'}{\zeta}(s) \ll (\log t)^9$ folgt aus Lemma 1.7.2.

Der Beweis von Lemma 1.7.1 ist vollständig, wenn wir noch zeigen können, daß zu jedem $T > 0$ ein $\delta > 0$ existiert, so daß $\zeta(s)$ in $|t| \leq T$, $1-\delta \leq \sigma \leq 1$ keine Nullstellen hat. Dies ist aber eine triviale Konsequenz aus Lemma 1.7.3, weil sich die Nullstellen einer meromorphen Funktion nirgends häufen.

Die Methoden aus diesem Abschnitt lassen sich mit den Ideen aus 1.6 koppeln und zum Zählen von Primzahlen in arithmetischen Progressionen einsetzen. Da sich aus den expliziten Formeln, die erst in Kapitel 2 besprochen werden, bessere Ergebnisse ableiten lassen, wollen wir diese Fragen vorerst nicht weiter verfolgen.

Aufgaben

1. Zeige

$$\lim_{x\to\infty} (\log x) \prod_{p\leq x} \left(1 - \frac{1}{p}\right) = e^{-\gamma}.$$

2. Zeige

$$\lim_{x\to\infty} (\log x)^{-1} \prod_{p\leq x} \left(1 + \frac{1}{p}\right) = e^{\gamma}(\zeta(2))^{-1}.$$

1.8 Summen von zwei Quadraten

Quadratsummen sind ein wichtiges und oft behandeltes Thema der Zahlentheorie. Wir wollen hier untersuchen, was die in diesem Kapitel entwickelten Methoden zur Theorie der durch die Summe zweier Quadrate darstellbaren Zahlen beitragen können. Dazu betrachten wir die arithmetischen Funktionen

$$r(n) = \#\{(u,v) \in \mathbb{Z}^2 : u^2 + v^2 = n\}$$

und

$$r_0(n) = \begin{cases} 1 & \text{falls } r(n) > 0, \\ 0 & \text{falls } r(n) = 0. \end{cases}$$

Die mittlere Ordnung von $r(n)$ ist π. Zur Begründung benutzen wir ein auf Gauß zurückgehendes geometrisches Argument. Es gilt

$$\sum_{n\leq x} r(n) = \#\{(u,v) \in \mathbb{Z}^2 : u^2+v^2 \leq x\}, \tag{1.73}$$

so daß wir die Gitterpunkte auf der Kreisscheibe um 0 mit Radius $\sqrt{x}$ abzählen müssen. Um jeden Gitterpunkt (u,v) legen wir ein achsenparalleles Quadrat

$$Q(u,v) = \{(\xi,\eta) \in \mathbb{R}^2 : |\xi - u| \leq \tfrac{1}{2}, |\eta - v| \leq \tfrac{1}{2}\}.$$

Die Vereinigung aller $Q(u,v)$ mit $u^2+v^2 \leq x$ sei K. Dann stimmt der Inhalt der Fläche K mit der in (1.73) gesuchten Gitterpunktanzahl überein. Die Menge K ist nach Konstruktion im Kreis um 0 mit Radius $\sqrt{x}+2$ enthalten und enthält ihrerseits die Kreisscheibe mit Radius $\sqrt{x}-2$. Also hat K Flächeninhalt $\pi x + O(\sqrt{x})$. Wir haben gezeigt:

Satz 1.8.1 (Gauß). *Es gilt*

$$\sum_{n\leq x} r(n) = \pi x + O(\sqrt{x}).$$

Die durch Summen zweier Quadrate darstellbaren Zahlen lassen sich durch ihre Primfaktorzerlegung charakterisieren. Ist $n \in \mathbb{N}$ und $n = \prod_p p^{e(p)}$, dann ist $r_0(n) = 1$ genau dann, wenn $e(p) \equiv 0 \bmod 2$ für alle $p \equiv 3 \bmod 4$ erfüllt ist. Ist $r_0(n) = 1$, dann gilt

$$r(n) = 4 \prod_{p\equiv 1 \bmod 4} (e(p)+1).$$

Insbesondere sind die Funktionen $r_0(n)$ und $\frac{1}{4}r(n)$ multiplikativ. Diese Resultate sind dem Leser aus der elementaren Zahlentheorie bekannt[3].

Nach Satz 1.3.2 gibt es eine multiplikative Funktion χ mit

$$r(n) = 4\varepsilon * \chi(n) \tag{1.74}$$

für alle $n \in \mathbb{N}$. Zur näheren Bestimmung von χ benutzen wir die Möbiusschen Umkehrformeln und finden

$$\chi(p^k) = \frac{1}{4}\sum_{l=0}^{k} \mu(p^l) r(p^{k-l}) = \frac{1}{4}(r(p^k) - r(p^{k-1})) = \begin{cases} 1 & (p \equiv 1 \bmod 4) \\ (-1)^k & (p \equiv 3 \bmod 4) \\ 0 & (p = 2) \end{cases}$$

für beliebiges $k \in \mathbb{N}$. Es folgt

$$\chi(n) = \begin{cases} 1 & (n \equiv 1 \bmod 4), \\ -1 & (n \equiv 3 \bmod 4), \\ 0 & (n \equiv 0 \bmod 2), \end{cases} \tag{1.75}$$

also ist χ ein Charakter modulo 4, und sicher nicht der Hauptcharakter. Die $r(n)$ zugeordnete Dirichlet-Reihe genügt der Gleichung

[3] Hardy and Wright, 16.9

$$\sum_{n=1}^{\infty} r(n)n^{-s} = 4\zeta(s)L(s), \tag{1.76}$$

wenn $L(s)$ die Dirichletsche L-Funktion zu χ bezeichnet. Wegen (1.75) können wir diese auch in der Form

$$L(s) = \sum_{n=0}^{\infty} (-1)^n (2n+1)^{-s} \tag{1.77}$$

schreiben.

Die Faltungsformel (1.74) eröffnet eine weitere Möglichkeit, die mittlere Ordnung von $r(n)$ zu bestimmen. Mit dem am Ende von 1.3 angegebenen Rezept und demselben Argument wie im Beweis von (1.62) wird der Leser die Umordnungen und Abschätzungen in

$$\begin{aligned}
\frac{1}{4}\sum_{n\le N^2} r(n) &= \sum_{(d,k):dk\le N^2} \chi(d) \\
&= \sum_{d\le N} \chi(d) \sum_{k\le N^2/d} 1 + \sum_{k\le N}\ \sum_{N<d\le N^2/k} \chi(d) \\
&= N^2 \sum_{d\le N} \frac{\chi(d)}{d} + O(N) = L(1)N^2 + O(N)
\end{aligned}$$

bestätigen können. Wird $N = \sqrt{x}$ gesetzt, dann kommt

$$\sum_{n\le x} r(n) = 4L(1)x + O(\sqrt{x}).$$

Dies beweist nochmals Satz 1.8.1, und durch Vergleich der beiden asymptotischen Formeln und (1.77) erhalten wir den Wert der *Leibnizschen Reihe*

$$\sum_{n=0}^{\infty} \frac{(-1)^n}{2n+1} = \frac{\pi}{4}. \tag{1.78}$$

Die auf der Perronschen Formel basierende analytische Methode steht ebenfalls zur Untersuchung mittlerer Ordnungen zur Verfügung. Auf diesem Wege läßt sich das Restglied in Satz 1.8.1 verbessern, doch kann bei unserem gegenwärtigen Wissensstand darauf nicht näher eingegangen werden (vgl. Aufgabe 4.3.7).

Die mittlere Ordnung von $r_0(n)$ ist erheblich schwieriger zu bestimmen. Die Dirichlet-Reihe

$$D(s) = \sum_{n=1}^{\infty} r_0(n)n^{-s}$$

hat Konvergenzabszisse 1 und kann nach Satz 1.4.1 als Euler-Produkt

$$D(s) = (1-2^{-s})^{-1} \prod_{p\equiv 1 \bmod 4} (1-p^{-s})^{-1} \prod_{p\equiv 3 \bmod 4} (1-p^{-2s})^{-1}$$

geschrieben werden. Dies vergleichen wir mit

$$\begin{aligned} \zeta(s)L(s) &= \prod_p \left((1-p^{-s})^{-1}(1-\chi(p)p^{-s})^{-1}\right) \\ &= (1-2^{-s})^{-1} \prod_{p\equiv 1 \bmod 4} (1-p^{-s})^{-2} \prod_{p\equiv 3 \bmod 4} (1-p^{-2s})^{-1} \end{aligned}$$

und erhalten

$$D(s)^2 = (1-2^{-s})^{-1}\zeta(s)L(s)G(s) \tag{1.79}$$

mit

$$G(s) = \prod_{p\equiv 3 \bmod 4} (1-p^{-2s})^{-1} = \sum_{\substack{n=1 \\ p|n \Rightarrow p\equiv 3 \bmod 4}}^{\infty} n^{-2s}. \tag{1.80}$$

Durch (1.80) ist $G(s)$ in $\operatorname{Re} s > \frac{1}{2}$ erklärt und verschwindet dort wegen des Euler-Produkts nicht. Auch $L(s)$ und $(s-1)\zeta(s)$ sind nach $\operatorname{Re} s > 0$ analytisch fortsetzbar, so daß $(s-1)D(s)^2$ zu einer in $\operatorname{Re} s > \frac{1}{2}$ erklärten holomorphen Funktion fortgesetzt werden kann.

Für reelle $s > 1$ ist das Wurzelziehen in (1.79) unproblematisch, denn sowohl $D(s)$ als auch alle Faktoren auf der rechten Seite sind für diese s reell und positiv. Wegen der Mehrdeutigkeit der Wurzel ist für komplexe s allerdings Vorsicht bei eventuellen Nullstellen geboten. Aufgrund der schon erwähnten Eigenschaften von $G(s)$ verschwindet die analytische Fortsetzung von $(s-1)D(s)^2$ in $\operatorname{Re} s > \frac{1}{2}$ genau an den Nullstellen von $\zeta(s)$ und $L(s)$. Ein nullstellenfreies Gebiet für $\zeta(s)$ war in Lemma 1.7.1 angegeben worden, die dort zur Anwendung gekommenen Methoden lassen sich ohne weiteres auf $L(s)$ übertragen.

Lemma 1.8.1. *Es gibt ein $\delta > 0$, so daß die durch* (1.77) *definierte Funktion $L(s)$ in dem durch*

$$\sigma \geq 1 - \delta \min(1, (\log|t|)^{-9}) \tag{1.81}$$

erklärten Teil der komplexen Ebene keine Nullstellen hat und dort der Abschätzung $L(s) \ll \log(2+|t|)$ genügt.

Der *Beweis* sei als Übung empfohlen.

Der Einfachheit halber sei angenommen, daß die in den Lemmata 1.7.1 und 1.8.1 auftretenden δ denselben Wert haben. Da in beiden Lemmata δ verkleinert werden kann, bedeutet dies keine Einschränkung. Nach diesen beiden Hilfssätzen gibt es eine auf der durch (1.81) gegebenen Menge definierte holomorphe Funktion F mit

$$F(s)^2 = (s-1)(1-2^{-s})^{-1}\zeta(s)L(s)G(s),$$

die für reelle $s > 1$ auch durch $F(s) = D(s)\sqrt{s-1}$ erklärt werden kann. Jetzt muß die Mehrdeutigkeit der Wurzel beachtet werden: $D(s)$ ist noch nach

$$\mathcal{D} = \{s \in \mathbb{C} : \sigma \geq 1 - \delta \min(1, (\log|t|)^{-9})\} \setminus \{s \in \mathbb{C} : 1 - \delta \leq \sigma \leq 1, t = 0\}$$

holomorph fortsetzbar, und es gilt

$$D(s) = \frac{F(s)}{\sqrt{s-1}}, \tag{1.82}$$

wenn $\sqrt{s-1}$ die durch analytische Fortsetzung der reellen Wurzel nach $\mathcal{D}$ erklärte Funktion bezeichnet.

Wir können nun versuchen, die mittlere Ordnung von $r_0(n)$ mit der Perronschen Formel zu bestimmen. Aus Lemma 1.4.2 entnehmen wir für $2 \leq T \leq x$ und $0 < \lambda < 1$

$$\sum_{n \leq x} r_0(n) = \frac{1}{2\pi \mathrm{i}} \int_{1+\lambda-\mathrm{i}T}^{1+\lambda+\mathrm{i}T} D(s) x^s \frac{ds}{s} + O\Big(\frac{x^{1+\lambda}}{T} D(1+\lambda) + \frac{x \log x}{T}\Big). \tag{1.83}$$

Das beim Beweis des Primzahlsatzes erfolgreiche Verschieben der Integration auf eine Gerade mit $\sigma = c < 1$ kann in (1.83) wegen der Wurzelsingularität von $D(s)$ bei $s = 1$ nicht ohne Modifikationen angewendet werden. Um die Mehrdeutigkeit der Wurzel zu vermeiden, weichen wir auf den folgenden Integrationsweg aus. Wie im Beweis des Primzahlsatzes sei

$$\lambda = \delta (\log T)^{-9},$$

wir setzen dann

$$\gamma_1 = [1 + \lambda - \mathrm{i}T,\ 1 - \lambda - \mathrm{i}T], \quad \gamma_7 = [1 - \lambda + \mathrm{i}T,\ 1 + \lambda + \mathrm{i}T].$$

Wir schreiben $c = 1 - \delta$ und verbinden $1 - \lambda - \mathrm{i}T$ und c durch den Graphen einer monoton fallenden stetig differenzierbaren Funktion (für genügend großes T ist stets $\lambda < \delta$). Diesen Integrationsweg bezeichnen wir mit γ_2. Dabei können wir γ_2 so einrichten, daß der Weg die durch (1.81) gegebene Menge nicht verläßt und gleichzeitig die Kreisscheibe $|s - 1| \leq \frac{1}{2}\delta$ vermeidet. Sei $0 < \epsilon < \lambda$ ein noch zu wählender Parameter und $\gamma_3 = [c, 1 - \epsilon]$. Mit γ_4 bezeichnen wir die von $1 - \epsilon$ beginnend positiv orientiert durchlaufene Kreislinie mit Radius ϵ um 1, schließlich wird $\gamma_5 = [1 - \epsilon, c]$ gesetzt und die Figur durch γ_6 symmetrisch zur reellen Achse ergänzt.

Auf dem gesamten Integrationsweg sei $\sqrt{s-1}$ durch analytische Fortsetzung der reellen Wurzel erklärt. Insbesondere haben wir dann

$$\sqrt{s-1} = \mathrm{i}\sqrt{1-s} \quad (s \in \gamma_5), \qquad \sqrt{s-1} = -\mathrm{i}\sqrt{1-s} \quad (s \in \gamma_3), \tag{1.84}$$

und aus dem Cauchyschen Integralsatz folgt

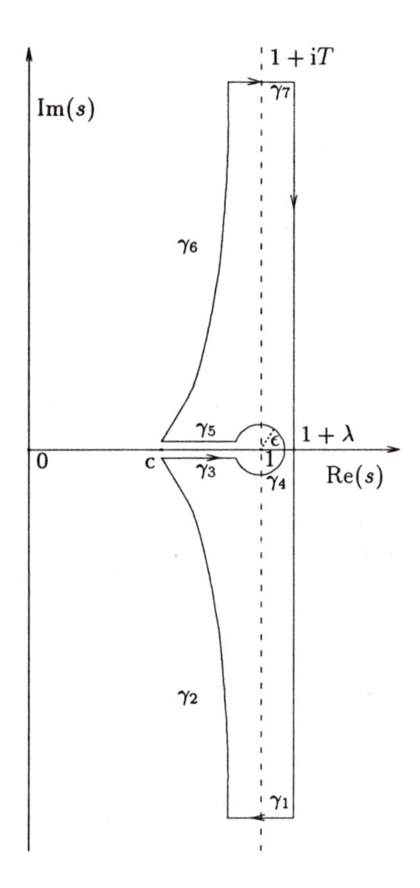

$$\int_{1+\lambda-\mathrm{i}T}^{1+\lambda+\mathrm{i}T} D(s)x^s \frac{ds}{s} = \sum_{j=1}^{7} E_j \tag{1.85}$$

mit

$$E_j = \int_{\gamma_j} \frac{F(s)}{\sqrt{s-1}} x^s \frac{ds}{s}.$$

Es wird sich gleich herausstellen, daß E_3 und E_5 die restlichen E_j dominieren. Zur Vorbereitung der folgenden Abschätzungen bemerken wir zunächst $|G(s)| \le G(\frac{3}{4})$ in $\operatorname{Re} s \ge \frac{3}{4}$, was aus (1.80) unmittelbar folgt. Für alle (1.81) genügenden $s \in \mathbb{C}$ ergibt sich aus Lemma 1.7.2 und Lemma 1.8.1

$$\frac{F(s)}{\sqrt{s-1}} \ll \log(2+|t|).$$

Wie im Beweis des Primzahlsatzes kommt jetzt

$$E_1 + E_7 \ll \lambda(\log T)x^{1+\lambda}T^{-1} \ll x^{1+\lambda}T^{-1}.$$

Auch auf γ_2 und γ_6 können wir ähnlich wie im Beweis des Primzahlsatzes argumentieren. Für $s \in \gamma_2$ gilt $|x^s| \le x^{1-\lambda}$, so daß wir

$$E_2 \ll x^{1-\lambda} \int_{\gamma_2} \left| \frac{F(s)}{s\sqrt{s-1}} \right| |ds| \ll x^{1-\lambda} \int_0^T \frac{\log(2+t)}{2+t} dt \ll x^{1-\lambda} (\log T)^2$$

erhalten. Dieselbe Abschätzung ist offenbar auch für E_6 richtig.

Auf dem Kreis γ_4 gelten $|s-1| = \epsilon$, $|x^s| \le x^{1+\epsilon}$ und $|F(s)s^{-1}| = O(1)$. Da γ_4 Länge $2\pi\epsilon$ hat, kommt

$$E_4 \ll \epsilon^{\frac{1}{2}} x^{1+\epsilon}.$$

Zur Berechnung von E_3 und E_5 sind die Orientierung der Wege und (1.84) zu beachten. Es folgt dann

$$E_3 + E_5 = 2\mathrm{i} \int_c^{1-\epsilon} \frac{F(s)}{\sqrt{1-s}} x^s \frac{ds}{s}.$$

Die bisherigen Ergebnisse über die E_j setzen wir in (1.83) und (1.85) ein und erhalten vorläufig

$$\sum_{n \le x} r_0(n) = \frac{1}{\pi} \int_c^{1-\epsilon} \frac{F(s)}{\sqrt{1-s}} x^s \frac{ds}{s} + O\Big(\frac{x^{1+\lambda}}{T\lambda} + \frac{x \log x}{T} + x^{1-\lambda} (\log T)^2 + \epsilon^{\frac{1}{2}} x^{1+\epsilon} \Big),$$

hier haben wir noch $D(c) \le \zeta(1+\lambda) \ll \lambda^{-1}$ ausgenutzt. Wird nun wie im Beweis des Primzahlsatzes $T = \exp(\delta^{-\frac{1}{9}} (\log x)^{\frac{1}{10}})$ und weiterhin $\epsilon = x^{-1}$ gewählt, dann vereinfacht sich die vorige Gleichung zu

$$\sum_{n \le x} r_0(n) = \frac{1}{\pi} \int_c^{1-\epsilon} \frac{F(s)}{\sqrt{1-s}} x^s \frac{ds}{s} + O(x \exp(-\delta^3 (\log x)^{\frac{1}{10}})). \tag{1.86}$$

Das in (1.86) verbliebene Integral bereitet keine besonderen Schwierigkeiten mehr. Die Funktion $\frac{F(s)}{s}$ ist in $|s-1| < \delta$ holomorph, was die asymptotische Entwicklung

$$\frac{F(s)}{s} = F(1) + O(|s-1|)$$

zur Folge hat. Wegen $c = 1 - \delta$ haben wir

$$\int_c^{1-\epsilon} \frac{F(s)}{\sqrt{1-s}} x^s \frac{ds}{s} = F(1) \int_{1-\delta}^{1-\epsilon} \frac{x^s}{\sqrt{1-s}} ds + O\Big(\int_{1-\delta}^{1-\epsilon} x^s \sqrt{1-s}\, ds \Big). \tag{1.87}$$

Zur Abkürzung schreiben wir in den nachfolgenden Rechnungen gelegentlich $L = \log x$. Die Substitution $1 - s = L^{-1} v^2$ zeigt

$$\begin{aligned}\int_{1-\delta}^{1-\epsilon} \frac{x^s}{\sqrt{1-s}} ds &= \frac{2x}{\sqrt{L}} \int_{\sqrt{L\epsilon}}^{\sqrt{L\delta}} e^{-v^2}\, dv \\ &= \frac{2x}{\sqrt{L}} \int_0^\infty e^{-v^2}\, dv + O\Big(x\epsilon^{\frac{1}{2}} + \frac{x}{\sqrt{L}} \int_{\sqrt{L\delta}}^\infty v e^{-v^2}\, dv\Big) \\ &= \sqrt{\pi} \frac{x}{\sqrt{\log x}} + O(x^{1-\delta}),\end{aligned}$$

wenn wir dabei die bekannte Formel

$$\int_0^\infty e^{-v^2}\, dv = \frac{\sqrt{\pi}}{2}$$

ausnutzen, für die wir in (2.21) noch einen unabhängigen Beweis geben werden. Mit derselben Substitution ergibt sich auch

$$\int_c^{1-\epsilon} x^s \sqrt{1-s}\, ds = \frac{2x}{(\log x)^{3/2}} \int_{\sqrt{L\epsilon}}^{\sqrt{L\delta}} v^2 e^{-v^2}\, dv \ll \frac{x}{(\log x)^{3/2}}.$$

Wenn wir nun noch $F(1) = \sqrt{2G(1)L(1)}$ und (1.78) beachten, dann erhalten wir aus (1.86) und (1.87) folgendes Ergebnis.

Satz 1.8.2 (Landau). *Sei $R_0(x)$ die Anzahl aller natürlichen Zahlen $n \leq x$, die sich als Summe von zwei Quadraten darstellen lassen. Dann gilt*

$$R_0(x) = \frac{1}{\sqrt{2}} \Big(\prod_{p \equiv 3 \bmod 4} \Big(1 - \frac{1}{p^2}\Big)\Big)^{-\frac{1}{2}} \frac{x}{\sqrt{\log x}} + O\Big(\frac{x}{(\log x)^{\frac{3}{2}}}\Big).$$

Den Betrachtungen, die zum Beweis dieses Satzes geführt haben, können wir ein oft anwendbares Prinzip zur Bestimmung mittlerer Ordnungen entnehmen, das noch grob skizziert werden soll. Ist f eine arithmetische Funktion, so versuche man im Gebiet absoluter Konvergenz der Dirichlet-Reihe

$$F(s) = \sum_{n=1}^\infty f(n) n^{-s}$$

bekannte Funktionen wie $\zeta(s)$, $\zeta(s)^{-1}$, $L(s,\chi)$ als Faktoren zu isolieren. Konvergiert der noch verbleibende "unbekannte" Faktor noch über die Konvergenzabszisse von F hinaus ein Stück weiter links, dann lassen sich eventuelle Singularitäten von $F(s)$ aus den bekannten Funktionen ablesen. Ist f multiplikativ, kann diese Aufgabe häufig durch Betrachtung der Euler-Produkte erledigt werden (vgl. obige Herleitung von (1.82), wo die in (1.80) definierte Funktion G die Rolle des "unbekannten Faktors" spielt).

Im nächsten Schritt wird $\sum_{n \leq x} f(n)$ nach Anwendung von Lemma 1.4.2 durch ein Integral über $F(s)$ ausgedrückt. Der Integrationsweg muß nun so weit wie möglich nach links verschoben werden. Die Wahl des Weges ist dabei von der Art der Singularitäten abhängig. Hat $F(s)$ höchstens Pole, kann wie im vorigen Abschnitt ein Rechteck benutzt werden, der Residuensatz produziert dann Hauptterme direkt aus den Residuen. Treten komplizierte Singularitäten mit Mehrdeutigkeiten auf, dann läßt sich das in der Herleitung von Satz 1.8.2 erprobte Verfahren einsetzen. Schließlich sind alle auftretenden Fehlerterme noch geeignet abzuschätzen. Einige Anwendungen dieser Technik finden sich in den Aufgaben.

Aufgaben

1. Beweise Lemma 1.8.1. Hinweis: $\zeta(\sigma)^3 L(\sigma+it)^4 \zeta(\sigma+2it) \geq 1$ für $\sigma > 1$.
2. Seien a, q teilerfremd und $\mathcal{B} = \{n : p|n \Rightarrow p \equiv a \bmod q\}$. Zeige
$$\#\{n \leq x : n \in \mathcal{B}\} \sim cx(\log x)^{k/(1-k)}$$
mit einer geeigneten Konstante $c > 0$.
3. Zeige
$$\sum_{n \leq x} \mu(n) \ll x \exp(-\delta(\log x)^{-1/10})$$
für geeignetes $\delta > 0$.
4. Zeige
$$\sum_{n=1}^{\infty} \frac{\mu(n)}{n} = 0.$$

2. Die Ideen Riemanns

2.1 Die Gammafunktion

Die Gammafunktion gehört neben Logarithmus, Exponentialfunktion und den trigonometrischen Funktionen zu den wichtigsten speziellen Funktionen in Analysis und Zahlentheorie. Auch beim Studium von Dirichlet-Reihen und vor allem der Riemannschen Zetafunktion ist sie ein unentbehrliches Hilfsmittel. Meist wird sie durch das Integral

$$\Gamma(z) = \int_0^\infty \mathrm{e}^{-u} u^{z-1}\, du \tag{2.1}$$

zunächst in $\operatorname{Re} z > 0$ definiert wird. Das Integral stellt dort eine holomorphe Funktion dar. Mit einer partiellen Integration erhält man für reelle $z > 1$ sofort die Funktionalgleichung $z\Gamma(z) = \Gamma(z+1)$. Die Gleichung muß dann auch in $\operatorname{Re} z > 0$ gelten und kann zur meromorphen Fortsetzung von Γ nach ganz $\mathbb{C}$ benutzt werden, indem man die Gleichung zunächst in $-1 < \operatorname{Re} z \leq 0$ zur Definition von Γ benutzt und dann induktiv fortfährt. Aus der Funktionalgleichung folgt noch, daß die so definierte Gammafunktion an den Stellen $-n$ mit $n \in \mathbb{N}_0$ Pole erster Ordnung mit Residuum $(-1)^n/n!$ hat; außerdem hat man noch $\Gamma(n) = (n-1)!$ für $n \in \mathbb{N}$.

Gelegentlich wird die Gammafunktion auch durch ein Weierstraß-Produkt direkt in ganz $\mathbb{C}$ erklärt. Wir leiten diese Produktentwicklung aus (2.1) ab. Das Produkt

$$z \prod_{j=1}^{\infty} \left(1 + \frac{z}{j}\right) \mathrm{e}^{-z/j}$$

konvergiert absolut und gleichmäßig auf jeder kompakten Teilmenge von $\mathbb{C}$ und stellt deshalb eine ganze Funktion mit Nullstellen genau an den Stellen $-n$, $n \in \mathbb{N}_0$ dar. Dies Produkt ist im wesentlichen bereits $\Gamma(z)^{-1}$.

Satz 2.1.1. *Ist γ die Eulersche Konstante, dann gilt für $z \in \mathbb{C}$*

$$\Gamma(z)^{-1} = z\mathrm{e}^{\gamma z} \prod_{j=1}^{\infty} \left(1 + \frac{z}{j}\right) \mathrm{e}^{-z/j}.$$

Insbesondere hat $\Gamma(z)$ keine Nullstellen.

Der Beweis soll hier nur skizziert werden. Es genügt, reelle $z > 0$ zu betrachten, der Satz folgt dann für alle z durch analytische Fortsetzung. Für $x > 0$ und $n \in \mathbb{N}$ liefert eine partielle Integration

$$\int_0^1 t^{x-1}(1-t)^n \, dt = \frac{n}{x} \int_0^1 t^x (1-t)^{n-1} \, dt,$$

woraus sich durch sukzessive Anwendung die Formel

$$\begin{aligned} \int_0^1 t^{x-1}(1-t)^n \, dt &= \frac{n}{x} \frac{n-1}{x+1} \cdots \frac{1}{x+n-1} \int_0^1 t^{x+n-1} \, dt \\ &= \frac{n!}{x(x+1)\ldots(x+n)} \end{aligned}$$

ergibt, die die Grundlage für den Beweis darstellt. Mit der Substitution $t \to t/n$ können wir auch

$$\int_0^n t^{x-1} \left(1 - \frac{t}{n}\right)^n dt = \frac{n!n^x}{x(x+1)\ldots(x+n)}$$

schreiben. Das Integral links kann als Integral über $(0, \infty)$ aufgefaßt werden, wenn der Integrand mit der Indikatorfunktion auf $(0, n)$ multipliziert wird. Dann kann mit $n \to \infty$ links das Integral mit dem Limes vertauscht werden, was z.B. mit dem Lebesgueschen Konvergenzsatz leicht zu verifizieren ist. Wegen $\lim_{n\to\infty}(1 + \frac{t}{n})^n = \mathrm{e}^t$ folgt aus (2.1)

$$\Gamma(x) = \lim_{n\to\infty} \frac{n!n^x}{x(x+1)\ldots(x+n)}. \tag{2.2}$$

Diese Darstellung geht auf Gauß zurück. Wir ordnen noch etwas um. Es gilt

$$\begin{aligned} \frac{x(x+1)\ldots(x+n)}{n!n^x} &= xn^{-x} \prod_{j=1}^n \left(1 + \frac{x}{j}\right) \\ &= x\mathrm{e}^{x(1+\frac{1}{2}+\ldots+\frac{1}{n}-\log n)} \prod_{j=1}^n \left(1 + \frac{x}{j}\right) \mathrm{e}^{-x/j}. \end{aligned}$$

Mit $n \to \infty$ konvergiert die linke Seite gegen $\Gamma(x)^{-1}$, auf der rechten Seite konvergiert der erste Faktor gegen $\mathrm{e}^{\gamma x}$ nach Definition der Eulerschen Konstante. Damit ist der Satz für reelle $x > 0$ bewiesen.

Die Produktentwicklung zeigt noch einen wichtigen Zusammenhang zwischen Γ und der Sinusfunktion. Multipliziert man nämlich die Produkte für $\Gamma(z)$ und $\Gamma(1-z)$ zusammen, entsteht der Kehrwert der aus der Funktionentheorie bekannten Produktentwicklung des Sinus. Wir notieren dies genauer.

Satz 2.1.2. *Es gilt* $\Gamma(z)\Gamma(1-z) = \dfrac{\pi}{\sin \pi z}$.

Mit $z = \frac{1}{2}$ folgt wegen $\Gamma(\frac{1}{2}) > 0$ noch $\Gamma(\frac{1}{2}) = \sqrt{\pi}$.

Das asymptotische Verhalten für große $|z|$ ist gut bekannt.

Stirlingsche Formel. *Sei $\delta > 0$. In $|\arg z| \leq \pi - \delta$ gelten dann*

$$\log \Gamma(z) = (z - \tfrac{1}{2}) \log z - z + \tfrac{1}{2} \log 2\pi + O(|z|^{-1}) \tag{2.3}$$

und

$$\frac{\Gamma'}{\Gamma}(z) = \log z + O(|z|^{-1}). \tag{2.4}$$

Beweis. Der Beweis benutzt eine auch für sich interessante Integraldarstellung für $\frac{\Gamma'}{\Gamma}$, die zuerst hergeleitet werden soll. Durch logarithmisches Differenzieren des Weierstraß-Produkts kommt

$$-\frac{\Gamma'}{\Gamma}(z) = \gamma + \frac{1}{z} + \sum_{j=1}^{\infty} \left(\frac{1}{z+j} - \frac{1}{j} \right).$$

Für $\operatorname{Re} w > 0$ hat man

$$\frac{1}{w} = \int_0^{\infty} \mathrm{e}^{-wt}\, dt, \tag{2.5}$$

dies kann in die vorige Identität unter der Voraussetzung $\operatorname{Re} z > 0$ eingesetzt werden;

$$\begin{aligned}
\frac{\Gamma'}{\Gamma}(z) &= -\gamma - \int_0^{\infty} \mathrm{e}^{-tz}\, dt - \lim_{n\to\infty} \sum_{j=1}^{n} \int_0^{\infty} (\mathrm{e}^{-(j+z)t} - \mathrm{e}^{-jt})\, dt \\
&= -\gamma + \lim_{n\to\infty} \int_0^{\infty} \left(\frac{1 - \mathrm{e}^{-nt}}{\mathrm{e}^t - 1} - \frac{(\mathrm{e}^t - \mathrm{e}^{-nt})\mathrm{e}^{-tz}}{\mathrm{e}^t - 1} \right) dt \\
&= -\gamma + \int_0^{\infty} \frac{1 - \mathrm{e}^{t(1-z)}}{\mathrm{e}^t - 1}\, dt.
\end{aligned} \tag{2.6}$$

Die Vertauschungen von Grenzprozessen in dieser Rechnung sind leicht zu rechtfertigen. Eine ähnliche Darstellung kann auch für γ direkt aus der Definition gewonnen werden. Aus (2.5) ergibt sich für $\operatorname{Re} w > 0$

$$\log w = \int_1^{w} \frac{dz}{z} = \int_0^{\infty} \int_1^{w} \mathrm{e}^{-zt}\, dz\, dt = \int_0^{\infty} \frac{\mathrm{e}^{-t} - \mathrm{e}^{-wt}}{t}\, dt. \tag{2.7}$$

Dies kann zusammen mit (2.5) in (1.16) eingesetzt werden. Dieselbe Rechnung wie die soeben durchgeführte zeigt dann

$$\gamma = \int_0^{\infty} \left(\frac{1}{\mathrm{e}^t - 1} - \frac{1}{t\mathrm{e}^t} \right) dt.$$

Damit folgt aus (2.6) jetzt in $\operatorname{Re} z > 0$ die Integraldarstellung

$$\frac{\Gamma'}{\Gamma}(z) = \int_0^\infty \left(\frac{1}{te^t} - \frac{e^{t(1-z)}}{e^t - 1} \right) dt.$$

Hier ersetzt man zweckmäßig z durch $z+1$ und fügt einige Terme künstlich hinzu; so erhält man

$$\begin{aligned} \frac{\Gamma'}{\Gamma}(z+1) &= \int_0^\infty \left(\frac{1}{te^t} - \frac{e^{-tz}}{e^t - 1} \right) dt \\ &= \int_0^\infty e^{-tz} \left(\frac{1}{t} - \frac{1}{2} - \frac{1}{e^t - 1} \right) dt + \tfrac{1}{2} \int_0^\infty e^{-zt}\, dt + \int_0^\infty \frac{e^{-t} - e^{-zt}}{t}\, dt. \end{aligned}$$

Dabei ist nur zu bemerken, daß alle Integrale konvergieren. Die letzten beiden Integrale sind aus (2.5) und (2.7) bekannt. Wenn wir nun $z\Gamma(z) = \Gamma(z+1)$ logarithmisch differenzieren, erhalten wir $\frac{\Gamma'}{\Gamma}(z+1) = \frac{1}{z} + \frac{\Gamma'}{\Gamma}(z)$. Daraus ergibt sich jetzt die Darstellung

$$\frac{\Gamma'}{\Gamma}(z) = \log z - \frac{1}{2z} + \int_0^\infty e^{-tz} \left(\frac{1}{t} - \frac{1}{2} - \frac{1}{e^t - 1} \right) dt. \tag{2.8}$$

Daraus folgt leicht die Stirlingsche Formel für $\frac{\Gamma'}{\Gamma}(z)$ in $|\arg z| \le \frac{\pi}{2} - \delta$. Für diese z gilt nämlich $|z| \gg x$, wenn $x = \operatorname{Re} z$ gesetzt ist. Ferner sieht man leicht, daß $\frac{1}{t} - \frac{1}{2} - \frac{1}{e^t-1} = O(1)$ für $t \in (0, \infty)$ ist. Es folgt also

$$\left| \int_0^\infty e^{-tz} \left(\frac{1}{t} - \frac{1}{2} - \frac{1}{e^t - 1} \right) dt \right| \ll \int_0^\infty e^{-xt}\, dt \ll \frac{1}{x} \ll \frac{1}{|z|},$$

womit die behauptete Formel für $\frac{\Gamma'}{\Gamma}(z)$ zunächst für $|\arg z| \le \frac{\pi}{2} - \delta$ aus (2.8) folgt. Alternativ kann zur Abschätzung des Integrals auf der linken Seite zuerst partiell integriert werden, was für $\operatorname{Re} z > \delta > 0$ erlaubt ist. Der so entstehende Ausdruck ist von der Form $\frac{1}{z} \times$ absolut beschränktes Integral, d.h. die Stirlingsche Formel gilt auch in $\operatorname{Re} z > \delta$.

Die Stirlingsche Formel für $\log \Gamma(z)$ kann durch Integration von (2.8) über $[1, z]$ bewiesen werden. Für $\operatorname{Re} z > 0$ kommt so wegen $\log \Gamma(1) = 0$

$$\begin{aligned} \log \Gamma(z) &= \int_1^z \left(\log \zeta - \frac{1}{2\zeta} \right) d\zeta + \int_0^\infty \left(\int_1^z e^{-t\zeta}\, d\zeta \right) \left(\frac{1}{t} - \frac{1}{2} - \frac{1}{e^t - 1} \right) dt \\ &= (z - \tfrac{1}{2}) \log z - z + C - \int_0^\infty e^{-tz} \frac{1}{t} \left(\frac{1}{t} - \frac{1}{2} - \frac{1}{e^t - 1} \right) dt \end{aligned} \tag{2.9}$$

mit einer zunächst noch unbestimmten Konstante C, in der nach Ausführung der Integration über ζ alle von z unabhängigen Ausdrücke zusammengefaßt werden. Mit nur wenig mehr Mühe als in (2.8) wird das Integral rechts in (2.9) als $O(1/x)$ erkannt, womit auch die Formel für $\log \Gamma(z)$ in $|\arg z| \le \frac{\pi}{2} - \delta$ und in $\operatorname{Re} z > \delta$ bestätigt ist. Allerdings ist noch $C = \frac{1}{2} \log 2\pi$ zu zeigen, wozu wir die schon bewiesene Form der Stirlingschen Formel in $\operatorname{Re} z > \frac{1}{4}$ und Satz 2.1.2 benutzen. Für $y \in \mathbb{R}$, $y > 0$, haben wir

$$
\begin{aligned}
&\log(\Gamma(\tfrac{1}{2}+\mathrm{i}y)\Gamma(1-(\tfrac{1}{2}+\mathrm{i}y)))\\
&= \mathrm{i}y(\log(\tfrac{1}{2}+\mathrm{i}y)-\log(\tfrac{1}{2}-\mathrm{i}y))-1+2C+O\Big(\frac{1}{y}\Big)\\
&= -2y\arg(\tfrac{1}{2}+\mathrm{i}y)-1+2C+O\Big(\frac{1}{y}\Big)\\
&= -y\Big(\pi-\frac{1}{y}+O\Big(\frac{1}{y^2}\Big)\Big)-1+2C+O\Big(\frac{1}{y}\Big)\\
&= -\pi y+2C+O\Big(\frac{1}{y}\Big)
\end{aligned}
$$

Nach Satz 2.1.2 ist die linke Seite hier aber

$$= \log\frac{\pi}{\sin\pi(\frac{1}{2}+\mathrm{i}y)} = \log\frac{2\pi}{\mathrm{e}^{\pi y}(1-\mathrm{e}^{-2\pi y})} = \log 2\pi - \pi y - \log(1-\mathrm{e}^{-2\pi y}).$$

Durch Vergleich der beiden Seiten für $y \to \infty$ folgt $2C = \log 2\pi$ wie behauptet.

Die Ausweitung der Gültigkeit der Stirlingschen Formel auf $|\arg z| \leq \pi-\delta$ kann ohne Mühe mit Satz 2.1.2 begründet werden. Für die logarithmische Ableitung kann ähnlich verfahren werden. Damit ist die Stirlingsche Formel vollständig bewiesen.

Wir brauchen noch die *Legendresche Verdoppelungsformel*

$$\Gamma(z)\Gamma(z+\tfrac{1}{2}) = \sqrt{\pi}2^{1-2z}\Gamma(2z). \tag{2.10}$$

Zusammen mit Satz 2.1.2 ergibt sich daraus noch die Formel

$$\sqrt{\pi}\frac{\Gamma(\frac{z}{2})}{\Gamma(\frac{1-z}{2})} = 2^{1-z}\Gamma(z)\cos\frac{\pi z}{2}. \tag{2.11}$$

Zum Beweis von (2.10) betrachten wir die Funktion

$$F(z) = 4^z\Gamma(z)\Gamma(z+\tfrac{1}{2})\Gamma(2z)^{-1}$$

und haben dann $F(z) = 2\sqrt{\pi}$ für alle z zu zeigen. Für reelle $x > 1$ bietet sich dazu die Darstellung von $\Gamma(x)$ durch (2.2) an. Wir benutzen diese für $\Gamma(z)$ und $\Gamma(z+\frac{1}{2})$ und ersetzen in (2.2) noch n durch $2n$ in der Darstellung für $\Gamma(2z)$. Da alle Grenzwerte existieren, haben wir, wenn zur Abkürzung $(x)_n = x(x+1)\ldots(x+n)$ gesetzt wird,

$$
\begin{aligned}
F(x) &= 4^x\lim_{n\to\infty}\frac{(n!n^x/(x)_n)\,(n!n^{x+\frac{1}{2}}/(x+\frac{1}{2})_n)}{(2n)!(2n)^{2x}/(2x)_{2n}}\\
&= \lim_{n\to\infty}\sqrt{n}\frac{(n!)^2}{(2n)!}\frac{2x(2x+1)\ldots(2x+2n)}{x(x+\frac{1}{2})(x+1)\ldots(x+n)(x+n+\frac{1}{2})}\\
&= \lim_{n\to\infty}\frac{2^{2n+1}(n!)^2}{(2n)!\sqrt{n}}.
\end{aligned}
$$

Insbesondere existiert der letzte Grenzwert und hängt nicht von x ab. Also ist $F(z)$ nach dem Prinzip der analytischen Fortsetzung auf ganz $\mathbb{C}$ konstant. Aus $F(\frac{1}{2}) = 2\Gamma(\frac{1}{2}) = 2\sqrt{\pi}$ folgt nun (2.10).

Aufgaben

1. Zeige $\frac{\Gamma'}{\Gamma}(\frac{1}{2}) = -\gamma - 2\log 2$.
2. Für $m \in \mathbb{N}$ zeige (Gauß)
$$\Gamma(mz) = (2\pi)^{-(m-1)/2} m^{mz-\frac{1}{2}} \Gamma(z)\Gamma(z + \frac{1}{m}) \dots \Gamma(z + \frac{m-1}{m}).$$
3. Sei H der aus den drei Geradenstücken $[\mathrm{i}+\infty, \mathrm{i}-1]$, $[\mathrm{i}-1, -\mathrm{i}-1]$, $[-\mathrm{i}-1, -\mathrm{i}-\infty]$ zusammengesetzte Integrationsweg. Auf $\mathbb{C}\backslash[0, \infty]$ sei $\arg z$ durch $0 < \arg z < 2\pi$ gegeben und damit ein Zweig des Logarithmus und der allgemeinen Potenz erklärt. Für alle $z \in \mathbb{C}$ zeige
$$\Gamma(z)^{-1} = -\frac{1}{2\pi \mathrm{i}} \int_H (-t)^{z-1} \mathrm{e}^{-t}\, dt.$$
Hinweis. Zeige zuerst
$$\Gamma(z) = \frac{1}{\mathrm{e}^{2\pi \mathrm{i} z} - 1} \int_H t^{z-1} \mathrm{e}^{-t}\, dt.$$
4. Ein weiterer Beweis für Satz 2.1.2: Die Funktion $F(z) = \Gamma(z)\Gamma(1-z)$ hat Pole erster Ordung genau an den Stellen $k \in \mathbb{Z}$. Folgere: $F(z) \sin \pi z$ ist eine ganze, nullstellenfreie Funktion. Es gilt $F(z+2) = F(z)$. Folgere jetzt entweder aus dem Weierstraß-Produkt für Γ oder aus der Stirlingschen Formel in $\operatorname{Re} z > \frac{1}{4}$, daß $F(z) \sin \pi z$ beschränkt und damit konstant ist. Es gilt also $F(z) = K(\sin \pi z)^{-1}$. Bestimme K z.B. durch Berechnung der Residuen beider Seiten bei $z = 1$. Das ergibt einen Beweis für Satz 2.1.2, der von der Kenntnis des Sinusproduktes unabhängig ist. Finde jetzt die Produktentwicklung des Sinus aus Satz 2.1.2.

2.2 Die Funktionalgleichung der Zetafunktion

Wir hatten bereits im einführenden Abschnitt darauf hingewiesen, daß Riemann als erster die Bedeutung der Zetafunktion als Funktion einer komplexen Variablen für die Primzahlverteilung voll erkannt hat. Im Mittelpunkt dieses Kapitels steht eine Diskussion seiner Beiträge und Vermutungen, die zu einem Beweis des Primzahlsatzes geführt haben.

Wir beginnen mit einem Beweis der Funktionalgleichung für die Zetafunktion, wie ihn auch Riemann gegeben hat. Zwei Hilfsmittel sind dabei erforderlich. Wir benötigen die Integraldarstellung (2.1) der Gammafunktion und ihre einfachsten analytischen Eigenschaften. Weiterhin benutzt Riemann eine Thetafunktion, nämlich

$$\Theta(x) = \sum_{n \in \mathbb{Z}} \mathrm{e}^{-\pi n^2 x}. \tag{2.12}$$

Diese Reihe konvergiert absolut und gleichmäßig in $x > \epsilon > 0$. Thetafunktionen genügen einer Funktionalgleichung.

Lemma 2.2.1. *Für $x > 0$ gilt $\Theta(1/x) = \sqrt{x}\Theta(x)$.*

Wir stellen den Beweis einen Moment zurück. Die Funktionalgleichung und Fortsetzbarkeit der Zetafunktion ist jetzt durch eine einfache Rechnung einzusehen. Mit der Substitution $u = \pi n^2 y$ folgt aus (2.1)

$$\Gamma\Big(\frac{s}{2}\Big) = \int_0^\infty \mathrm{e}^{-\pi n^2 y}(\pi n^2 y)^{\frac{s}{2}-1}\pi n^2\,dy.$$

Für reelles $s > 1$ folgt nach Multiplikation mit n^{-s} und Summation über n

$$\pi^{-\frac{s}{2}}\Gamma\Big(\frac{s}{2}\Big)\zeta(s) = \int_0^\infty \omega(x)x^{\frac{s}{2}-1}\,dx; \tag{2.13}$$

dabei wurde

$$\omega(x) = \sum_{n=1}^\infty \mathrm{e}^{-\pi n^2 x}$$

gesetzt. Wegen $\Theta(x) = 2\omega(x) + 1$ kommt aus Lemma 2.2.1 die Gleichung $\omega(1/x) = -\frac{1}{2} + \frac{1}{2}\sqrt{x} + \sqrt{x}\omega(x)$. Jetzt ergibt sich

$$\begin{aligned}\pi^{-\frac{s}{2}}\Gamma\Big(\frac{s}{2}\Big)\zeta(s) &= \int_1^\infty \omega(x)x^{\frac{s}{2}-1}\,dx + \int_1^\infty \omega\Big(\frac{1}{x}\Big)x^{-\frac{s}{2}-1}\,dx \\ &= -\frac{1}{s} + \frac{1}{s-1} + \int_1^\infty \omega(x)(x^{\frac{s}{2}-1} + x^{-\frac{s}{2}-\frac{1}{2}})\,dx. \qquad (2.14)\end{aligned}$$

Dies gilt für reelle $s > 1$. Man sieht aber sofort $\omega(x) = O(\mathrm{e}^{-\pi x})$ ein. Damit konvergiert das Integral rechts in (2.14) für alle komplexen s, und zwar gleichmäßig auf jeder kompakten Teilmenge von $\mathbb{C}$, und stellt deshalb eine ganze Funktion dar. Darüber hinaus ändert sich die rechte Seite nicht unter der Abbildung $s \to 1 - s$. Die Formel (2.14) zeigt nochmals die einfachen Pole von $\zeta(s)$ bei $s = 1$ und $\Gamma(s/2)$ bei $s = 0$. Nun hat $\Gamma(s/2)$ aber auch noch Pole an den Stellen $-2, -4, -6, \ldots$. Da die rechte Seite von (2.14) dort holomorph ist, muß ζ an diesen Stellen Nullstellen haben. Damit haben wir gezeigt:

Satz 2.2.1 (Riemann). *$\zeta(s)$ läßt sich nach $\mathbb{C}$ meromorph fortsetzen. Es gilt*

$$\pi^{-\frac{s}{2}}\Gamma(\tfrac{1}{2}s)\zeta(s) = \pi^{-\frac{1}{2}(1-s)}\Gamma(\tfrac{1}{2}(1-s))\zeta(1-s). \tag{2.15}$$

In $\mathbb{C}\setminus\{1\}$ ist ζ holomorph, bei $s = 1$ hat ζ einen Pol erster Ordnung vom Residuum 1. In $\operatorname{Re} s < 0$ verschwindet ζ genau an den Stellen $-2, -4, -6, \ldots$, diese Nullstellen sind sämtlich erster Ordnung. Für reelle $s \in [0, 1)$ gilt $\zeta(s) < 0$.

Wir haben noch zu zeigen, daß es außer den schon angegebenen keine weiteren Nullstellen von ζ in $\operatorname{Re} s < 0$ gibt. Jede weitere Nullstelle in diesem Gebiet würde nach (2.15) eine Nullstelle entweder von ζ oder Γ in $\operatorname{Re} s > 1$ liefern. Beide Funktionen haben dort aber keine Nullstellen. Genauso erkennt man die Nullstellen bei $-2n$, $n \in \mathbb{N}$ als von erster Ordnung, denn eine mehrfache Nullstelle bei $-2n$ implizierte $\zeta(1+2n) = 0$ via (2.15).

Aus (1.61) folgt sofort $\zeta(s) < 0$ für $s \in (0,1)$. Löst man die Funktionalgleichung nach $\zeta(s)$ auf, kommt

$$\zeta(0) = \frac{1}{\sqrt{\pi}} \Gamma\Big(\frac{1}{2}\Big) \lim_{s \to 0} \frac{\zeta(1-s)}{\Gamma(s/2)} = \frac{-1}{2\sqrt{\pi}} \Gamma\Big(\frac{1}{2}\Big) = -\frac{1}{2}.$$

Damit ist Satz 2.2.1 vollständig bewiesen.

Die Funktionalgleichung und auch viele andere Betrachtungen nehmen eine einfachere Form an, wenn anstelle von $\zeta(s)$ die Funktion

$$\xi(s) = s(s-1)\pi^{-\frac{s}{2}} \Gamma\Big(\frac{s}{2}\Big)\zeta(s) \tag{2.16}$$

betrachtet wird. Die Funktionalgleichung schreibt sich dann $\xi(s) = \xi(1-s)$, außerdem ist ξ nach Satz 2.2.1 eine ganze Funktion, die höchstens in $0 \leq \operatorname{Re} s \leq 1$ Nullstellen hat. Die Nullstellen von ξ dort stimmen mit den Nullstellen von ζ überein und sind auch von derselben Ordnung. Riemann hat einige bemerkenswerte Vermutungen über die Funktion ξ formuliert.

1. $\zeta(s)$ hat unendlich viele Nullstellen im *kritischen Streifen* $0 \leq \operatorname{Re} s \leq 1$. Wir bezeichnen diese Nullstellen mit ϱ und schreiben $\mathcal{N}$ für die Folge aller dieser Nullstellen, wobei jede Nullstelle so oft vorkomme wie ihre Vielfachheit angibt. Riemann vermutet sogar noch eine asymptotische Formel für die Anzahlfunktion

$$N(T) = \#\{\rho \in \mathcal{N} :\ 0 < \operatorname{Im} \varrho \leq T\}, \tag{2.17}$$

er gibt hierfür

$$N(T) = \frac{T}{2\pi} \log \frac{T}{2\pi} - \frac{T}{2\pi} + O(\log T) \tag{2.18}$$

an. Obwohl Riemann eine Skizze für einen Beweis angibt, hat erst v.Mangoldt einen vollständigen Beweis gegeben.

2. Läßt sich (2.18) bestätigen, dann konvergiert das Produkt $\prod_\varrho (1 - \frac{s}{\varrho}) \mathrm{e}^{s/\varrho}$ in $\mathbb{C}$ und stimmt nach dem Weierstraßschen Produktsatz bis auf Multiplikation mit einer ganzen, nullstellenfreien Funktion mit $\xi(s)$ überein. Riemann hat die Identität

$$\xi(s) = \mathrm{e}^{Bs} \prod_{\varrho \in \mathcal{N}} \Big(1 - \frac{s}{\varrho}\Big) \mathrm{e}^{s/\varrho} \tag{2.19}$$

mit einer Konstanten B ohne Begründung angegeben. Zur Würdigung von Riemanns Gedanken sei darauf hingewiesen, daß ein Produktsatz etwa wie der zitierte Weierstraßsche noch nicht zur Verfügung stand. Erst Hadamard hat in der letzten Dekade des vergangenen Jahrhunderts die Funktionentheorie so weit entwickelt, daß ein Beweis der Produktentwicklung für ξ keine besondere Mühe mehr bereitete.

3. Riemann erkennt das Wechselspiel zwischen Nullstellen der Zetafunktion und Primzahlen und gibt die *explizite Formel* (1.7) an. Auch dafür hat v.Mangoldt später einen Beweis gefunden.

4. Schließlich bemerkt Riemann, der in seiner Originalarbeit anstelle von ξ mit der Funktion $\xi(\frac{1}{2}+is)$ arbeitet: ... *es ist sehr wahrscheinlich, dass alle Wurzeln reell sind. Hiervon wäre allerdings ein strenger Beweis zu wünschen; ich habe indess die Aufsuchung desselben nach einigen flüchtigen vergeblichen Versuchen vorläufig bei Seite gelassen, da er für den nächsten Zweck meiner Untersuchung entbehrlich schien.*

In unserer Terminologie heißt das, daß alle Nullstellen von ξ auf der Geraden $\operatorname{Re} s = \frac{1}{2}$ liegen sollten. In dieser Form ist die Bemerkung als *Riemannsche Vermutung* in die Mathematikgeschichte eingegangen. Bis heute ist nicht entschieden, ob Riemann auch hier Recht behalten wird.

Die Beweise für die Behauptungen 1, 2 und 3 werden in diesem Kapitel gegeben. Darüberhinaus beweisen wir nochmals den Primzahlsatz und besprechen die Bedeutung der Riemannschen Vermutung für die Primzahlverteilung.

Für eine spätere Anwendung zeigen wir noch folgendes

Lemma 2.2.2. *Die Funktion* $\xi(\frac{1}{2}+it)$ *ist für* $t \in \mathbb{R}$ *reellwertig.*

Beweis. Aus (2.16) und (2.14) kommt

$$\xi(s) = 1 + s(s-1)\int_1^\infty \omega(x)(x^{\frac{s}{2}-1} + x^{-\frac{s}{2}-\frac{1}{2}})\,dx.$$

Mit $s = \frac{1}{2} + it$ und $t \in \mathbb{R}$ wird $s(s-1)$ reell, außerdem ist $\omega(x)$ reellwertig. Schließlich ist

$$\operatorname{Im}(x^{\frac{s}{2}-1} + x^{-\frac{s}{2}-\frac{1}{2}}) = x^{-\frac{3}{4}}(\sin(-\tfrac{t}{2}\log x) + \sin(\tfrac{t}{2}\log x)) = 0.$$

Zum Schluß dieses Abschnitts beweisen wir Lemma 2.2.1. Dazu brauchen wir die Poissonsche Summenformel, die für viele Anwendungen in Analysis und Zahlentheorie ein nützliches Werkzeug ist. Hier reicht eine Fassung mit recht strengen Voraussetzungen. Sei $f : \mathbb{R} \to \mathbb{C}$ integrierbar, es gelte $f(x) = O(|x|^{-2})$. Dann erklärt man die *Fourier-Transformierte* $\hat{f}(y)$ durch

$$\hat{f}(y) = \int_{-\infty}^{\infty} f(x)e(-xy)\,dx.$$

Satz 2.2.2 (Poissonsche Summenformel). *Sei $f:\mathbb{R}\to\mathbb{R}$ zweimal stetig diffenzierbar. Es gelte $f(x)=O(|x|^{-2})$, das Integral*

$$\int_{-\infty}^{\infty}|f''(x)|\,dx$$

existiere. Dann gilt für $\alpha\in\mathbb{R}$

$$\sum_{n\in\mathbb{Z}}f(\alpha+n)=\sum_{k\in\mathbb{Z}}\hat{f}(k)e(k\alpha).$$

Beweis. Es genügt, den Satz für $\alpha=0$ zu beweisen. Ist nämlich für festes $\alpha\in\mathbb{R}$ die Funktion g durch $g(x)=f(x+\alpha)$ erklärt, dann gilt $\hat{g}(x)=\hat{f}(x)e(\alpha x)$, was den allgemeinen Fall liefert, wenn der spezielle bekannt ist.

Wir berechnen zunächst die für $0\le r<1$ absolut konvergente Reihe

$$P(t,r)=\sum_{k=-\infty}^{\infty}r^{|k|}e(kt),$$

deren Teile mit $k<0$ und $k>0$ sich mit der geometrische Reihe bestimmen lassen. Wir finden so

$$\begin{aligned}P(t,r)&=1+\sum_{k=1}^{\infty}r^{k}e(kt)+\sum_{k=1}^{\infty}r^{k}e(-kt)\\&=1+\frac{re(t)}{1-re(t)}+\frac{re(-t)}{1-re(-t)}=\frac{1-r^2}{1-2r\cos(2\pi t)+r^2}.\end{aligned}$$

Wir können nun die wichtigsten Eigenschaften ablesen. Mit der offensichtlichen Formel

$$\int_0^1 e(kt)\,dt=\begin{cases}1 & (k=0)\\ 0 & (k\in\mathbb{Z}\setminus\{0\})\end{cases}$$

folgt

$$\int_0^1 P(t,r)\,dt=1$$

für alle $0\le r<1$ direkt durch gliedweise Integration in der Definition, ferner hat $P(t,r)$ in t Periode 1. Schließlich beachten wir noch $2-2r\cos(2\pi t)+r^2=(r-\cos 2\pi t)^2+(\sin 2\pi t)^2$, so daß wir die Ungleichungen $P(t,r)\ge 0$ für alle $t\in\mathbb{R}$ und

$$P(t,r)\le\frac{1-r^2}{(\sin 2\pi\delta)^2}\qquad(0<\delta\le|t|\le 1/2)$$

erhalten.

Sei $I(k)=[k-\frac{1}{2},k+\frac{1}{2}]$. Wegen $f(x)=O(|x|^{-2})$ haben wir für $0<r<1$ nach einer Vertauschung von Summation und Integration

$$\sum_{k=-\infty}^{\infty} r^{|k|} \hat{f}(k) = \int_{-\infty}^{\infty} P(y,r) f(y)\, dy = \sum_{k=-\infty}^{\infty} \int_{I(k)} P(y,r) f(y)\, dy.$$

Wir wollen zeigen, daß die rechte Seite mit $r \to 1$ gegen $\sum f(k)$ konvergiert. Dazu benutzen wir die triviale Abschätzung

$$\int_{I(k)} P(y,r)|f(y)|\, dy \leq \max_{y \in I(k)} |f(y)| \int_0^1 P(y,r)\, dy = O(k^{-2}).$$

Ist also $\epsilon > 0$ gegeben, dann gibt es ein K, so daß die Ungleichungen

$$\sum_{|k|>K} \int_{I(k)} P(y,r)|f(y)|\, dy < \epsilon; \qquad \sum_{|k|>K} |f(k)| < \epsilon$$

gelten. Die Terme mit $|k| \leq K$ betrachten wir nun etwas genauer.

Zuerst beachten wir

$$\int_{I(k)} P(y,r) f(y)\, dy - f(k) = \int_{I(k)} P(y,r)(f(y) - f(k))\, dy$$

und wählen jetzt ein $\delta = \delta(\epsilon) > 0$, so daß $|f(k) - f(x)| < \frac{\epsilon}{3K}$ für alle $|k| \leq K$ und alle $|x - k| \leq \delta$ gilt. Dann benutzen wir die Abschätzung

$$\sum_{|k|\leq K} \left| \int_{I(k)} P(y,r) f(y)\, dy - f(k) \right| \leq \sum_{|k|\leq K} (J_1(k) + J_2(k))$$

mit

$$\begin{aligned} J_1(k) &= \int_{k-\delta}^{k+\delta} P(y,r)|f(y) - f(k)|\, dy, \\ J_2(k) &= \int_{W(k)} P(y,r)|f(y) - f(k)|\, dy, \end{aligned}$$

wobei $W(k) = \{t \in \mathbb{R} : \delta < |t - k| \leq \frac{1}{2}\}$ gesetzt ist. Nach Konstruktion gilt

$$J_1(k) \leq \frac{\epsilon}{3K} \int_{I(k)} P(y,r)\, dy \leq \frac{\epsilon}{3K},$$

ferner haben wir

$$J_2(k) \leq \frac{1 - r^2}{(\sin(2\pi\delta))^2} \int_{I(k)} |f(y) - f(k)|\, dy = O\Big(\frac{1 - r^2}{k^2}\Big),$$

wobei die implizite Konstante nur von δ (und damit von ϵ) und f abhängt. Es folgt also

$$\sum_{|k|\leq K} J_1(k) < \epsilon, \qquad \sum_{|k|\leq K} J_2(k) < \epsilon$$

für $r \geq r_0(\epsilon)$ mit $r_0 < 1$. Fassen wir diese Ergebnisse zusammen, folgt mit $\epsilon \to 0$

$$\lim_{\substack{r\to 1\\ r<1}} \sum_{k=-\infty}^{\infty} r^{|k|}\hat{f}(k) = \sum_{k=-\infty}^{\infty} f(k).$$

Zweimalige partielle Integration zeigt sofort $\hat{f}(k) = O(k^{-2})$. Also konvergiert die Reihe links absolut und gleichmäßig für $0 \leq r \leq 1$, Limes und Summe dürfen vertauscht werden. Die Poissonsche Summenformel ist bewiesen.

Wir wenden den Satz jetzt auf die Funktion $f(\alpha) = \mathrm{e}^{-\pi\alpha^2/x}$ bei zunächst festem $x > 0$ an. Die Fourier-Transformierte berechnen wir mit quadratischer Ergänzung zu

$$\begin{aligned}\hat{f}(y) &= \int_{-\infty}^{\infty} \mathrm{e}^{-\pi\alpha^2/x} e(-\alpha y)\,d\alpha \\ &= x\int_{-\infty}^{\infty} \mathrm{e}^{-\pi x t^2 - 2\pi i x t y}\,dt \\ &= x\mathrm{e}^{-\pi x y^2}\int_{-\infty}^{\infty} \mathrm{e}^{-\pi x (t+iy)^2}\,dt.\end{aligned}$$

Das Integral

$$H(\beta) = \int_{-\infty}^{\infty} \mathrm{e}^{-\lambda(t+\beta)^2}\,dt$$

ist bei festem $\lambda > 0$ von $\beta \in \mathbb{C}$ unabhängig. Um dies einzusehen, beachte man zuerst, daß das in Rede stehende Integral als komplexes Kurvenintegral $\int_{W(\beta)} \mathrm{e}^{-\lambda z^2}\,dz$ aufgefaßt werden kann, wenn $W(\beta)$ die Gerade $\operatorname{Im} z = \operatorname{Im}\beta$ bezeichnet. Wir integrieren $\mathrm{e}^{-\lambda z^2}$ über den Rand Q des Rechtecks mit den Ecken $\pm r, \pm r + \mathrm{i}\operatorname{Im}\beta$, wobei r reell und positiv ist. Der Integrand ist eine ganze Funktion, der Cauchysche Integralsatz liefert also $\int_Q \mathrm{e}^{-\lambda z^2}\,dz = 0$. Auf $\operatorname{Re} z = r$ geht der Integrand mit $r \to \infty$ gleichmäßig gegen Null, also folgt $H(\beta) = H(0)$ wie behauptet. Dies setzen wir in die vorige Identität ein und erhalten

$$\hat{f}(y) = x\mathrm{e}^{-\pi x y^2}\int_{-\infty}^{\infty} \mathrm{e}^{-\pi x t^2}\,dt = \sqrt{x}\mathrm{e}^{-\pi x y^2} K,$$

wenn

$$K = \int_{-\infty}^{\infty} \mathrm{e}^{-\pi u^2}\,du$$

gesetzt wird. Jetzt kann Satz 2.2.2 angewendet werden; es folgt

$$\sum_{n\in\mathbb{Z}} \mathrm{e}^{-\frac{\pi}{x}(n+\alpha)^2} = K\sqrt{x}\sum_{n\in\mathbb{Z}} \mathrm{e}^{-\pi x n^2 + 2\pi i n\alpha}. \tag{2.20}$$

Wir wählen $\alpha = 0, x = 1$. Dann sind die Summen auf beiden Seiten gleich, aber sicher von Null verschieden. Demnach muß $K = 1$ sein. Wir haben also nebenbei

$$\int_{-\infty}^{\infty} \mathrm{e}^{-\pi u^2}\,du = 1 \tag{2.21}$$

gezeigt.

Lemma 2.2.3. *Für $x > 0$ und reelles α gelten die Identitäten*

$$\sum_{n\in\mathbb{Z}} \mathrm{e}^{-\frac{\pi}{x}(n+\alpha)^2} = \sqrt{x}\sum_{n\in\mathbb{Z}} \mathrm{e}^{-\pi x n^2 + 2\pi i n\alpha}, \tag{2.22}$$

$$\sum_{n\in\mathbb{Z}} (n+\alpha)\mathrm{e}^{-\frac{\pi}{x}(n+\alpha)^2} = -\mathrm{i}x^{3/2}\sum_{n\in\mathbb{Z}} n\mathrm{e}^{-\pi x n^2 + 2\pi i n\alpha}. \tag{2.23}$$

Beweis. Die erste Identität folgt aus (2.20) und (2.21), die zweite durch gliedweise Differentiation der ersten nach α, was wegen der gleichmäßigen Konvergenz der formal differenzierten Reihen erlaubt ist.

Aufgaben

1. Für $x \in (0,1)$ gilt die Fourierentwicklung
$$x = \frac{1}{2} - \frac{1}{2\pi \mathrm{i}} \sum_{n\in\mathbb{Z}\setminus\{0\}} \frac{1}{n} e(xn).$$
2. Finde aus (1.38) und der vorigen Augabe einen neuen Beweis für die Funktionalgleichung der Zetafunktion in $0 < \operatorname{Re} s < 1$.
3. Bezeichnungen wie in Aufgabe 2.1.3. Zeige
$$\zeta(s) = \frac{1}{\Gamma(s)(\mathrm{e}^{2\pi \mathrm{i} s} - 1)} \int_H \frac{w^{s-1}}{\mathrm{e}^w - 1}\, dw.$$
Leite daraus die Funktionalgleichung für $\zeta(s)$ her.
Hinweis: Modifiziere den Integrationsweg H geeignet, so daß die Pole des Integranden bei $2\pi\mathrm{i}m$, m ganz, in die Betrachtung eingehen.
4. Die *Bernoulli-Zahlen* B_m sind als Koeffizienten in der Potenzreihenentwicklung
$$\frac{x}{\mathrm{e}^x - 1} = 1 - \frac{1}{2}x - \sum_{m=1}^{\infty} \frac{(-1)^m}{m!} B_m x^{2m}$$
definiert. Berechne B_1, B_2, B_3, B_4 explizit. Zeige für $m \in \mathbb{N}$
$$\zeta(1-2m) = (-1)^m \frac{B_m}{2m}, \quad \zeta(2m) = 2^{2m-1}\pi^{2m}\frac{B_m}{(2m)!}.$$
5. Zeige $\zeta'/\zeta(0) = \log 2\pi$ und $\zeta'(0) = -\frac{1}{2}\log 2\pi$.
6. Seien a, q natürliche Zahlen. Für $t \to 0$ zeige
$$\Theta(t - 2\mathrm{i}(a/q)) = \frac{1}{q\sqrt{t}} \sum_{r=1}^{q} e\Big(\frac{ar^2}{q}\Big) + o(t^{-1/2}).$$
7. Ähnlich wie in der vorigen Aufgabe zeige
$$\sum_{n=-\infty}^{\infty} \exp\Big(\frac{-\pi n^2}{t - 2\mathrm{i}(a/q)}\Big) = \frac{1}{q\sqrt{t}} \sum_{r=1}^{2a} e\Big(-\frac{qr^2}{4a}\Big) + o(t^{-1/2})$$
für $t \to 0$. Folgere aus der Funktionalgleichung für die Thetafunktion

$$\frac{1}{\sqrt{q}}\sum_{n=1}^{q} e\left(\frac{an^2}{q}\right) = \frac{e^{\pi i/4}}{\sqrt{2a}}\sum_{n=1}^{2a} e\left(-\frac{qn^2}{4a}\right).$$

Für ungerades q zeige dann

$$\sum_{n=1}^{q} e\left(\frac{n^2}{q}\right) = i^{(q-1)^2/4}\sqrt{q}.$$

2.3 Primitive Charaktere und Gaußsche Summen

Unser nächstes Ziel ist eine Funktionalgleichung für die Dirichletschen L-Reihen. Zuvor müssen noch einige neue Begriffe im Zusammenhang mit Charakteren besprochen werden.

Der Begriff des primitiven Charakters wird mit Hilfe von Satz 1.5.2 eingeführt. Sei χ ein Charakter modulo q. Wir interessieren uns vor allem für die primen Restklassen und schränken χ deshalb auf diese ein. Die Funktion $\chi|\{n : (n,q) = 1\}$ hat noch immer Periode q, allerdings kann es noch kürzere Perioden geben. Sei q_1 die kürzeste Periode. Wir zeigen $q_1|q$. Dazu schreiben wir $(q, q_1) = uq + vq_1$ mit $u, v \in \mathbb{Z}$; es folgt $\chi(n + (q, q_1)) = \chi(n)$. Also ist (q, q_1) eine Periode. Da q_1 die kürzeste war, folgt $q_1 \leq (q_1, q)$, was nur für $q_1|q$ sein kann. Wir nennen χ *primitiv*, wenn $q = q_1$ gilt. Der Hauptcharakter wird nicht zu den primitiven Charakteren gezählt.

Ist $q = p$ eine Primzahl, so ist jeder Charakter $\chi \neq \chi_0$ primitiv. Es gibt aber auch nicht primitive Charaktere. Ist $q = p^\alpha$ mit $\alpha > 1$, so ist durch das Legendre-Symbol $\chi(n) = (\frac{n}{p})$ für $p \nmid n$, $\chi(n) = 0$ für $p|n$ ein Charakter erklärt, der nach Einschränkung auf die Menge $\{n : p \nmid n\}$ Periode p hat, also nicht primitiv ist.

Sei χ_1 ein primitiver Charakter modulo q_1 und q ein Vielfaches von q_1. Dann läßt sich durch

$$\chi(n) = \chi_1(n) \text{ für } (n,q) = 1, \quad \chi(n) = 0 \text{ für } (n,q) > 1$$

ein Charakter modulo q konstruieren. Man sagt dann, χ werde von χ_1 induziert. Die arithmetischen Funktionen χ und χ_1 können durchaus verschieden sein, wie folgendes Beispiel mit χ_1 modulo 5 und χ modulo 10 zeigt.

n mod 10	1	2	3	4	5	6	7	8	9	10
$\chi_1(n)$	1	i	−i	−1	0	1	i	−i	−1	0
$\chi(n)$	1	0	−i	0	0	0	i	0	−1	0

Jeder Charakter läßt sich durch Induktion aus einem primitiven Charakter gewinnen.

Satz 2.3.1. *Sei χ ein Charakter modulo q. Dann gibt es $q_1|q$ und einen primitiven Charakter χ_1 modulo q_1 mit $\chi(n) = \chi_1(n)$ für alle n mit $(n,q) = 1$.*

Beweis. Sei q_1 die kleinste Periode von $\chi|\{n : (n,q) = 1\}$. Dann gilt $q_1|q$, wie wir schon gesehen haben. Wir setzen $\chi_1(n) = 0$ für $(n,q_1) > 1$ und $\chi_1(n) = \chi(n)$ für $(n,q) = 1$. Jetzt muß $\chi_1(n)$ noch für die n mit $(n,q) > 1$ und $(n,q_1) = 1$ erklärt werden. Dazu wählen wir ein $t \in \mathbb{Z}$ mit $(n+tq_1, q) = 1$ und setzen $\chi_1(n) = \chi(n+tq_1)$. Auf die genaue Wahl von t kommt es hier nicht an, denn $\chi|\{n : (n,q) = 1\}$ hat Periode q_1. Lediglich die Existenz zumindest eines t ist noch zu zeigen. Man kann zum Beispiel

$$t = \prod_{p:\, p|q,\, p\nmid q_1 n} p$$

wählen. Nach Konstruktion ist χ_1 eine stark multiplikative Funktion mit Periode q_1, die für n mit $(n,q_1) > 1$ verschwindet. Nach Satz 1.5.2 ist χ_1 damit ein Charakter modulo q_1. Ebenfalls nach Konstruktion ist q_1 die kleinste Periode von χ_1, also ist χ_1 primitiv. Der Beweis zeigt noch, daß q_1 und χ_1 durch χ eindeutig bestimmt sind.

Die *Gaußsche Summe* zu einem Dirichlet-Charakter χ mod q ist durch

$$\tau(\chi) = \sum_{a=1}^{q} \chi(a)e(a/q) \tag{2.24}$$

definiert. Die Gaußschen Summen sind für die Zahlentheorie von Bedeutung, weil sie Information sowohl über die multiplikative wie über die additive Struktur der Restklassen mod q enthalten ($e(a/q)$ ist als Funktion von a ein Charakter der additiven Restklassengruppe mod q, vgl. Aufg. 1.5.1).

In diesem Abschnitt schreiben wir $\sum_{a(q)}$ für Summation über ein vollständiges Repräsentantensystem a mod q; dann kann $\tau(\chi) = \sum_{a(q)} \chi(a)e(a/q)$ geschrieben werden. Diese Notation ist etwas natürlicher als die spezielle Wahl $1 \le a \le q$ als Repräsentanten, denn da sowohl $\chi(a)$ als auch $e(a/q)$ Periode q haben, kommt es auf die Wahl der Repräsentanten nicht an.

Lemma 2.3.1. *Für* $(n,q) = 1$ *gilt stets*

$$\chi(n)\tau(\bar{\chi}) = \sum_{h(q)} \bar{\chi}(h)e(hn/q). \tag{2.25}$$

Ist χ *primitiv, dann gilt* (2.25) *für alle* $n \in \mathbb{Z}$.

Beweis. Sei $\bar{a}$ das Inverse von a in der primen Restklassengruppe mod q. Ist $(n,q) = 1$, so läuft mit a auch $\bar{a}n$ durch ein vollständiges Repräsentantensystem für die prime Restklassengruppe. Das zeigt

$$\chi(n)\tau(\bar{\chi}) = \sum_{a(q)} \chi(\bar{a}n)e(a/q) = \sum_{h(q)} \bar{\chi}(h)e(hn/q).$$

Wir dürfen jetzt $(n,q) > 1$ und χ primitiv annehmen. Sei $\frac{n}{q} = \frac{n_1}{q_1}$ mit $(n_1, q_1) = 1$. Dann ist $q = q_1 q_2$ mit $q_1 < q$. Wir müssen nur

$$\sum_{h(q)} \bar{\chi}(h) e(hn_1/q_1) = 0$$

zeigen. Mit dem Ansatz $h = uq_1 + v$ sieht man

$$\sum_{h(q)} \bar{\chi}(h) e(hn_1/q_1) = \sum_{v(q_1)} S(v) e(vn_1/q_1),$$

wenn

$$S(v) = \sum_{u(q_2)} \bar{\chi}(uq_1 + v)$$

gesetzt wird. Es reicht demnach, $S(v) = 0$ für alle v mod q_1 zu zeigen.

Sei $(b,q) = 1$. Dann gilt

$$\bar{\chi}(b)S(v) = \sum_{u(q_2)} \bar{\chi}(buq_1 + bv) = \sum_{u(q_2)} \bar{\chi}(uq_1 + bv) = S(bv),$$

wenn über bu anstelle von u summiert wird. Ist $b \equiv 1 \bmod q_1$, dann ist $S(bv) = S(v)$ wegen der Periodizität von $S(v)$, d.h. wir haben $\bar{\chi}(b)S(v) = S(v)$. Können wir also ein $b \equiv 1 \bmod q_1$ mit $\bar{\chi}(b) \neq 1$ finden, dann folgt aus der letzten Gleichung $S(v) = 0$ wie behauptet. Ein solches b gibt es aber immer: χ ist primitiv und kann deshalb nicht Periode q_1 haben. Also gibt es c_1, c_2 mit $c_1 \equiv c_2 \bmod q_1$ und $\chi(c_1) \neq \chi(c_2)$. Bestimmen wir jetzt b aus der Kongruenz $c_2 b \equiv c_1 \bmod q$, so gilt $b \equiv 1 \bmod q_1$ und $\chi(b) = \chi(c_1)\bar{\chi}(c_2) \neq 1$ wie benötigt. Damit ist das Lemma bewiesen.

Für primitives χ zeigt Lemma 2.3.1

$$|\chi(n)|^2 |\tau(\bar{\chi})|^2 = \sum_{a(q)} \sum_{b(q)} \bar{\chi}(a)\chi(b) e\Big(\frac{n(a-b)}{q}\Big).$$

Dies summieren wir über $1 \leq n \leq q$ und finden

$$\varphi(q)|\tau(\chi)|^2 = \sum_{a(q)} \sum_{b(q)} \bar{\chi}(a)\chi(b) \sum_{n(q)} e\Big(\frac{n(a-b)}{q}\Big) = q \sum_{a(q)} |\chi(a)|^2 = q\varphi(q).$$

Damit haben wir gezeigt:

Lemma 2.3.2. *Ist χ primitiver Charakter modulo q, dann gilt $|\tau(\chi)| = \sqrt{q}$.*

Wir bestimmen noch die Gaußsche Summe für einen nicht primitiven Charakter χ mod q, der von χ_1 mod q_1 induziert wird. Wir setzen $q = q_1 q_2$ und $D = (q_1, q_2)$. Dann zeigt eine einfache Überlegung

$$\tau(\chi) = \sum_{\substack{a=1\\(a,q)=1}}^{q} \chi_1(a)e(a/q) = \sum_{\substack{u=1\\(u,q)=1}}^{q/D} \chi_1(u)e(u/q)\sum_{v=1}^{D} e(v/D),$$

wenn $a = u + v\frac{q}{D}$ gesetzt wird. Ist $D > 1$, verschwindet die innere Summe über v und damit auch $\tau(\chi)$.

Wir können nun $D = (q_1, q_2) = 1$ annehmen. Wir rechnen ähnlich wie zuvor, transformieren zuerst aber mit $a = uq_1 + vq_2$ und bekommen dann

$$\begin{aligned}\tau(\chi) &= \sum_{\substack{u=1\\(u,q_2)=1}}^{q_2} \sum_{\substack{v=1\\(v,q_1)=1}}^{q_1} \chi_1(uq_1 + vq_2)e\Big(\frac{uq_1 + vq_2}{q_1 q_2}\Big)\\ &= \chi_1(q_2) \sum_{\substack{u=1\\(u,q_2)=1}}^{q_2} e\Big(\frac{u}{q_2}\Big) \sum_{\substack{v=1\\(v,q_1)=1}}^{q_1} \chi_1(v)e\Big(\frac{v}{q_1}\Big) = c_{q_2}(1)\chi_1(q_2)\tau(\chi_1).\end{aligned}$$

Nach Lemma 1.3.1 ist $c_r(1) = \mu(r)$. Fassen wir zusammen, ergibt sich

Lemma 2.3.3. *Sei χ ein Charakter modulo q, der von einem primitiven Charakter χ_1 modulo q_1 erzeugt wird. Dann gilt*

$$\tau(\chi) = \begin{cases} \mu(q/q_1)\chi_1(q/q_1)\tau(\chi_1) & \textit{falls } (q_1, q/q_1) = 1,\\ 0 & \textit{sonst.}\end{cases}$$

Häufig sind in der analytischen Zahlentheorie Summen der Form

$$\sum_{n \le x} f(n)\chi(n)$$

mit $f \in \mathcal{A}$ und einem Dirichlet-Charakter χ auszuwerten oder abzuschätzen. Ist χ primitiv modulo q, dann zeigt Lemma 2.3.1

$$\sum_{n \le x} f(n)\chi(n) = \frac{1}{\tau(\bar\chi)} \sum_{h(q)} \bar\chi(h) \sum_{n \le x} f(n)e(hn/q). \tag{2.26}$$

Die innere Summe auf der rechten Seite ist oft leichter handzuhaben als die Summe links. Wir illustrieren das am einfachsten Beispiel $f(n) = 1$ für alle n. Schon in 1.6 hatten wir mit einem einfachen Argument $|\sum_{n \le x} \chi(n)| \le q$ für jeden Charakter $\chi \ne \chi_0$ modulo q gezeigt. Es gilt aber viel mehr.

Satz 2.3.2 (Polya-Vinogradov). *Sei χ ein Charakter modulo q, $\chi \ne \chi_0$. Dann gilt*

$$\Big|\sum_{n \le N} \chi(n)\Big| \le 2\sqrt{q}\log q.$$

Beweis. Sei zunächst χ primitiv. Dann folgt aus (2.26)

$$\begin{aligned}\sum_{n\le N}\chi(n) &= \frac{1}{\tau(\bar\chi)}\sum_{a=1}^{q}\bar\chi(a)\sum_{n\le N}e\Big(\frac{an}{q}\Big)\\ &= \frac{1}{\tau(\bar\chi)}\sum_{a=1}^{q}\bar\chi(a)\frac{e(a/q)-e(a(N+1)/q)}{1-e(a/q)}\\ &= \frac{1}{\tau(\bar\chi)}\sum_{a=1}^{q-1}\bar\chi(a)e\Big(\frac{a(1+N)}{2q}\Big)\frac{\sin(\frac{\pi aN}{q})}{\sin(\frac{\pi a}{q})}.\end{aligned}$$

Dabei haben wir eine geometrische Summe ausgewertet. Wir erhalten nun aus Lemma 2.3.2

$$\Big|\sum_{n\le N}\chi(n)\Big|\le q^{-1/2}\sum_{a=1}^{q-1}\frac{1}{\sin\frac{\pi a}{q}}.$$

Die verbleibende Summe läßt sich durch Vergleich mit dem Integral abschätzen. Dazu sei an den Begriff einer konvexen Funktion erinnert. Ist I ein offenes Intervall, so heißt $f: I\to\mathbb{R}$ konvex, wenn für alle $x\in I$, $x\pm h\in I$ gilt $f(x)\le\frac{1}{2}(f(x+h)+f(x-h))$. Wird diese Ungleichung über h integriert, ergibt sich

$$f(x)\le\frac{1}{2\delta}\int_{x-\delta}^{x+\delta}f(y)\,dy. \tag{2.27}$$

Nun ist $1/\sin(\pi x)$ für $x\in(0,1)$ offenbar konvex, mit $\delta=1/(2q)$ kommt

$$\Big|\sum_{n\le N}\chi(n)\Big|\le\sqrt{q}\int_{1/(2q)}^{1-1/(2q)}\frac{dy}{\sin\pi y}=2\sqrt{q}\int_{1/(2q)}^{1/2}\frac{dy}{\sin\pi y}.$$

In $0<y\le 1/2$ gilt aber $\sin\pi y\ge 2y$, es folgt

$$\Big|\sum_{n\le N}\chi(n)\Big|\le\sqrt{q}\int_{1/(2q)}^{1/2}\frac{dy}{y}\le\sqrt{q}\log q.$$

Damit ist sogar mehr bewiesen als im Satz behauptet.

Sei χ modulo q nun von χ_1 modulo q_1 induziert. Dann ist $q=q_1r$. Wegen $\sum_{d|h}\mu(d)=0$ für $h\ge 2$ haben wir in diesem Fall

$$\begin{aligned}\sum_{n\le N}\chi(n) &= \sum_{\substack{n\le N\\(n,r)=1}}\chi_1(n)=\sum_{n\le N}\chi_1(n)\sum_{d|(n,r)}\mu(d)\\ &= \sum_{d|r}\mu(d)\sum_{\substack{n\le N\\ d|n}}\chi_1(n)=\sum_{d|r}\mu(d)\chi_1(d)\sum_{k\le N/d}\chi_1(k).\end{aligned}$$

Auf die Summe über k kann die schon bewiesene Aussage für primitive Charaktere angewendet werden, es folgt

$$\Big|\sum_{n\leq N}\chi(n)\Big| \leq \sqrt{q_1}(\log q_1)\sum_{d|r}|\mu(d)|.$$

Daraus folgt die Behauptung des Satzes wegen

$$\sum_{d|r}|\mu(d)| \leq \sum_{d|r}1 \leq 2\sum_{\substack{d|r\\ d\leq\sqrt{r}}}1 \leq 2\sqrt{r}.$$

Aufgaben

1. Bezeichnungen wie in Lemma 2.3.3. Setze

$$c_\chi(n) = \sum_{a(q)}\chi(a)e(an/q).$$

Dann gilt $c_\chi(n) = 0$, wenn $q_1 \not| \frac{q}{(q,n)}$. Für $q_1 | \frac{q}{(q,n)}$ gilt

$$c_\chi(n) = \bar{\chi}_1\Big(\frac{n}{(n,q)}\Big)\varphi(q)\frac{\mu(\frac{q}{q_1(q,n)})}{\varphi(\frac{q}{(q,n)})}\chi_1\Big(\frac{q}{q_1(q,n)}\Big)\tau(\chi_1).$$

2. Sei χ ein reeller primitiver Charakter modulo q, wobei $q = p^f$ eine reine Primzahlpotenz bezeichne. Zeige: Ist $p > 2$, dann gilt $f = 1$ und $\chi(n) = (\frac{n}{p})$. Ist $p = 2$, dann ist $f = 2$ oder $f = 3$. Drücke auch in diesem Fall χ durch ein Legendre-Symbol aus.
3. Mit Hilfe der Ergebnisse der vorigen Aufgabe bestimme alle reellen primitiven Charaktere.
4. Sei χ ein Charakter modulo q. Die Funktion $\sum_{n\leq qx}\chi(n)$ hat Periode 1 und ist stückweise stetig. Entwickele sie in eine Fourier-Reihe und leite daraus einen neuen Beweis für Satz 2.3.2 her. Hinweis: Benutze Aufgabe 2.2.1.
5. Sei χ ein primitiver Charakter modulo q. Zeige

$$\max_N\Big|\sum_{n\leq N}\chi(n)\Big| \geq \tfrac{1}{10}\sqrt{q}.$$

6. Sei p eine Primzahl. Zeige: Es gibt einen quadratischen Nichtrest n modulo p mit $1 \leq n \leq \sqrt{p}\log p$.
7. Für eine ungerade Zahl q sei τ_q die Gaußsche Summe zum Legendresymbol $(\frac{a}{q})$. Für Primzahlen p, q zeige

$$\tau_{pq} = \Big(\frac{p}{q}\Big)\Big(\frac{q}{p}\Big)\tau_p\tau_q$$

und folgere aus Aufg. 2.2.7 das quadratische Reziprozitätsgesetz.

2.4 Die Funktionalgleichung für Dirichletsche L-Funktionen

In diesem Abschnitt sollen die Resultate aus 2.2 auf L-Funktionen übertragen werden. Dabei reicht es, L-Funktionen zu primitiven Charakteren zu betrachten. Ist nämlich χ mod q von χ_1 mod q_1 induziert, dann folgt aus den Euler-Produkten

$$L(s,\chi) = \prod_{p \nmid q} (1 - \chi_1(p)p^{-s})^{-1} = L(s,\chi_1) \prod_{p \mid q} (1 - \chi_1(p)p^{-s}). \tag{2.28}$$

Damit ist die Frage der Fortsetzbarkeit von $L(s,\chi)$ auf das entsprechende Problem für $L(s,\chi_1)$ zurückgeführt. Bereits in 1.6 hatten wir mit der verwandten Formel (1.58) das analytische Verhalten von $L(s,\chi_0)$ auf die Zetafunktion zurückgeführt.

Bis zum Ende dieses Abschnitts bezeichne χ stets einen *primitiven* Charakter modulo q. Wir beginnen mit der Beobachtung $\chi(-1)^2 = \chi(1) = 1$. Also gilt $\chi(-1) = \pm 1$. Aus der Definition der Gaußschen Summe und Lemma 2.3.2 ergibt sich

$$\tau(\chi)\tau(\bar{\chi}) = \chi(-1)|\tau(\chi)|^2 = \chi(-1)q. \tag{2.29}$$

Diese Beziehung spielt im Beweis der Funktionalgleichung eine gewisse Rolle. Wir müsssen die Fälle $\chi(-1) = 1$ und $\chi(-1) = -1$ getrennt betrachten.

Sei zunächst $\chi(-1) = 1$. In diesem Fall läßt sich die Methode aus 2.2 fast wörtlich übertragen. Wie in (2.13) beginnen wir für reelles $s > 1$ mit

$$\pi^{-\frac{s}{2}} q^{\frac{s}{2}} \Gamma\left(\frac{s}{2}\right) n^{-s} = \int_0^\infty \mathrm{e}^{-\pi \frac{x}{q} n^2} x^{\frac{s}{2}-1}\, dx. \tag{2.30}$$

Hier ist mit $\chi(n)$ zu multiplizieren und dann über $n \in \mathbb{Z}$ aufzusummieren. Wegen $\chi(0) = 0$ und $\chi(-n) = \chi(-1)\chi(n) = \chi(n)$ ergibt sich

$$2\pi^{-\frac{s}{2}} q^{\frac{s}{2}} \Gamma\left(\frac{s}{2}\right) L(s,\chi) = \int_0^\infty x^{\frac{s}{2}-1} \Theta(x,\chi)\, dx, \tag{2.31}$$

wenn

$$\Theta(x,\chi) = \sum_{n \in \mathbb{Z}} \chi(n) \mathrm{e}^{-\pi x n^2/q}$$

gesetzt wird. Ähnlich wie in Lemma 2.2.1 brauchen wir eine Beziehung zwischen $\Theta(x,\chi)$ und $\Theta(1/x,\bar{\chi})$. Mit Lemma 2.3.1, (2.26) und (2.22) finden wir

$$\begin{aligned} \tau(\bar{\chi})\Theta(x,\chi) &= \sum_{a=1}^{q} \bar{\chi}(a) \sum_{n \in \mathbb{Z}} \mathrm{e}^{-\pi \frac{x}{q} n^2 + 2\pi i \frac{a}{q} n} \\ &= \sum_{a=1}^{q} \bar{\chi}(a) \sqrt{\frac{q}{x}} \sum_{n \in \mathbb{Z}} \mathrm{e}^{-\pi (n + \frac{a}{q})^2 \frac{q}{x}} \end{aligned}$$

$$= \sqrt{\frac{q}{x}} \sum_{a=1}^{q} \bar{\chi}(a) \sum_{n \in \mathbb{Z}} e^{-\pi(nq+a)^2/(xq)}$$

$$= \sqrt{\frac{q}{x}} \Theta(1/x, \bar{\chi}).$$

Die letzte Gleichung sieht man, wenn man $m = nq + a$ setzt und $\chi(a) = \chi(m)$ beachtet. Ersetzen wir hier x durch $1/x$, nimmt die Funktionalgleichung die Form

$$\tau(\bar{\chi})\Theta(1/x, \chi) = \sqrt{qx}\,\Theta(x, \bar{\chi})$$

an. In (2.31) führen wir im Teilintervall $[0, 1]$ die Substition $x \to 1/x$ aus und erhalten mit der letzten Gleichung

$$2\pi^{-\frac{s}{2}} q^{\frac{s}{2}} \Gamma\Big(\frac{s}{2}\Big) L(s, \chi) = \int_1^\infty (x^{\frac{s}{2}-1}\Theta(x, \chi) + x^{-\frac{s}{2}-1}\Theta(1/x, \chi))\, dx$$

$$= \int_1^\infty x^{\frac{s}{2}-1}\Theta(x, \chi)\, dx + \frac{\sqrt{q}}{\tau(\bar{\chi})} \int_1^\infty x^{-\frac{s}{2}-\frac{1}{2}}\Theta(x, \bar{\chi})\, dx. \qquad (2.32)$$

Dies gilt zunächst für reelle $s > 1$. Wegen $\chi(0) = 0$ hat man (in der Notation aus (2.13)) $|\Theta(x, \chi)| \leq 2\omega(x/q)$. Wie in (2.14) stellen deshalb die beiden Integrale auf der rechten Seite von (2.32) ganze Funktionen in s dar. Damit ist $L(s, \chi)$ nach ganz $\mathbb{C}$ holomorph fortsetzbar. Wird in (2.32) s durch $1 - s$ und χ durch $\bar{\chi}$ ersetzt, ergibt sich durch Vergleich der so entstehenden Formel mit (2.32) der folgende

Satz 2.4.1. *Sei χ ein primitiver Charakter modulo q mit $\chi(-1) = 1$. Dann ist $L(s, \chi)$ eine ganze Funktion in s, und es gilt*

$$\pi^{\frac{1}{2}(s-1)} q^{\frac{1-s}{2}} \Gamma\Big(\frac{1-s}{2}\Big) L(1-s, \bar{\chi}) = \frac{\sqrt{q}}{\tau(\chi)} \pi^{-\frac{s}{2}} q^{\frac{s}{2}} \Gamma\Big(\frac{s}{2}\Big) L(s, \chi).$$

Es gilt $L(s, \chi) = 0$ für $s = 0, -2, -4, -6, \ldots$, alle weiteren Nullstellen liegen in $0 \leq \operatorname{Re} s \leq 1$.

Die Aussage über die Nullstellen folgt aus (2.32) und der Funktionalgleichung genau wie die analoge Aussage für die Zetafunktion in Satz 2.2.1.

Sei jetzt $\chi(-1) = -1$. Dann verschwindet die oben definierte Reihe $\Theta(x, \chi)$ für alle $x > 0$, und das im Fall $\chi(-1) = 1$ erfolgreiche Argument bricht bereits bei (2.31) zusammen. Deshalb ersetzen wir in (2.30) s durch $s + 1$ und multiplizieren noch mit n. Dann haben wir

$$\pi^{-\frac{s+1}{2}} q^{\frac{s+1}{2}} \Gamma\Big(\frac{s+1}{2}\Big) n^{-s} = \int_0^\infty n e^{-\frac{\pi}{q} x n^2} x^{\frac{1}{2}(s-1)}\, dx.$$

Jetzt können wir wieder mit $\chi(n)$ multiplizieren und über $n \in \mathbb{N}$ aufsummieren. Wegen $(-n)\chi(-n) = n\chi(n)$ folgt dann

$$2\pi^{-\frac{s+1}{2}} q^{\frac{s+1}{2}} \Gamma\Big(\frac{s+1}{2}\Big) L(s,\chi) = \int_0^\infty \Theta_1(x,\chi) x^{\frac{1}{2}(s-1)}\, dx, \tag{2.33}$$

wenn wir

$$\Theta_1(x,\chi) = \sum_{n\in\mathbb{Z}} \chi(n) n e^{-\frac{\pi}{q} x n^2}$$

setzen. Wörtlich wie für $\Theta(x,\chi)$ findet man für $\Theta_1(x,\chi)$ eine Funktionalgleichung, wenn anstelle von (2.22) hier (2.23) zur Anwendung kommt. So ergibt sich

$$\tau(\bar\chi)\Theta_1(1/x,\chi) = \mathrm{i}\sqrt{q}\, x^{3/2}\Theta_1(x,\bar\chi).$$

Dies läßt sich ohne neue Überlegungen in (2.33) einsetzen. Analog zu (2.32) haben wir

$$\begin{aligned} &2\pi^{-\frac{s+1}{2}} q^{\frac{s+1}{2}} \Gamma\Big(\frac{s+1}{2}\Big) L(s,\chi) \\ &= \int_1^\infty \Theta_1(x,\chi) x^{\frac{1}{2}(s-1)}\, dx + \mathrm{i}\frac{\sqrt{q}}{\tau(\bar\chi)} \int_1^\infty \Theta_1(x,\bar\chi) x^{-\frac{s}{2}}\, dx. \end{aligned} \tag{2.34}$$

Bis hierher sind alle Rechnungen zumindest für reelle $s > 1$ zulässig, die beiden Integrale in (2.34) stellen aber ganze Funktionen in s dar. Also ist $L(s,\chi)$ ebenfalls eine ganze Funktion. Hier ersetzt man wieder s durch $1-s$ und χ mit $\bar\chi$ und vergleicht. Wegen $\tau(\chi)\tau(\bar\chi) = -q$ nimmt die Funktionalgleichung jetzt folgende Form an.

Satz 2.4.2. *Sei χ ein primitiver Charakter modulo q mit $\chi(-1) = -1$. Dann ist $L(s,\chi)$ nach $\mathbb{C}$ holomorph fortsetzbar, und es gilt*

$$\pi^{-\frac{1}{2}(2-s)} q^{\frac{1}{2}(2-s)} \Gamma(\tfrac{2-s}{2}) L(1-s,\bar\chi) = \frac{\mathrm{i}\sqrt{q}}{\tau(\chi)} \pi^{-\frac{1}{2}(s+1)} q^{\frac{1}{2}(s+1)} \Gamma(\tfrac{s+1}{2}) L(s,\chi).$$

Es gilt $L(s,\chi) = 0$ für $s = -1, -3, -5, \ldots$, alle weiteren Nullstellen von $L(s,\chi)$ liegen in $0 \le \operatorname{Re} s \le 1$.

Die beiden Funktionalgleichungen in den Sätzen 2.2.1 und 2.2.2 können in eine gemeinsame Form gepreßt werden. Dazu ist

$$\kappa(\chi) = \begin{cases} 0 & \text{für } \chi(-1) = 1, \\ 1 & \text{für } \chi(-1) = -1 \end{cases} \tag{2.35}$$

zu setzen, dann kann

$$\xi(s,\chi) = \Big(\frac{\pi}{q}\Big)^{-\frac{1}{2}(s+\kappa)} \Gamma(\tfrac{1}{2}(s+\kappa)) L(s,\chi) \tag{2.36}$$

eingeführt werden. Die Funktionen $\xi(s,\chi)$ sind ganz, die Funktionalgleichungen schreiben sich jetzt einfacher als

$$\xi(1-s,\bar\chi) = \frac{\mathrm{i}^\kappa\sqrt{q}}{\tau(\chi)} \xi(s,\chi).$$

Aufgaben

1. Sei $f \in \mathcal{A}$ periodisch (d.h. es gibt ein $q \in \mathbb{N}$ mit $f(n+q) = f(n)$ für alle $n \in \mathbb{N}$. Zeige: Die Dirichlet-Reihe $\sum_{n=1}^{\infty} f(n)n^{-s}$ konvergiert in $\operatorname{Re} s > 0$ gegen eine holomorphe Funktion, die sich meromorph nach ganz $\mathbb{C}$ fortsetzen läßt.
2. Sei $0 < \alpha \leq 1$. In $\operatorname{Re} s > 1$ ist die *Hurwitzsche Zetafunktion* durch
$$\zeta(s,\alpha) = \sum_{n=1}^{\infty} (n+\alpha)^{-s}$$
gegeben. Zeige: $\zeta(s,\alpha)$ ist nach $s \neq 1$ holomorph fortsetzbar. Analysiere die Singularität bei $s = 1$. Hinweis: Benutze die Methode aus Aufgabe 2.2.3.
3. In $\operatorname{Re} s < 0$ zeige
$$\zeta(s,\alpha) = \frac{2\Gamma(1-s)}{(2\pi)^{1-s}} \left(\sin\frac{\pi s}{2} \sum_{n=1}^{\infty} \frac{\cos 2\pi n\alpha}{n^{1-s}} + \cos\frac{\pi s}{2} \sum_{n=1}^{\infty} \frac{\sin 2\pi n\alpha}{n^{1-s}} \right).$$
4. Sei χ ein Charakter mod q. Drücke $L(s,\chi)$ durch $\zeta(s, a/q)$ mit $(a,q) = 1$ aus. Leite die Funktionalgleichung für $L(s,\chi)$ aus den Ergebnissen der Aufgaben 2 und 3 ab.

2.5 Der Produktsatz von Hadamard

In diesem Abschnitt geben wir einen Beweis für die Produktentwicklung (2.19). Hadamard hat bemerkt, daß sich alle ganzen Funktionen, die mit $|z| \to \infty$ nicht zu stark wachsen, in ein Produkt über die Nullstellen entwickeln lassen. Die Produktentwicklung (2.19) ist dann eine einfache Folgerung eines funktionentheoretischen Satzes. Wir beginnen deshalb mit der Hadamardschen Theorie ganzer Funktionen endlicher Ordnung. Da wir im Kontext klassischer komplexer Analysis arbeiten, schreiben wir z für die komplexe Variable und benutzen $z = x + iy = re^{i\theta}$ für die Darstellung in kartesischen und Polarkoordinaten.

Nach einen bekannten Resultat aus der Funktionentheorie ist jede ganze Funktion f mit $f(z) = O(|z|^\lambda)$ für festes $\lambda \geq 0$ ein Polynom vom Grade $\leq [\lambda]$. Es genügt sogar, wenn diese Abschätzung für den Realteil *nach oben* gefordert wird.

Lemma 2.5.1. *Seien $C > 0, \lambda > 0$ reelle Konstanten. Sei f eine ganze Funktion, es gelte $\operatorname{Re} f(z) \leq C(1 + |z|^\lambda)$ für alle $z \in \mathbb{C}$. Dann ist f ein Polynom vom Grad höchstens $[\lambda]$.*

Beweis. Seien $k, n \in \mathbb{N}$. Der Beweis beruht auf den aus der reellen Analysis bekannten Orthogonalitätsrelationen

$$\int_0^{2\pi} \cos(k\alpha)\sin(n\alpha)\,d\alpha = 0, \tag{2.37}$$

$$\int_0^{2\pi} \cos(k\alpha)\cos(n\alpha)\,d\alpha = \int_0^{2\pi} \sin(k\alpha)\sin(n\alpha)\,d\alpha = \begin{cases} \pi & \text{für } k = n, \\ 0 & \text{für } k \neq n. \end{cases} \tag{2.38}$$

Sei zunächst $f(0) = 0$ vorausgesetzt. Dann hat f eine in ganz $\mathbb{C}$ konvergente Potenzreihenentwicklung

$$f(z) = \sum_{n=1}^{\infty} (a_n + ib_n) z^n$$

mit reellen a_n, b_n. In dieser Notation hat man

$$\operatorname{Re} f(z) = \sum_{n=1}^{\infty} r^n (a_n \cos(n\theta) - b_n \sin(n\theta)).$$

Mit (2.37) und (2.38) folgt für $k \geq 1$

$$\int_0^{2\pi} \cos(k\theta) \operatorname{Re} f(z)\,d\theta = a_k r^k \pi.$$

Die Vertauschung von Summe und Integral ist wegen der gleichmäßigen Konvergenz der Reihe erlaubt. Mit $a_0 = 0$ ist die Formel auch noch für $k = 0$ richtig. Also folgt

$$\begin{aligned} |a_k| &\leq \frac{1}{\pi r^k} \int_0^{2\pi} |\operatorname{Re} f(z)|\,d\theta = \frac{1}{\pi r^k} \int_0^{2\pi} (|\operatorname{Re} f(z)| + \operatorname{Re} f(z))\,d\theta \\ &= \frac{2}{\pi r^k} \int_0^{2\pi} \max(\operatorname{Re} f(z), 0)\,d\theta = O(r^{\lambda - k}). \end{aligned}$$

Ist $k > \lambda$, folgt $a_k = 0$ mit $r \to \infty$. Für die b_k ist in obigem Argument cos durch sin zu ersetzen und genauso zu argumentieren. Ist $f(0) \neq 0$, kann das schon bewiesene auf $f(z) - f(0)$ angewendet werden. Der Beweis zeigt noch, daß es genügt, die Abschätzung $\operatorname{Re} f(z) \leq C|z|^\lambda$ auf einer Folge von Kreislinien $|z| = R_\nu$ mit $R_\nu \to \infty$ für $\nu \to \infty$ zu kennen.

Jetzt sollen Funktionen untersucht werden, die zwar stärker wachsen dürfen als Polynome, die aber noch einer Abschätzung $f(z) = O(\exp(|z|^\alpha)$ bei festem $\alpha > 0$ genügen. Ganze Funktionen, die einer solchen Abschätzung für alle $z \in \mathbb{C}$ genügen, heißen Funktionen *endlicher Ordnung*; die reelle Zahl

$$\inf\{\alpha : |f(z)| \ll \exp|z|^\alpha\}$$

heißt dann *Ordnung* von f.

Um triviale Sonderfälle zu vermeiden, sei von jetzt an stets angenommen, daß f nicht identisch verschwindet. Es gibt Funktionen endlicher Ordnung ohne Nullstellen, z.B. e^z, e^{z^2}. In gewissem Sinne ist dies bereits das allgemeinste Beispiel. Hat nämlich f keine Nullstellen, dann ist $\log f$ ganz, und es gilt $\operatorname{Re} \log f(z) \leq C|z|^\alpha$. Also folgt aus Lemma 2.5.1

Lemma 2.5.2. *Ist f eine ganze Funktion endlicher Ordnung ohne Nullstellen, dann gilt $f = \mathrm{e}^g$ mit einem Polynom g. Die Ordnung von f ist der Grad von g.*

Auch über ganze Funktionen endlicher Ordnung, die Nullstellen haben, können wir eine Übersicht gewinnen. Als ersten Schritt in diese Richtung zeigen wir, daß die Nullstellen "nicht zu dicht gepackt" sein können.

Satz 2.5.1 (Jensensche Formel). *Sei f in einer Umgebung von $|z| \leq R$ holomorph, es gelte $f(0) \neq 0$ und $f(z) \neq 0$ auf $|z| = R$. Seien $z_1, \ldots, z_n$ die Nullstellen von f in $|z| < R$, wobei jede Nullstelle mit ihrer Vielfachheit aufgelistet sei. Dann gilt*

$$\frac{1}{2\pi} \int_0^{2\pi} \log |f(Re^{\mathrm{i}\theta})| \, d\theta = \log |f(0)| + \log \frac{R^n}{|z_1 \ldots z_n|} = \log |f(0)| + \sum_{i=1}^{n} \log \frac{R}{|z_i|}.$$

Beweis. Wir beginnen mit zwei Spezialfällen.

1. Zuerst werde $f(z) \neq 0$ für alle $|z| \leq R$ angenommen. Dann können wir einen Zweig des Logarithmus wählen, so daß $\log f(z)$ in einer Umgebung von $|z| \leq R$ wohldefiniert und holomorph ist. Die Cauchysche Integralformel zeigt

$$\log f(0) = \frac{1}{2\pi\mathrm{i}} \int_{|z|=R} \frac{\log f(z)}{z} \, dz = \frac{1}{2\pi} \int_0^{2\pi} \log f(Re^{\mathrm{i}\theta}) \, d\theta.$$

Die Jensensche Formel ist in diesem Fall der Realteil obiger Identität.

2. Jetzt betrachten wir die Funktion $f(z) = z - \zeta$ für festes ζ mit $|\zeta| < R$ und beweisen dafür die Jensensche Formel durch Nachrechnen. Dazu betrachten wir die Hilfsfunktion

$$Q(z) = \frac{f(z)}{R^2 - z\bar{\zeta}}.$$

Für $|z| = R$ rechnet man sofort $|Q(z)| = 1/R$ nach. Also gilt

$$\frac{1}{2\pi} \int_0^{2\pi} \log |Q(Re^{\mathrm{i}\theta})| \, d\theta = -\log R.$$

Andererseits hat man

$$\begin{aligned} \int_0^{2\pi} \log |Q(Re^{\mathrm{i}\theta})| \, d\theta &= \int_0^{2\pi} \log |f(Re^{\mathrm{i}\theta})| \, d\theta - \int_0^{2\pi} \log |R^2 - z\bar{\zeta}| \, d\theta \\ &= \int_0^{2\pi} \log |f(Re^{\mathrm{i}\theta})| \, d\theta - 2\pi \log R^2, \end{aligned}$$

wenn der schon bewiesene Fall nullstellenfreier Funktionen der Jensenschen Formel zur Auswertung des zweiten Integrals herangezogen wird. Damit haben wir

$$\frac{1}{2\pi}\int_0^{2\pi}\log|f(Re^{i\theta})|\,d\theta = \log R = \log|f(0)| + \log\frac{R}{|\zeta|},$$

wie auch die Jensensche Formel in diesem Fall behauptet.

Der allgemeine Fall folgt aus den beiden Spezialfällen, wenn $f(z) = (z - z_1)\dots(z - z_n)F(z)$ mit nullstellenfreiem $F(z)$ geschrieben wird.

Satz 2.5.2. *Sei f eine ganze Funktion endlicher Ordnung α. Die Nullstellen von f seien $z_1, z_2, \dots$. Dabei sei jede Nullstelle entsprechend ihrer Vielfachheit aufgelistet und die Indizierung so gewählt, daß $|z_i| \le |z_{i+1}|$ für alle $i \in \mathbb{N}$ gilt. Dann gilt für jedes $\epsilon > 0$*

$$\sum_{i:\,|z_i|\le R} 1 = O(R^{\alpha+\epsilon}).$$

Ist $\beta > \alpha$, so konvergiert die Reihe

$$\sum_{z_i\neq 0} |z_i|^{-\beta}.$$

Beweis. Ohne Beschränkung der Allgemeinheit kann $f(0) \neq 0$ angenommen werden. Hat f auf $|z| = 3R$ keine Nullstellen, folgt wegen $\log 3 > 1$ aus der Jensenschen Formel

$$\sum_{|z_i|\le R} 1 \le \sum_{|z_i|\le 3R} \log\frac{3R}{|z_i|} = -\log|f(0)| + \frac{1}{2\pi}\int_0^{2\pi}\log|f(3Re^{i\theta})|\,d\theta = O(R^{\alpha+\epsilon}).$$

Hat f auf $|z| = 3R$ Nullstellen, ist 3 durch $3 + \delta$ zu ersetzen, so daß auf $|z| = (3 + \delta)R$ keine Nullstellen liegen.

Die Konvergenz der Reihe folgt sofort aus der Abschätzung für die Anzahl der Nullstellen.

Jetzt können wir zeigen, daß jede ganze Funktion endlicher Ordnung eine Produktentwicklung über die Nullstellen hat.

Satz 2.5.3 (Hadamard). *Sei f eine ganze Funktion endlicher Ordnung α. Sei $k = 0$, falls $f(0) \neq 0$, sonst sei k die Ordnung der Nullstelle von f bei 0. Seien z_i die Nullstellen von f in $z \neq 0$ entsprechend ihrer Vielfachheit aufgelistet. Dann gilt*

$$f(z) = z^k e^{g(z)} \prod_{i=1}^{\infty}\left(1 - \frac{z}{z_i}\right) e^{J(z/z_i)}$$

wobei

$$J(w) = \sum_{j=1}^{[\alpha]} \frac{w^j}{j}$$

gesetzt ist und g ein Polynom vom Grad höchstens $[\alpha]$ bezeichnet.

Den Beweis führen wir nur für $\alpha = 1$, weil wir den Satz nur in diesem Fall anwenden werden. Ohne Beschränkung der Allgemeinheit kann $f(0) \neq 0$ angenommen werden. Nach Satz 2.5.2 ist $\sum |z_i|^{-2}$ konvergent, das Produkt

$$P(z) = \prod_{i=1}^{\infty} \left(1 - \frac{z}{z_i}\right) e^{z/z_i}$$

ist damit auf jeder kompakten Teilmenge von $\mathbb{C}$ absolut und gleichmäßig konvergent. Also ist $f(z)/P(z)$ eine ganze, nullstellenfreie Funktion. Wäre f/P von Ordnung höchstens 1, folgte die Behauptung aus Lemma 2.5.2.

Wir müssen also P nach unten abschätzen. Dazu sei $\epsilon > 0$ beliebig und R stets so gewählt, daß $|R - |z_n|| > |z_n|^{-2}$ für alle n gilt. Wegen der Konvergenz von $\sum |z_i|^{-2}$ gibt es beliebig große R, die dieser Bedingung genügen.

Wir schätzen $P(z)$ auf $|z| = R$ ab. Für $|z_n| \leq \frac{1}{2}R$ gilt

$$\left|\left(1 - \frac{z}{z_n}\right) e^{z/z_n}\right| \geq (|z/z_n| - 1) e^{-|z/z_n|} > e^{-R/|z_n|}.$$

Das zeigt für genügend große R

$$\begin{aligned} \left| \prod_{n:|z_n|<\frac{1}{2}R} \left(1 - \frac{z}{z_n}\right) e^{z/z_n} \right| &> \exp\Big(-R \sum_{n:|z_n|<\frac{1}{2}R} |z_n|^{-1}\Big) \\ &> \exp\Big(-R^{1+\epsilon} \sum_{n=1}^{\infty} |z_n|^{-1-\epsilon}\Big) > \exp(-R^{1+2\epsilon}), \end{aligned} \tag{2.39}$$

wobei Satz 2.5.2 benutzt wurde. Für $|z_n| > 2R$ benutzen wir die in $|\zeta| < \frac{1}{2}$ bei geeignetem $|c| > 0$ gültige Ungleichung $|(1 - \zeta)e^{\zeta}| > e^{-c|\zeta|^2}$ und finden wieder für hinreichend große R

$$\begin{aligned} \left| \prod_{n:|z_n|>2R} \left(1 - \frac{z}{z_n}\right) e^{z/z_n} \right| &> \exp\Big(-c \sum_{n:|z_n|>2R} (R/|z_n|)^2\Big) \\ &> \exp\Big(-cR^{1+\epsilon} \sum_{n=1}^{\infty} |z_n|^{-1-\epsilon}\Big) > \exp(-R^{1+2\epsilon}). \end{aligned} \tag{2.40}$$

Für die verbleibenden z_n in $\frac{1}{2}R \leq |z_n| \leq 2R$ benutzen wir die die spezielle Wahl von R. Hier gilt

$$\left|\left(1 - \frac{z}{z_n}\right) e^{z/z_n}\right| \geq e^{-2} \left|1 - \frac{z}{z_n}\right| = e^{-2} \frac{|z - z_n|}{2R} \geq \frac{1}{80} R^{-3}.$$

Nach Satz 2.5.2 gibt es höchstens $O(R^{1+\epsilon})$ Nullstellen z_n mit $\frac{1}{2}R \leq |z_n| \leq 2R$. Fassen wir mit (2.39) und (2.40) zusammen, haben wir

$$|P(z)| > \left(\tfrac{1}{80} R^{-3}\right)^{R^{1+\epsilon}} \exp(-2R^{1+2\epsilon}) > \exp(-R^{1+3\epsilon})$$

für genügend große R. Da f von Ordnung 1 ist, folgt nun $f(z)/P(z) \ll \exp R^{1+4\epsilon}$ für $|z| = R$ zumindest auf einer Folge $R = R_\nu \to \infty$. Auf Grund der Bemerkung am Ende des Beweises von Lemma 2.5.1 ist damit $\log(f/P)$ ein lineares Polynom.

Für Funktionen der Ordnung 1 kann die Reihe $\sum |z_i|^{-1}$ sowohl konvergieren als auch divergieren. Wenn sie konvergiert, hat das allerdings eine Schranke für das Wachstum zur Folge.

Lemma 2.5.3. *Sei f eine ganze Funktion von Ordnung* 1, *die Nullstellen seien mit denselben Vereinbarungen wie in Satz* 2.5.2 *mit z_n bezeichnet. Ist die Reihe $\sum |z_n|^{-1}$ konvergent, dann gibt es ein $C > 0$, so daß gilt $|f(z)| \ll e^{C|z|}$.*

Beweis. Für alle $\zeta \in \mathbb{C}$ gilt $|(1-\zeta)e^{\zeta}| < e^{2|\zeta|}$. Benutzt man dies mit $\zeta = z/z_n$ in Satz 2.5.3, folgt die Behauptung sofort.

Die Theorie können wir jetzt auf die Zetafunktion anwenden. Wir zeigen, daß die Funktion

$$\xi(s) = s(s-1)\pi^{-s/2}\Gamma\left(\frac{s}{2}\right)\zeta(s)$$

(vgl. (2.16)) von Ordnung 1 ist. Wegen der Funktionalgleichung $\xi(s) = \xi(1-s)$ reicht es, $\xi(s)$ in $\operatorname{Re} s \geq \frac{1}{2}$ abzuschätzen. Auf dieser Menge liefert die Stirlingsche Formel $\Gamma(s/2) = O(e^{|s \log s|})$. Für $\zeta(s)$ benutzen wir die Integraldarstellung (1.61). In $\operatorname{Re} s \geq \frac{1}{2}$ finden wir so

$$|(s-1)\zeta(s)| = O(|s|^2). \tag{2.41}$$

Die Abschätzung des Terms $s\pi^{-s/2}$ ist trivial und ξ damit als von Ordnung 1 erkannt.

Satz 2.5.4. *$\xi(s)$ hat unendlich viele Nullstellen ϱ in $0 \leq \operatorname{Re} \varrho \leq 1$. Es gilt die Produktentwicklung*

$$\xi(s) = e^{Bs} \prod_{\varrho \in \mathcal{N}} \left(1 - \frac{s}{\varrho}\right) e^{s/\varrho}.$$

Die Reihe $\sum_{\varrho} |\varrho|^{-1}$ ist divergent, die Reihe $\sum_{\varrho} |\varrho|^{-1-\epsilon}$ konvergiert für jedes $\epsilon > 0$.

Fast alle Aussagen folgen aus den Sätzen 2.5.2 und 2.5.3. Zwei Dinge bedürfen der Erklärung. Für reelle, hinreichend große s folgt aus der Stirlingschen Formel wegen $\zeta(s) \to 1$ für $s \to \infty$

$$\xi(s) > e^{\frac{1}{4} s \log s}.$$

Wegen Lemma 2.5.3 divergiert also die Reihe $\sum |\varrho|^{-1}$. Damit gibt es auch unendlich viele $\varrho \in \mathcal{N}$.

Der Produktsatz 2.5.3 liefert die Produktformel in Satz 2.5.4 zunächst nur mit dem Faktor e^{A+Bs} anstelle von e^{Bs}. Es gilt aber nach der Funktionalgleichung

$$e^A = \xi(0) = \xi(1) = \lim_{s\to 1}(s-1)\zeta(s) = 1.$$

Damit ist Satz 2.5.4 vollständig bewiesen.

Die Übertragung auf Dirichletsche L-Funktionen bereitet keine Schwierigkeiten. Eine Abschätzung für $L(s,\chi)$ in $\operatorname{Re} s \geq \frac{1}{2}$ erhält man leicht aus (1.60); wegen $X(x) \leq q$ hat man

$$|L(s,\chi)| \leq 2q|s|. \tag{2.42}$$

Ist $\xi(s,\chi)$ durch (2.36) gegeben, und ist

$$\mathcal{N}(\chi) = \{\varrho \neq 0 : \ 0 \leq \operatorname{Re}\varrho \leq 1, \ L(\varrho,\chi) = 0\},$$

so folgt jetzt genau wie für $\xi(s)$:

Satz 2.5.5. *Sei χ ein primitiver Charakter modulo q. Dann hat $\xi(s,\chi)$ unendlich viele Nullstellen in $0 \leq \operatorname{Re} s \leq 1$. Für geeignete komplexe Zahlen $A = A(\chi), B = B(\chi)$ gilt*

$$\xi(s,\chi) = e^{A+Bs} \prod_{\varrho\in\mathcal{N}(\chi)} \Bigl(1 - \frac{s}{\varrho}\Bigr) e^{s/\varrho}.$$

Die Reihe $\sum_\varrho |\varrho|^{-\beta}$ konvergiert für $\beta > 1$ und divergiert für $\beta \leq 1$.

Die Abhängigkeit der Konstanten A und B von χ und damit von q ist recht unübersichtlich. Wegen $e^{A(\chi)} = \xi(0,\chi) = \xi(1,\bar{\chi})$ läßt sich $A(\chi)$ durch $\log L(1,\bar{\chi})$ ausdrücken. Die $B(\chi)$ stehen mit den Nullstellen in enger Verbindung, wie wir im nächsten Abschnitt sehen werden.

Aufgaben

1. Sei $k \in \mathbb{Z}$. Zeige $\int_0^1 e(k\alpha)d\alpha = 0$ für $k \neq 0$ und folgere daraus (2.37) und (2.38).
2. Sei $\alpha > 0$ reell. Konstruiere eine ganze Funktion der Ordnung α.
3. Gibt es transzendente ganze Funktionen (d.h. kein Polynom) der Ordnung 0?

2.6 Nullstellen und logarithmische Ableitung

In diesem Abschnitt bringen wir $\frac{\zeta'}{\zeta}$ mit den Nullstellen von ζ in Verbindung. Durch Kombination der Resultate können wir im nächsten Abschnitt die expliziten Formeln beweisen.

Aus Satz 2.5.4 folgt sofort

$$\frac{\xi'}{\xi}(s) = B + \sum_{\varrho\in\mathcal{N}} \Bigl(\frac{1}{s-\varrho} + \frac{1}{\varrho}\Bigr). \tag{2.43}$$

Andererseits impliziert die Funktionalgleichung $\xi(s) = \xi(1-s)$ die Beziehung $\frac{\xi'}{\xi}(s) = -\frac{\xi'}{\xi}(1-s)$. Also hat man auch

$$\frac{\xi'}{\xi}(s) = -B - \sum_{\varrho\in\mathcal{N}} \left(\frac{1}{1-s-\varrho} + \frac{1}{\varrho}\right).$$

Diese beiden Darstellungen kann man vergleichen. Dazu bemerken wir, daß

$$\lim_{x\to\infty} \sum_{|\varrho|\le x} \frac{1}{\varrho} \tag{2.44}$$

existiert. Mit $\varrho \in \mathcal{N}$ ist nämlich $\bar{\varrho} \in \mathcal{N}$, wir fassen die beiden Terme zusammen; es gilt

$$0 \le \frac{1}{\varrho} + \frac{1}{\bar{\varrho}} = \frac{2\operatorname{Re}\varrho}{\varrho\bar{\varrho}} \le \frac{2}{|\varrho|^2}.$$

Die Konvergenz folgt damit aus den Sätzen 2.5.2 und 2.5.3. Wir kürzen den Grenzwert (2.44) (und verwandte Ausdrücke später) durch $\sum_\varrho \varrho^{-1}$ ab; die Reihe konvergiert aber nur in dieser speziellen Anordung, nach Satz 2.5.3 ist sie nicht absolut konvergent. Subtrahieren wir die beiden Formeln für $\frac{\xi'}{\xi}(s)$, kommt

$$2B = -2\sum_\varrho \frac{1}{\varrho} - \sum_\varrho \frac{1}{s-\varrho} - \sum_\varrho \frac{1}{1-\varrho-s} = -2\sum_\varrho \frac{1}{\varrho}, \tag{2.45}$$

denn mit ϱ ist auch $1-\varrho$ eine Nullstelle.

Eine ähnliche Formel läßt sich auch für die $B(\chi)$ angeben, die allerdings weniger nützlich ist. Logarithmische Differentiation des Hadamard-Produktes liefert

$$\frac{\xi'}{\xi}(s,\chi) = B(\chi) + \sum_{\varrho\in\mathcal{N}(\chi)} \left(\frac{1}{s-\varrho} + \frac{1}{\varrho}\right). \tag{2.46}$$

Aus der Funktionalgleichung $\xi(s,\chi) = \xi(1-s,\bar{\chi})$ kommt dann

$$B(\chi) = \frac{\xi'}{\xi}(0,\chi) = -\frac{\xi'}{\xi}(1,\bar{\chi}) = -B(\bar{\chi}) - \sum_{\varrho\in\mathcal{N}(\chi)} \left(\frac{1}{1-\bar{\varrho}} + \frac{1}{\bar{\varrho}}\right).$$

Wegen $B(\bar{\chi}) = \overline{B(\chi)}$ kann man

$$\operatorname{Re} B(\chi) = -\sum_\varrho \operatorname{Re}\frac{1}{\varrho}$$

ableiten. Die Identität (2.45) läßt sich also nur zum Teil übertragen, weil die Nullstellen von $L(s,\chi)$ nicht mehr symmetrisch zur reellen Achse liegen müssen.

Durch (2.43) ist im Prinzip eine Partialbruchentwicklung für $\frac{\zeta'}{\zeta}$ gegeben. Wir wollen $\frac{\zeta'}{\zeta}(s)$ im kritischen Streifen durch einen Abschnitt dieser Reihe approximieren. Man sollte erwarten, daß nur die Pole in der Nähe von s einen wesentlichen Beitrag liefern. Der nächste Satz präzisiert diese Idee.

Satz 2.6.1. *Es gilt*

$$\frac{\zeta'}{\zeta}(s) = \begin{cases} O(1) & \text{in } \operatorname{Re} s \geq 2, \\ O(\log|s|) & \text{in } \operatorname{Re} s \leq -1,\ |s+2m| > \frac{1}{4} \\ & \text{für alle } m \in \mathbb{N}, \\ \displaystyle\sum_{\substack{\varrho \in \mathcal{N} \\ |\operatorname{Im}(s-\varrho)|<1}} \frac{1}{s-\varrho} + O(1+\log|s|) & \text{in } -1 \leq \operatorname{Re} s \leq 2,\ |\operatorname{Im} s| \geq 1. \end{cases}$$

Beweis. In $\operatorname{Re} s \geq 2$ hat man wegen (1.45)

$$\left|\frac{\zeta'}{\zeta}(s)\right| \leq \sum_{n=1}^{\infty} (\log n) n^{-2}.$$

In $\operatorname{Re} s \leq -1$ benutzen wir die Funktionalgleichung für ζ in der Form

$$\zeta(1-s) = 2^{1-s}\pi^{-s}\left(\cos\frac{\pi s}{2}\right)\Gamma(s)\zeta(s), \tag{2.47}$$

die aus Satz 2.2.1 und (2.11) folgt. Durch logarithmisches Differenzieren kommt

$$-\frac{\zeta'}{\zeta}(1-s) = -\log 2\pi - \frac{\pi}{2}\tan\frac{\pi s}{2} + \frac{\Gamma'}{\Gamma}(s) + \frac{\zeta'}{\zeta}(s).$$

Die behauptete Abschätzung folgt also aus der soeben bewiesenen Abschätzung für $\frac{\zeta'}{\zeta}$ in $\operatorname{Re} s \geq 2$ und der Stirlingschen Formel.
Für den schwierigeren Teil des Satzes brauchen wir zwei vorbereitende Hilfssätze.

Lemma 2.6.1. *Es gibt eine Konstante $k > 0$, so daß in $\operatorname{Re} s \geq -5$, $|\operatorname{Im} s| > 1$ gilt $|\zeta(s)| = O(|\operatorname{Im} s|^k)$.*

Beweis. In $\operatorname{Re} s > 2$ ist $|\zeta(s)| \leq \zeta(2) = O(1)$. In $\frac{1}{2} \leq \sigma \leq 2$ gilt $(s-1)\zeta(s) = O(|s|^2)$ (vgl. (2.41)), und im Streifen $\frac{1}{2} \leq \sigma \leq 2$, $t > 1$ ist $|s| = O(t)$. In $-5 \leq \sigma \leq \frac{1}{2}$ benutzen wir die Funktionalgleichung (2.47) und die Abschätzung

$$|2^{1-s}\pi^{-s}(\cos\tfrac{\pi s}{2})\Gamma(s)| = O(|t|^{\frac{1}{2}-\sigma}),$$

die man leicht in $-5 \leq \sigma \leq 5$ mit der Stirlingschen Formel beweisen kann. Damit ist Lemma 2.6.1 bewiesen.

Die Argumentation dieses Beweises überträgt sich wörtlich auf L-Funktionen. Da in der Funktionalgleichung Terme des Typs q^s vorkommen, und da auch in $\sigma \geq \frac{1}{2}$ nach (2.42) nur $L(s,\chi) \leq 2q|s|$ gilt, lautet das analoge Resultat hier

Lemma 2.6.2. *Sei χ ein primitiver Charakter modulo q. Es gibt eine Konstante k, so daß in $\operatorname{Re} s > -5$ gilt $L(s,\chi) = O(1 + (q|\operatorname{Im} s|)^k)$.*

Aus diesen Lemmata kann zusammen mit der Jensenschen Formel eine Dichtigkeitsaussage über die ϱ gewonnen werden.

Lemma 2.6.3. *Es gilt* $N(T+1) - N(T-1) = O(\log T)$.

Nach (2.17) ist $N(T+1) - N(T-1)$ genau die Anzahl der $\varrho \in \mathcal{N}$ mit $T - 1 < \operatorname{Im} \varrho \leq T + 1$. Als einfache Folgerung erhalten wir

$$N(T) = O(T \log T). \tag{2.48}$$

Analoge Resultate für die L-Funktionen ergeben sich für

$$N(T, \chi) = \#\{\varrho \in \mathcal{N}(\chi) : |\operatorname{Im} \varrho| \leq T\}. \tag{2.49}$$

Lemma 2.6.4. *Ist* $N(T, \chi)$ *durch* (2.49) *gegeben, dann gelten die Abschätzungen*

$$N(T+1, \chi) - N(T-1, \chi) = O(\log qT), \quad N(T, \chi) = O(T \log qT).$$

Zum Beweis von Lemma 2.6.3 wähle ein $r \in [3, 4]$, so daß $\zeta(2 + \mathrm{i}T + re(\theta)) \neq 0$ für alle $\theta \in \mathbb{R}$. Für $\varrho \in \mathcal{N}$ sei $\varrho' = \varrho - 2 - \mathrm{i}T$ gesetzt. Nach der Jensenschen Formel gilt dann

$$\int_0^1 \log |\zeta(2 + \mathrm{i}T + re(\theta))| \, d\theta = \log |\zeta(2 + \mathrm{i}T)| + \sum_{\substack{\varrho \in \mathcal{N} \\ |\varrho'| \leq r}} \log \frac{r}{|\varrho'|}.$$

Hier können wir das Integral und auch $\log |\zeta(2 + \mathrm{i}T)|$ mit Lemma 2.6.1 zu $O(\log T)$ abschätzen. Andererseits hat jedes ϱ mit $|\operatorname{Im} \varrho - T| \leq 1$ von $2 + \mathrm{i}T$ höchstens den Abstand $\sqrt{5}$. Damit hat man

$$N(T+1) - N(T-1) \leq \log \frac{r}{\sqrt{5}} \sum_{\substack{\varrho \in \mathcal{N} \\ |\varrho'| \leq r}} \log \frac{r}{|\varrho'|}.$$

Lemma 2.6.3 folgt durch Kombination dieser beiden Tatsachen. Lemma 2.6.4 ergibt sich genauso, wenn Lemma 2.6.2 benutzt wird.

Zum Beweis des letzten Teils von Satz 2.6.1 benutzen wir (2.43), die Definition von ξ in (2.16) und die Stirlingsche Formel für $\frac{\Gamma'}{\Gamma}$. Wir können $t > 1$ annehmen. In $-1 \leq \sigma \leq 2$, $t > 1$ folgt dann

$$\frac{\zeta'}{\zeta}(s) = \sum_{\varrho} \left(\frac{1}{s - \varrho} + \frac{1}{\varrho} \right) + O(\log t). \tag{2.50}$$

Hier setzen wir $s = 2 + it$ ein und ziehen die so entstehende Formel von der für allgemeines $s = \sigma + it$ ab. Wegen $\frac{\zeta'}{\zeta}(2 + it) = O(1)$ kommt

$$\frac{\zeta'}{\zeta}(s) = \sum_{\varrho} \left(\frac{1}{s - \varrho} - \frac{1}{\varrho'} \right) + O(\log t), \tag{2.51}$$

wenn ähnlich wie zuvor $\varrho' = 2 + it - \varrho$ gesetzt wird. Wir schätzen nun alle Terme in (2.51) ab, die rechts in der Formel für $\frac{\zeta'}{\zeta}$ in Satz 2.6.1 nicht vorkommen.

Zuerst betrachten wir den Beitrag der $1/\varrho'$ mit $|\operatorname{Im}\varrho - t| \leq 1$. Es gilt $|1/\varrho'| \leq 1$, nach Lemma 2.6.3 gibt es höchstens $O(\log t)$ solche ϱ. Also gilt

$$\sum_{\varrho:\,|\operatorname{Im}\varrho - t|\leq 1} \frac{1}{|\varrho'|} = O(\log t).$$

Jetzt ist noch der Beitrag der Terme mit $|\operatorname{Im}\varrho - t| > 1$ abzuschätzen. Hier hat man $|s-\varrho| \ll |t - \operatorname{Im}\varrho| \ll |s-\varrho|$; es folgt

$$\frac{1}{s-\varrho} - \frac{1}{\varrho'} = \frac{2-\sigma}{(s-\varrho)(2+\mathrm{i}t-\varrho)} = O((t - \operatorname{Im}\varrho)^{-2}).$$

Für $n \in \mathbb{Z}$, $n \neq 0$, $n \neq -1$ kommt aus Lemma 2.6.3

$$\sum_{\varrho:\,t+n\leq \operatorname{Im}\varrho\leq t+n+1} \left(\frac{1}{s-\varrho} - \frac{1}{\varrho'}\right) = O(n^{-2}\log|t+n|),$$

was nach Summation über n sofort

$$\sum_{\varrho:\,|\operatorname{Im}\varrho - t|>1} \left(\frac{1}{s-\varrho} - \frac{1}{\varrho'}\right) = O(\log t)$$

zeigt. Durch Einsetzen in (2.51) folgt die letzte Behauptung in Satz 2.6.1.

Die soeben benutzte Methode liefert noch die verwandte Abschätzung

$$\sum_{\varrho\in\mathcal{N}} \frac{1}{1+(T - \operatorname{Im}\varrho)^2} = O(\log T). \tag{2.52}$$

Genau das haben wir implizit bewiesen.

Auf die Voraussetzung $|\operatorname{Im} s| \geq 1$ im letzten Teil von Satz 2.6.1 kann wegen des Pols von $\zeta(s)$ bei $s = 1$ nicht verzichtet werden. Wird eine für alle t gültige Abschätzung benötigt, ist die Polstelle entsprechend zu berücksichtigen. Dieselbe Methode liefert dann

$$\frac{\zeta'}{\zeta}(s) = \frac{1}{1-s} + \sum_{\substack{\varrho\in\mathcal{N}\\ |\operatorname{Im}(\varrho-s)|<1}} \frac{1}{s-\varrho} + O(\log(|t|+2)). \tag{2.53}$$

Alle Rechnungen lassen sich ohne weiteres auf L-Funktionen übertragen, wenn anstelle der Lemmata 2.6.1 und 2.6.3 jetzt 2.6.2 und 2.6.4 benutzt werden. Das Problem mit einer Polstelle bei $s = 1$ tritt hier nicht auf, da die $L(s,\chi)$ dort holomorph sind. Allerdings hat $L(s,\chi)$ bei $s = 0$ eine triviale Nullstelle, wenn $\chi(-1) = 1$ ist, die ähnlich wie der Pol der Zetafunktion entsprechend berücksichtigt werden muß. Der zu Satz 2.6.1 analoge Satz lautet deshalb

Satz 2.6.2. *Sei χ ein primitiver Charakter modulo q. Dann gilt*

$$\frac{L'}{L}(s,\chi) = \begin{cases} O(1) & (\operatorname{Re} s \geq 2), \\ O(\log q|s|) & (\operatorname{Re} s \leq -\frac{1}{2},\ |s+m| > \frac{1}{4} \\ & \textit{für alle } m \in \mathbb{N}), \\ \sum\limits_{\substack{\varrho \in \mathcal{N}(\chi) \\ |t - \operatorname{Im} \varrho| \leq 1}} \frac{1}{s-\varrho} + O(\log(q(2+|t|))) & (-\frac{1}{2} \leq \operatorname{Re} s \leq 2) \end{cases}$$

wobei im Falle $\chi(-1) = 1$ die Approximation nur für $|s| > \frac{1}{2}$ gilt. Für $|s| \leq \frac{1}{2}$ gilt in diesem Fall

$$\frac{L'}{L}(s,\chi) - \frac{1}{s} = \sum_{\substack{\varrho \in \mathcal{N}(\chi) \\ |t - \operatorname{Im} \varrho| \leq 1}} \frac{1}{s-\varrho} + O(\log q).$$

Die Abschätzungen in $\sigma \geq 2$ und $\sigma \leq -1$ ergeben sich wie im Beweis von Satz 2.6.1. Die Approximation in $-1 \leq \sigma \leq 2$ bedarf einer zusätzlichen Bemerkung. Das Analogon zu (2.50) lautet hier

$$\frac{L'}{L}(s,\chi) = \sum_{\varrho \in \mathcal{N}(\chi)} \left(\frac{1}{s-\varrho} + \frac{1}{\varrho} \right) + B(\chi) + O(\log q(|t|+2)),$$

denn $B(\chi)$ kann hier nicht durch $O(1)$ abgeschätzt werden. Beim Übergang zum Analogon zu (2.51) werden jedoch zwei solche Formeln subtrahiert, $B(\chi)$ fällt heraus, die entsprechende Formel lautet

$$\frac{L'}{L}(s,\chi) = \sum_{\varrho} \left(\frac{1}{s-\varrho} - \frac{1}{\varrho'} \right) + O(\log q(|t|+2)).$$

Wie in (2.52) ergibt sich noch

$$\sum_{\varrho \in \mathcal{N}(\chi)} \frac{1}{1+(t-\operatorname{Im} \varrho)^2} = O(\log(q(2+|t|))). \tag{2.54}$$

Aufgaben

1. Zeige $B = -\frac{1}{2}\gamma - 1 + \frac{1}{2}\log 4\pi$. Berechne B mit Genauigkeit $1/100$ und leite $|\operatorname{Im} \varrho| > 4$ für alle $\varrho \in \mathcal{N}$ daraus ab.

2.7 Die expliziten Formeln

In diesem Abschnitt beweisen wir die schon mehrfach erwähnte explizite Formel. Sie zeigt in voller Deutlichkeit den unmittelbaren Zusammenhang zwischen Primzahlen und Nullstellen der Zetafunktion und kann auch als Grundlage für einen Beweis des Primzahlsatzes dienen. Wir beweisen nicht die Formel (1.7), sondern das Analogon dazu für $\psi(x)$, was zu einer etwas übersichtlicheren Formel führt.

In (1.48) hatten wir $\psi(x) = \sum_{n \le x} \Lambda(n)$ gesetzt. Für $x \notin \mathbb{Z}$ setzen wir jetzt $\psi_0(x) = \psi(x)$, für $x \in \mathbb{Z}$ sei

$$\psi_0(x) = \sum_{n<x} \Lambda(n) + \tfrac{1}{2}\Lambda(x).$$

Wir benötigen noch die Funktion

$$\langle x \rangle = \min\{|x - p^k| : \ p \text{ prim }, k \in \mathbb{N}, x \neq p^k\}.$$

Satz 2.7.1. *Für $x > 2$ gilt*

$$\psi_0(x) = x - \sum_{\varrho:\, |\operatorname{Im} \varrho| < T} \frac{x^\varrho}{\varrho} - \frac{\zeta'}{\zeta}(0) - \frac{1}{2}\log(1 - x^{-2}) + R(x,T)$$

mit

$$R(x,T) = O\Big(\frac{x}{T}(\log xT)^2 + (\log x)\min\Big(1, \frac{x}{T\langle x \rangle}\Big)\Big).$$

Dies ist eine approximative Version der expliziten Formel, die sich viel einfacher anwenden läßt als die "echte" explizite Formel, die wir als Korollar erhalten. Bei festem x gilt nämlich $R(x,T) \to 0$ mit $T \to \infty$, es folgt

$$\psi_0(x) = x - \sum_{\varrho} \frac{x^\varrho}{\varrho} - \frac{\zeta'}{\zeta}(0) - \frac{1}{2}\log(1 - x^{-2}). \tag{2.55}$$

Diese Identität ist im wesentlichen äquivalent zu (1.7).

Zum Beweis von Satz 2.7.1 benutzen wir die Perronsche Formel Lemma 1.4.1 und den Residuensatz. Die zugrunde liegende Idee ist einfach. Als Ausgangspunkt dient die Integralformel (1.48). Verschiebt man hier die Gerade (c) nach "links", d.h. $c \to -\infty$, müssen zur Berechnung des Integrals die Residuen des Integranden $-\frac{\zeta'}{\zeta}(s)\frac{x^s}{s}$ berücksichtigt werden. Ihre Summe ist gerade die rechte Seite von (2.55), wie wir gleich sehen werden.

Zur Präzisierung dieser Idee benutzen wir Lemma 1.4.1 mit $c = 1 + (\log x)^{-1}$. Dann gilt $x^c = ex$, und es folgt

$$\Big|\psi_0(x) + \frac{1}{2\pi i}\int_{c-iT}^{c+iT} \frac{\zeta'}{\zeta}(s)\frac{x^s}{s}\, ds\Big|$$
$$< \sum_{n \neq x} \Lambda(n)\Big(\frac{x}{n}\Big)^c \min(1, (T|\log \tfrac{x}{n}|)^{-1}) + c\frac{\Lambda([x])}{T},$$

wobei der letzte Term nur für $x \in \mathbb{N}$ berücksichtigt werden muß. Jetzt gehen wir wie bei der Herleitung von Lemma 1.4.2 vor. Da jedoch c eine Funktion von x ist, ist etwas mehr Sorgfalt geboten. Zur Abschätzung der Summe über n auf der rechten Seite betrachten wir zuerst den Beitrag der Terme mit $n \notin [\frac{1}{2}x, 2x]$. Dann ist $|\log \frac{x}{n}| \gg 1$, also ist der Beitrag dieser Terme höchstens

$$\ll xT^{-1} \sum_n \Lambda(n) n^{-c} \ll xT^{-1} \left| \frac{\zeta'}{\zeta}(1 + (\log x)^{-1}) \right| \ll xT^{-1} \log x,$$

denn $\frac{\zeta'}{\zeta}$ hat bei $s = 1$ einen Pol erster Ordnung. Jetzt schätzen wir den Beitrag der $n \in (\frac{1}{2}x, x)$ ab. Es sei $x_1 = \max\{p^k : p^k < x\}$. Ist $x_1 \leq \frac{1}{2}x$, dann ist $\Lambda(n) = 0$ für alle $n \in (\frac{1}{2}x, x)$, und der Beitrag zur fraglichen Summe ist 0. Deshalb kann $x_1 > \frac{1}{2}x$ angenommen werden. Wir betrachten den Term $n = x_1$ separat. Man hat $\log \frac{x}{x_1} = -\log(1 - \frac{x-x_1}{x}) \geq \frac{x-x_1}{x} \geq \frac{\langle x \rangle}{x}$, also

$$\Lambda(x_1) \left(\frac{x}{x_1} \right)^c \min \left(1, \left(T \log \frac{x}{x_1} \right)^{-1} \right) \ll (\log x) \min \left(1, \frac{x}{T \langle x \rangle} \right).$$

Für die n mit $\frac{1}{2}x < n < x_1$ setzen wir $n = x_1 - \nu$; es ist dann $1 \leq \nu \leq \frac{1}{2}x$. Ferner gilt $\log \frac{x}{n} \geq \log \frac{x_1}{n} \geq -\log(1 - \frac{\nu}{x_1}) \geq \frac{\nu}{x_1}$, und es folgt

$$\sum_{\frac{1}{2}x < n < x_1} \Lambda(n) \left(\frac{x}{n} \right)^c \min(1, (T |\log \tfrac{x}{n}|)^{-1}) \ll \sum_{\nu \leq \frac{1}{2}x} \Lambda(x_1 - \nu) \frac{x_1}{T\nu} \ll \frac{x}{T} (\log x)^2.$$

Für die $n \in (x, 2x)$ kann analog abgeschätzt werden. Fassen wir diese Ergebnisse zusammen, haben wir jetzt

$$\psi_0(x) = -\frac{1}{2\pi \mathrm{i}} \int_{c-\mathrm{i}T}^{c+\mathrm{i}T} \frac{\zeta'}{\zeta}(s) \frac{x^s}{s} \, ds + O\left(\frac{x}{T} (\log x)^2 + (\log x) \min \left(1, \frac{x}{T \langle x \rangle} \right) \right). \tag{2.56}$$

Diese approximative Form von (1.48) ist der erste wichtige Teil des Beweises.

Im nächsten Schritt soll der Residuensatz angewendet werden. Ist ω eine Nullstelle von $\zeta(s)$, also $\omega \in \mathcal{N}$ oder $\omega = -2m$ mit $m \in \mathbb{N}$, dann gilt

$$\operatorname{Res}_{s=\omega} \frac{\zeta'}{\zeta}(s) \frac{x^s}{s} = \frac{x^\omega}{\omega}.$$

Außerdem gilt noch

$$\operatorname{Res}_{s=0} \frac{\zeta'}{\zeta}(s) \frac{x^s}{s} = \frac{\zeta'}{\zeta}(0), \qquad \operatorname{Res}_{s=1} \frac{\zeta'}{\zeta}(s) \frac{x^s}{s} = -x.$$

Von jetzt an sei $T \neq \operatorname{Im} \varrho$ für alle $\varrho \in \mathcal{N}$ vorausgesetzt. Sei $U \in \mathbb{N}$ ungerade. Wir wenden den Residuensatz auf den Rand des Rechtecks mit den Ecken $-U \pm \mathrm{i}T$ und $c \pm \mathrm{i}T$ an. Dann folgt

$$\begin{aligned}&\frac{1}{2\pi i}\int_{c-iT}^{c+iT}\frac{\zeta'}{\zeta}(s)\frac{x^s}{s}\,ds\\ &= \quad -x+\sum_{\varrho:\,|\varrho|<T}\frac{x^\varrho}{\varrho}+\frac{\zeta'}{\zeta}(0)+\sum_{m\le\frac12 U}\frac{x^{-2m}}{-2m}+I_1+I_2+I_3, \qquad (2.57)\end{aligned}$$

wenn wir $H_1=[c-iT,-U-iT]$, $H_2=[-U+iT,c+iT]$, $H_3=[-U-iT,-U+iT]$ setzen und dann I_j durch

$$I_j=\frac{1}{2\pi i}\int_{H_j}\frac{\zeta'}{\zeta}(s)\frac{x^s}{s}\,ds$$

erklären. Mit Satz 2.6.1 kann I_3 leicht abgeschätzt werden; es gilt

$$|I_3|\le\int_{-T}^{T}\left|\frac{\zeta'}{\zeta}(s)\right|\frac{x^{-U}}{|s|}\,dt\ll\frac{\log U}{U}x^{-U}T.$$

Die Abschätzung der Integrale I_1, I_2 ist diffiziler, weil die horizontalen Strecken H_1, H_2 dicht an Polen erster Ordnung bei $s=\varrho$ vorbeilaufen können. Diese Situation soll so weit wie möglich vermieden werden. Dazu benutzen wir Lemma 2.6.3. Zu $n\in\mathbb{N}$ gibt es höchstens $O(\log n)$ Nullstellen ρ mit $n<\operatorname{Im}\varrho\le n+1$. Also gibt es ein $T=T_n\in(n,n+1]$, so daß für alle $\varrho\in\mathcal{N}$ gilt $|\operatorname{Im}\varrho-T|\gg(\log T)^{-1}$. Wir bezeichnen die Menge aller dieser T_n mit $\mathcal{T}$. Für $s=\sigma+iT$ mit $T\in\mathcal{T}$ und $-1\le\sigma\le 2$ folgt aus Satz 2.6.1

$$\left|\frac{\zeta'}{\zeta}(s)\right|\ll\sum_{\varrho:\,|\operatorname{Im}\varrho-T|<1}|s-\varrho|^{-1}+O(\log T)\ll(\log T)^2,$$

denn wiederum nach Lemma 2.6.3 ist die Anzahl der Terme in der verbleibenden Summe $O(\log T)$. Wir benutzen dies zusammen mit Satz 2.6.1 in $\sigma<-1$ und finden dann

$$\begin{aligned}I_1+I_2 &\ll \int_{-1}^{c}\left|\frac{x^s}{s}\right|(\log T)^2\,d\sigma+\int_{-U}^{-1}\log|s|\left|\frac{x^s}{s}\right|d\sigma\\ &\ll \frac{(\log T)^2}{T}\int_{-\infty}^{c}x^\sigma\,d\sigma\ll\frac{(\log T)^2}{T}\frac{x}{\log x}.\end{aligned}$$

Diese Abschätzungen gelten gleichmäßig in U. Wegen $I_3\to 0$ mit $U\to\infty$, folgt die Behauptung des Satzes 2.7.1 aus (2.56) und (2.57) zunächst für $T\in\mathcal{T}$. Ist $T>1$ beliebig, dann gibt es nach Konstruktion ein $T_n\in\mathcal{T}$ mit $|T-T_n|<1$. Für das Restglied im Satz hat der Übergang von T zu T_n keine Auswirkungen, wohl aber auf die Summe $\sum_{|\operatorname{Im}\varrho|<T}x^\varrho/\varrho$. Nach Lemma 2.6.3 gilt wegen $\operatorname{Re}\varrho\le 1$

$$\sum_{\varrho:\,|\operatorname{Im}\varrho|\in[T,T_n]}\frac{x^\varrho}{\varrho}\ll xT^{-1}\log T.$$

Dieser Beitrag kann in das Restglied absorbiert werden. Damit ist Satz 2.7.1 vollständig bewiesen.

In den Beweis des vorigen Satzes kann anstelle von $\frac{\zeta'}{\zeta}(s)$ auch $\frac{L'}{L}(s,\chi)$ mit einem primitiven Charakter χ eingesetzt werden. Man erhält so explizite Formeln für

$$\psi(x,\chi) = \sum_{n\le x} \chi(n)\Lambda(n). \tag{2.58}$$

In Analogie zu $\psi_0(x)$ setzen wir $\psi_0(x,\chi) = \psi(x,\chi)$ für $x \notin \mathbb{N}$ und $\psi_0(x) = \psi(x-1) + \frac{1}{2}\chi(x)\Lambda(x)$ für $x \in \mathbb{N}$. Es sind lediglich die Residuen von $\frac{L'}{L}(s,\chi)x^s/s$ zu berechnen. Ist $\chi(-1) = -1$, so hat $L(s,\chi)$ Nullstellen bei $-1,-3,-5,\ldots$ und den $\varrho \in \mathcal{N}(\chi)$. Wählt man U in obigem Argument nun gerade statt ungerade, folgt wörtlich wie oben:

Satz 2.7.2. *Sei χ ein primitiver Charakter modulo q mit $\chi(-1) = -1$. Dann gilt für $x > 2$*

$$\psi_0(x,\chi) = -\sum_{\substack{\varrho\in\mathcal{N}(\chi)\\ |\operatorname{Im}\varrho|<T}} \frac{x^\varrho}{\varrho} - \frac{L'}{L}(0,\chi) + \sum_{m=1}^{\infty} \frac{x^{1-2m}}{2m-1} + R(x,T,q)$$

mit

$$R(x,T,q) \ll \frac{x}{T}(\log qxT)^2 + (\log x)\min\Big(1, \frac{x}{T\langle x\rangle}\Big).$$

Ist $\chi(-1) = 1$, dann liegen die Nullstellen von $L(s,\chi)$ bei $s = 0,-2,-4,\ldots$ und bei $\varrho \in \mathcal{N}(\chi)$. Der in unsere Methode einzusetzende Integrand $\frac{L'}{L}(s,\chi)x^s/s$ hat also bei $s=0$ eine doppelte Polstelle. Mit dem Ansatz

$$\frac{L'}{L}(s,\chi) = \frac{1}{s} + b(\chi) + sF(s), \tag{2.59}$$

$$\frac{x^s}{s} = \frac{1}{s} + \log x + sG(s),$$

wobei $F(s)$ und $G(s)$ in einer Umgebung von 0 holomorphe Funktionen bezeichnen, ergibt sich sofort

$$\operatorname{Res}_{s=0} \frac{L'}{L}(s,\chi)\frac{x^s}{s} = \log x + b(\chi).$$

Die explizite Formel lautet damit in diesem Fall

Satz 2.7.3. *Sei χ ein primitiver Charakter modulo q mit $\chi(-1) = 1$. Dann gilt für $x > 2$*

$$\psi_0(x,\chi) = -\sum_{\substack{\varrho\in\mathcal{N}(\chi)\\ |\operatorname{Im}\varrho|<T}} \frac{x^\varrho}{\varrho} - \log x - b(\chi) + \sum_{m=1}^{\infty} \frac{x^{-2m}}{2m} + R(x,T,q),$$

wobei $R(x,T,q)$ derselben Abschätzung wie in Satz 2.7.2 genügt.

Die Sätze 2.7.2 und 2.7.3 sind noch unfertige Resultate, denn sie enthalten die "Konstanten" $\frac{L'}{L}(0,\chi)$ und $b(\chi)$, die beide von χ und damit von q abhängen. Will man die Verteilung von Primzahlen in Restklassen zu variablem Modul q betrachten, erweisen sich diese Terme als störend. Wir kommen darauf im dritten Kapitel zurück.

Aufgaben

1. Seien $a > 0, b > 0$ mit $ab = \pi$. Unter der Annahme, daß alle Nullstellen von ζ einfach sind, zeige

$$\sqrt{a}\sum_{n=1}^{\infty}\frac{\mu(n)}{n}e^{-(a/n)^2} - \sqrt{b}\sum_{n=1}^{\infty}\frac{\mu(n)}{n}e^{-(b/n)^2} = -\frac{1}{2\sqrt{b}}\sum_{\varrho} b^{\varrho}\frac{\Gamma(\frac{1}{2}(1-\varrho))}{\zeta'(\varrho)}.$$

Anleitung. Betrachte das Integral

$$\int a^{-2s}\frac{\Gamma(s)}{\zeta(1-2s)}\,ds$$

über einen geeigneten geschlossenen Weg. Präzisiere die Konvergenz der Summe über die $\varrho \in \mathcal{N}$.

2.8 Der Primzahlsatz II

Beim Beweis des Primzahlsatzes in 1.7 hatten wir an entscheidender Stelle ausgenutzt, daß die Zetafunktion noch ein Stück links von $\operatorname{Re} s = 1$ nicht verschwindet. Die explizite Formel (2.55) verdeutlicht diesen Zusammenhang. Der Primzahlsatz in seiner schwächsten Form $\psi(x) \sim x$ ist äquivalent zu $\sum_{\varrho} x^{\varrho}/\varrho = o(x)$. Hätten wir $\operatorname{Re}\varrho \leq 1-\delta$ für ein festes $\delta > 0$, so ließe sich ohne Mühe ein weit strengeres Resultat beweisen. Wichtig ist also die "horizontale" Verteilung der Nullstellen. Leider hängt in allen bekannten Resultaten dieses Typs δ von $\operatorname{Im}\varrho$ ab, und zwar in der Form $\delta \to 0$ mit $\operatorname{Im}\varrho \to \infty$. Mit den uns jetzt zur Verfügung stehenden Hilfsmitteln können wir das nullstellenfreie Gebiet der Zetafunktion vergrößern.

Satz 2.8.1. *Es gibt eine Konstante $C > 0$, so daß für alle $\varrho \in \mathcal{N}$ gilt*

$$\operatorname{Re}\varrho < 1 - C\min(1, (\log|\operatorname{Im}\varrho|)^{-1}).$$

Den Beweis stellen wir bis zum Ende dieses Abschnitts zurück und zeigen zunächst, welche Implikationen dieses Ergebnis für das Restglied im Primzahlsatz hat. Aus Lemma 2.6.3 kommt leicht

$$\sum_{|\operatorname{Im}\varrho|<T}\frac{1}{|\varrho|} \ll \sum_{m\leq T}\frac{\log m}{m} \ll (\log T)^2. \tag{2.60}$$

Mit Satz 2.8.1 folgt

$$\sum_{|\mathrm{Im}\,\varrho|<T} \frac{x^\varrho}{\varrho} \ll x^{1-C(\log T)^{-1}}(\log T)^2.$$

Dies setzen wir in die explizite Formel Satz 2.7.1 ein und erhalten für $x \in \mathbb{N}$ und $2 \le T \le x$ wegen $\langle x \rangle \ge 1$ und $\psi_0(x) = \psi(x) + O(\log x)$

$$\psi(x) = x + O(x^{1-C(\log T)^{-1}}(\log T)^2 + xT^{-1}(\log x)^2).$$

Hier wählen wir $T = \mathrm{e}^{\sqrt{\log x}}$. Dann ist $(\log T)^2 = \log x$, und wir erhalten folgende Verbesserung des Primzahlsatzes aus 1.7.

Satz 2.8.2. *Es gibt eine Konstante $c > 0$, so daß gilt*

$$\psi(x) = x + O(x\mathrm{e}^{-c\sqrt{\log x}}).$$

Wir haben den Beweis nur für $x \in \mathbb{N}$ gegeben, das Resultat bleibt aber offensichtlich für reelle $x > 2$ richtig, wenn es nur für ganze x bekannt ist. Wörtlich wie in 1.7 kann Satz 2.8.2 auf $\pi(x)$ übertragen werden. Es ergibt sich

$$\pi(x) = \int_2^x \frac{dt}{\log t} + O(x\mathrm{e}^{-c\sqrt{\log x}}).$$

Die Abschätzung des Restgliedes im Primzahlsatz läßt sich weiter verbessern, wenn genaueres über die Verteilung der Nullstellen bekannt ist. Insbesondere suggeriert bereits die explizite Formel, daß unter Annahme der Riemannschen Vermutung $\mathrm{Re}\,\varrho = \frac{1}{2}$ das Restglied im Primzahlsatz von der Größenordnung $O(\sqrt{x})$ ist. Der folgende Satz präzisiert diese Spekulation.

Satz 2.8.3. *Sei* $0 \le \theta < 1$.
(1) *Gilt* $\mathrm{Re}\,\varrho \le \theta$ *für alle* $\varrho \in \mathcal{N}$, *dann folgt* $\psi(x) = x + O(x^\theta(\log x)^2)$.
(2) *Ist* $\psi(x) = x + O(x^\theta)$, *dann gilt* $\mathrm{Re}\,\varrho \le \theta$ *für alle* $\varrho \in \mathcal{N}$.

Beweis. Aus $\mathrm{Re}\,\varrho \le \theta$ folgt $|x^\varrho| \le x^\theta$. Setzt man dies und (2.60) in die explizite Formel ein, kommt

$$\psi(x) - x \ll x^\theta(\log T)^2 + xT^{-1}(\log xT)^2 + \log x.$$

Mit $T = x^{1-\theta}$ folgt der erste Teil des Satzes. Für den zweiten Teil schreiben wir $\Lambda(n) = \psi(n) - \psi(n-1)$. Mit partieller Summation folgt dann

$$-\frac{\zeta'}{\zeta}(s) = \sum_{n=1}^\infty \Lambda(n)n^{-s} = \sum_{n=1}^\infty \psi(n)\int_n^{n+1} sx^{-s-1}\,dx = s\int_1^\infty \psi(x)x^{-s-1}\,dx.$$

Mit dem Ansatz $\psi(x) = x + R(x)$ kommt nun

$$-\frac{\zeta'}{\zeta}(s) = \frac{s}{s-1} + s\int_1^\infty R(x)x^{-s-1}\,dx.$$

Nach Voraussetzung ist $R(x) \ll x^\theta$. Das Integral auf der rechten Seite konvergiert damit für $\mathrm{Re}\, s > \theta$ und stellt dort eine holomorphe Funktion dar. Damit hat $\frac{\zeta'}{\zeta}$ in $\mathrm{Re}\, s > \theta$ allein bei $s = 1$ eine Singularität und ist sonst holomorph. Also muß $\mathrm{Re}\, \varrho \leq \theta$ für alle $\varrho \in \mathcal{N}$ gelten.

Satz 2.8.3 hat einige interessante Folgerungen. Da wir bereits wissen, daß ζ unendlich viele Nullstellen in $0 \leq \mathrm{Re}\, s \leq 1$ hat und mit jeder Nullstelle ϱ auch $1 - \varrho$ eine Nullstelle ist, muß es Nullstellen ϱ mit $\mathrm{Re}\, \varrho \geq \frac{1}{2}$ geben. Aus Satz 2.8.3 können wir jetzt entnehmen, daß aus $\psi(x) = x + O(x^\theta)$ notwendig $\theta \geq 1/2$ folgt, d.h. der Fehler $\sqrt{x}$ im Primzahlsatz kann nicht wesentlich unterschritten werden. Ist aber die Riemannsche Vermutung richtig, so folgt aus Teil (1) des Satzes $\psi(x) = x + O(x^{1/2}(\log x)^2)$, aber nach Teil (2) ist sie auch nur dann richtig. Damit ist eine rein zahlentheoretische Formulierung der Riemannschen Vermutung gefunden, in der die Zetafunktion nicht mehr vorkommt. Wir notieren dies noch als Satz.

Satz 2.8.4. *Die Riemannsche Vermutung* $\mathrm{Re}\, \varrho = \frac{1}{2}$ *für alle* $\varrho \in \mathcal{N}$ *ist genau dann richtig, wenn für alle* $\epsilon > 0$ *gilt* $\psi(x) = x + O(x^{\frac{1}{2}+\epsilon})$.

Etwas oberflächlich kann man sagen, daß die Riemannsche Vermutung äquivalent dazu ist, daß die Primzahlen so gleichmäßig wie nur möglich verteilt sind. Darin liegt das eigentliche Interesse begründet, diese seit Riemann offene Frage zu entscheiden.

Der noch nachzuholende Beweis des Satzes 2.8.1 basiert auf derselben Idee, die zu dem nullstellenfreien Gebiet in Lemma 1.7.1 geführt hatte, benutzt aber zusätzlich die approximative Partialbruchentwicklung für $\frac{\zeta'}{\zeta}$ aus Satz 2.6.1. Sei $\sigma > 1$ und $t \in \mathbb{R}$. Ähnlich wie in 1.7 deduzieren wir aus (1.67) und (1.45) die wichtige Ungleichung

$$\begin{aligned} &\mathrm{Re}\Big(-3\frac{\zeta'}{\zeta}(\sigma) - 4\frac{\zeta'}{\zeta}(\sigma + it) - \frac{\zeta'}{\zeta}(\sigma + 2it)\Big) \\ &= \sum_{n=1}^{\infty} \Lambda(n) n^{-\sigma}(3 + 4\cos(t\log n) + \cos(2t\log n)) \geq 0. \qquad (2.61) \end{aligned}$$

Sei zunächst $1 < \mathrm{Re}\, s < 2$ und $\mathrm{Im}\, s > 1$ angenommen. Mit der Approximation

$$-\frac{\zeta'}{\zeta}(s) = -\sum_{\varrho:\, |\mathrm{Im}\,(s-\varrho)|<1} \frac{1}{s-\varrho} + O(\log|s|)$$

aus Satz 2.6.1 schätzen wir jetzt die Terme links in (2.61) ab und erhalten dann die gewünschte Ungleichung für die ϱ. Im einzelnen geht man wie folgt vor. Wegen $\mathrm{Re}\, s > 1$ ist $\mathrm{Re}\,(s - \varrho) > 0$ und damit auch $\mathrm{Re}\,(s - \varrho)^{-1} > 0$. Allein durch Fortlassen negativer Glieder folgt demnach für geeignetes festes $c > 0$ die Ungleichung

$$\operatorname{Re}\Big(-\frac{\zeta'}{\zeta}(s)\Big) < -\operatorname{Re}\frac{1}{s-\varrho_1} + c\log|s|, \tag{2.62}$$

die für jedes $\varrho_1 \in \mathcal{N}$ mit $|\operatorname{Im}(s-\varrho_1)| < 1$ richtig ist. Wir können aber auch den letzten negativen Term noch fortlassen und erhalten dann

$$\operatorname{Re}\Big(-\frac{\zeta'}{\zeta}(s)\Big) < c\log|s|. \tag{2.63}$$

Da $-\frac{\zeta'}{\zeta}$ bei $s = 1$ einen Pol erster Ordnung mit Residuum 1 hat, haben wir für reelles $2 > \sigma > 1$ noch

$$-\frac{\zeta'}{\zeta}(\sigma) < \frac{1}{\sigma-1} + c, \tag{2.64}$$

wenn zuvor c genügend groß gewählt wurde.

Sei $\varrho \in \mathcal{N}$. Wir setzen $t = \operatorname{Im}\varrho$ und nehmen wegen der Symmetrie in den Nullstellen ohne Beschränkung der Allgemeinheit $t > 0$ an. Wir behandeln zuerst den Fall $t > 1$. In (2.61) benutzen wir (2.64) mit $\sigma > 1$, (2.62) mit $s = \sigma + it$, (2.63) mit $s = \sigma + 2it$. Dann ergibt sich für geeignetes $C > 0$ die Ungleichung

$$0 \leq \frac{3}{\sigma-1} - \frac{4}{\sigma - \operatorname{Re}\varrho} + C\log(t+2)$$

Mit der Wahl $\sigma = 1 + \frac{\delta}{\log(t+2)}$, $\delta > 0$ kommt

$$\operatorname{Re}\varrho < 1 + \frac{\delta}{\log(t+2)} - \frac{4\delta}{(3+C\delta)\log(t+2)},$$

was z.B. mit $\delta = (3C)^{-1}$ die behauptete Ungleichung in Satz 2.8.1 bestätigt.

Für die bisher ausgeschlossenen Nullstellen mit $0 < \operatorname{Im}\varrho \leq 1$ folgt $\operatorname{Re}\varrho \leq 1 - C$ für genügend kleines $C > 0$ aus Lemma 1.7.3 wie in 1.7.

Vergrößerungen des nullstellenfreien Gebiets der Zetafunktion haben Verbesserungen im Restglied des Primzahlsatzes zur Folge. Sei $\theta > \frac{2}{3}$. Ein Satz von Vinogradov sagt, daß bei genügend großem Imaginärteil stets

$$\operatorname{Re}\varrho < 1 - (\log \operatorname{Im}\varrho)^{-\theta} \tag{2.65}$$

gelten muß. Der Beweis ist allerdings aufwendig und soll hier nicht geführt werden (vgl. Kapitel 6 in Ivic (1985)). Die entsprechende Verschärfung des Primzahlsatzes lautet

$$\psi(x) = x + O(x\exp(-\log x)^{\frac{3}{5}-\epsilon}))$$

für jedes feste $\epsilon > 0$.

2.9 Die vertikale Verteilung der Nullstellen

Im vorigen Abschnitt haben wir gesehen, daß die horizontale Verteilung der Nullstellen im wesentlichen die Regularität der Primzahlverteilung bestimmt. Besonders deutlich kommt dies in Satz 2.8.3 zum Ausdruck. Für die vertikale Verteilung genügte die in Lemma 2.6.3 angegebene obere Schranke, und selbst eine schwächere Abschätzung hätte den Erfolg der zum Beweis des Primzahlsatzes benutzten Methode nicht gefährdet. Dennoch ist eine möglichst genaue Kenntnis auch der vertikalen Verteilung der $\varrho \in \mathcal{N}$ oft nützlich, selbst wenn die horizontale Verteilung der Nullstellen untersucht werden soll. Wir beweisen deshalb hier die schon von Riemann herrührende Formel (2.18).

Mit Hilfe des Nullstellen zählenden Integrals verschafft man sich eine Integraldarstellung für $N(T)$. Wir setzen $T \neq \operatorname{Im} \varrho$ für alle $\varrho \in \mathcal{N}$ voraus. Sei R der Rand des Rechtecks mit den Ecken $-1, 2, 2+\mathrm{i}T, -1+\mathrm{i}T$ (positiv orientiert). Dann gilt

$$N(T) = \frac{1}{2\pi \mathrm{i}} \int_R \frac{\xi'}{\xi}(s)\, ds = \frac{1}{2\pi} \int_R \operatorname{Im} \frac{\xi'}{\xi}(s)\, ds,$$

denn das Integral ist reell. Nun ist $\xi(s)$ reell für reelle s, dasselbe gilt deshalb für $\frac{\xi'}{\xi}(s)$. Folglich ist der Beitrag des Intervalls $[-1, 2]$ zum letzten Integral gleich 0. Wir benutzen noch die Funktionalgleichung $\xi(s) = \xi(1-s)$ und erhalten

$$N(T) = \frac{1}{\pi} \int_L \operatorname{Im} \frac{\xi'}{\xi}(s)\, ds, \tag{2.66}$$

wenn L den aus $[2, 2+\mathrm{i}T]$ und $[2+\mathrm{i}T, \frac{1}{2}+\mathrm{i}T]$ bestehenden Streckenzug bezeichnet.

Wir schreiben jetzt $\xi(s)$ in der Form

$$\xi(s) = 2(s-1)\pi^{-s/2}\Gamma\Big(\frac{s}{2}+1\Big)\zeta(s)$$

und setzen dies in (2.66) ein. Für jeden durch logarithmische Differentiation entstehenden Summanden berechnen wir die Integrale getrennt. Es ergibt sich sofort

$$\int_L \operatorname{Im} \frac{d}{ds} \log(s-1)\, ds = \arg(\mathrm{i}T - \tfrac{1}{2}) = \frac{\pi}{2} + O(1/T), \tag{2.67}$$

$$\int_L \operatorname{Im} \frac{d}{ds} \log \pi^{-s/2}\, ds = \arg \pi^{-\frac{1}{2}(\frac{1}{2}+\mathrm{i}T)} = -\tfrac{1}{2} T \log \pi. \tag{2.68}$$

Da $\log \Gamma$ auf $\operatorname{Re} s > 0$ wohldefiniert ist, können wir für die Gammafunktion ähnlich vorgehen. Unter Benutzung der Stirlingschen Formel findet man

$$\begin{aligned}\int_L \operatorname{Im} \frac{\Gamma'}{\Gamma}\Big(\frac{s}{2}+1\Big)\, ds &= \operatorname{Im} \log \Gamma\Big(\frac{1}{2}\mathrm{i}T+\frac{5}{4}\Big)\\ &= \operatorname{Im}\Big(\Big(\frac{1}{2}\mathrm{i}T+\frac{3}{4}\Big)\log\Big(\frac{1}{2}\mathrm{i}T+\frac{5}{4}\Big)\Big)-\frac{T}{2}+O\Big(\frac{1}{T}\Big)\\ &= \frac{T}{2}\log\frac{T}{2}+\frac{3}{8}\pi-\frac{T}{2}+O\Big(\frac{1}{T}\Big). \qquad (2.69)\end{aligned}$$

Wir führen noch die Funktion

$$S(T)=\frac{1}{\pi}\int_L \operatorname{Im}\frac{\zeta'}{\zeta}(s)\, ds \qquad (2.70)$$

ein und fassen die Resultate aus (2.66),(2.67),(2.68) und (2.69) im folgenden Satz zusammen.

Satz 2.9.1. *Für* $T \notin \{\operatorname{Im}\varrho:\ \varrho\in\mathcal{N}\}$ *gilt*

$$N(T)=\frac{T}{2\pi}\log\frac{T}{2\pi}-\frac{T}{2\pi}+\frac{7}{8}+S(T)+O\Big(\frac{1}{T}\Big).$$

Eine Abschätzung für $S(T)$ kann aus Satz 2.6.1 gewonnen werden. Zuerst beachten wir für $t\in\mathbb{R}$

$$|\zeta(2+\mathrm{i}t)-1|=\Big|\sum_{n\geq 2} n^{-2-\mathrm{i}t}\Big|\leq\sum_{n\geq 2} n^{-2}<1.$$

Also folgt $\operatorname{Re}\zeta(2+\mathrm{i}t)>0$, was

$$\Big|\int_2^{2+\mathrm{i}T}\operatorname{Im}\frac{\zeta'}{\zeta}(s)\, ds\Big|=|\arg\zeta(2+\mathrm{i}T)|\leq\frac{\pi}{2}$$

zu Folge hat. Mit dem schon erwähnten Satz 2.6.1 hat man

$$\int_{2+\mathrm{i}T}^{\frac{1}{2}+\mathrm{i}T}\operatorname{Im}\frac{\zeta'}{\zeta}(s)\, ds=\sum_{|\operatorname{Im}\varrho-T|<1}\operatorname{Im}\int_{2+\mathrm{i}T}^{\frac{1}{2}+\mathrm{i}T}\frac{ds}{s-\varrho}+O(\log T).$$

Die Anzahl der ϱ, die hier der Summationsbedingung genügen, ist nach Lemma 2.6.3 $O(\log T)$, und man sieht sofort, daß der Imaginärteil jedes Integrals im Intervall $[-\pi,\pi]$ liegt. Also ist die gesamte rechte Seite durch $O(\log T)$ beschränkt. Wir haben gezeigt:

Satz 2.9.2. *Es gilt* $S(T)=O(\log T)$.

Die asymptotische Formel (2.18) ergibt sich jetzt durch Kombination der Sätze 2.9.1 und 2.9.2.

Die Methode dieses Abschnitts läßt sich benutzen, um die Riemannsche Vermutung auf Computern zu testen. Nach Lemma 2.2.2 ist $\xi(\frac{1}{2}+it)$ eine reelle Funktion. Deshalb können Methoden der reellen Analysis (Zwischenwertsatz etc.) benutzt werden, um die Nullstellen von $\xi(s)$ oder, was dasselbe ist, von $\zeta(s)$ auf $\mathrm{Re}\, s = \frac{1}{2}$ zu finden. Zur Berechnung von $\xi(s)$ werden asymptotische Entwicklungen benutzt, die z.B. aus Integraldarstellungen von ξ, die mit Formeln des Typs (2.14) verwandt sind, gewonnen werden können. Aus einer Variante von Satz 2.9.1 mit explizitem Fehlerterm läßt sich $N(T)$ mit Genauigkeit $< 1/2$ berechnen, wenn zuvor $S(T)$ z.B. durch numerische Integration hinreichend genau bekannt ist. Nun kennen wir $N(T)$ exakt, denn $N(T)$ ist ganz. Wurden zuvor mit den reellen Methoden genau $N(T)$ Nullstellen von $\xi(\frac{1}{2} + it)$ mit $0 < t < T$ gefunden, so liegen alle $\varrho \in \mathcal{N}$ mit $0 < \mathrm{Im}\, \varrho < T$ auf der Geraden $\mathrm{Re}\, s = \frac{1}{2}$. Schon Riemann hat auf diese Weise die ersten drei Nullstellen auf $\mathrm{Re}\, s = \frac{1}{2}$ gefunden. Heute sind die ersten 1.5×10^9 mit Rechnern lokalisiert worden, sie liegen sämtlichst auf $\mathrm{Re}\, s = \frac{1}{2}$. Selbstverständlich kann diese Methode nicht zu einem Beweis der Riemannschen Vermutung ausgebaut werden, ein Gegenbeispiel könnte sie hingegen sehr wohl produzieren.

Über die Funktion $S(T)$ ist wenig bekannt, was über Satz 2.9.2 hinausgeht. Allerdings scheint $S(T)$ oft deutlich kleiner zu sein als die Abschätzung in Satz 2.9.2 angibt. Von Littlewood stammt der folgende Satz, der dies in eine präzise Form bringt und den wir hier ohne Beweis angeben.

Satz 2.9.3. *Es gilt*

$$\int_0^T S(t)\, dt = O(\log T).$$

Darüber hinaus ist noch bekannt, daß $S(T)$ unendlich oft das Vorzeichen wechselt. Eine ausführlichere Diskussion findet der Leser in Titchmarsh.

Wie üblich lassen sich die Ergebnisse dieses Abschnitts auf L-Funktionen übertragen. Da wir diese Ergebnisse später nicht benötigen, geben wir nur das Analogon zur Asymptotik von $N(T)$ an. Sei χ ein primitiver Charakter modulo q und $N(T,\chi)$ durch (2.49) gegeben. Dann gilt

$$N(T,\chi) = \frac{T}{\pi} \log \frac{qT}{2\pi} - \frac{T}{2\pi} + O(\log qT). \tag{2.71}$$

Beim Vergleich mit (2.18) ist zu beachten, daß $N(T)$ die $\varrho \in \mathcal{N}$ mit $0 < \mathrm{Im}\, \varrho < T$ zählt, $N(T,\chi)$ aber die Anzahl der $\varrho \in \mathcal{N}(\chi)$ mit $|\mathrm{Im}\, \varrho| < T$ angibt.

Aufgaben

1. Beweise (2.71).
2. Wie ändert sich (2.71), wenn χ ein nicht primitiver Charakter ist?

3. Primzahlverteilung in arithmetischen Progressionen

3.1 Die Nullstellen Dirichletscher L-Funktionen

Für den Beweis des Primzahlsatzes in 2.8 genügte es zu zeigen, daß in $\sigma > 1 - c(\log(2+|t|))^{-1}$ für hinreichend kleines $c > 0$ keine Nullstellen von $\zeta(s)$ liegen. Die Methode läßt sich sofort auf L-Reihen übertragen. Bei festem Charakter χ mod q erhält man wie in Satz 2.8.1 ein nullstellenfreies Gebiet für $L(s,\chi)$ vom Typ $\sigma > 1 - c(\log(2+|t|))^{-1}$. Allerdings hängt c hier von χ ab. Bei festem q kann daraus eine asymptotische Formel für

$$\psi(x;q,a) = \sum_{\substack{n \le x \\ n \equiv a \bmod q}} \Lambda(n) \tag{3.1}$$

gewonnen werden; für $(a,q) = 1$ und genügend kleines $C > 0$ ergibt sich

$$\psi(x;q,a) = \frac{x}{\varphi(q)} + O(x\mathrm{e}^{-C\sqrt{\log x}}). \tag{3.2}$$

Die implizite Konstante in der O-Notation hängt hier natürlich von q ab. Dies ist für die meisten Anwendungen eine zu starke Einschränkung. Soll zum Beispiel die kleinste Primzahl p in einer arithmetischen Progression a mod q mit $(a,q) = 1$ nach oben abgeschätzt werden, dann ist eine möglichst kleine Funktion $x = x(q)$ gesucht, so daß $\psi(x(q);q,a) > 0$ wird. Dazu kann (3.2) in der bisherigen Form nicht benutzt werden. Ließe sich (3.2) jedoch für eine monoton wachsende Funktion $Q = Q(x)$ und alle $q \le Q$ mit einer absoluten O-Konstante verifizieren, könnte aus (3.2) eine Aussage über das kleinste $p \equiv a$ mod q gewonnen werden.

Die in diesem Kapitel zentrale Aufgabe wird das Auffinden einer möglichst großen solchen Funktion $Q(x)$ sein, für die (3.2) gleichmäßig in $q \le Q$ gilt. Dazu muß zuerst die Konstante im nullstellenfreien Gebiet als Funktion von q bestimmt werden. Soweit wie möglich soll die Methode des Beweises von Satz 2.8.1 benutzt werden. Dort war mit der Ungleichung (1.67) begonnen worden; es folgte dann die wichtige Ungleichung (2.61). Sei $\sigma > 1$ und χ ein Charakter mod q. Bei gleichem Ansatz haben wir mit

$$-\frac{L'}{L}(\sigma + \mathrm{i}t, \chi) = \sum_{n=1}^{\infty} \Lambda(n) n^{-\sigma} \chi(n) \mathrm{e}^{-\mathrm{i}t \log n}$$

zu beginnen. Sei $(n,q)=1$. Schreiben wir $\operatorname{Re}\chi(n)e^{-it\log n}=\cos\alpha(\chi,t,n)$, dann ist $\operatorname{Re}\chi^2(n)e^{-2it\log n}=\cos 2\alpha(\chi,t,n)$. Aus (1.67) folgt jetzt analog zu (2.61)

$$-3\frac{L'}{L}(\sigma,\chi_0)-4\operatorname{Re}\frac{L'}{L}(\sigma+it,\chi)-\operatorname{Re}\frac{L'}{L}(\sigma+2it,\chi^2)\geq 0 \tag{3.3}$$

für $\sigma>1$. Grundsätzlich kann nun wie für die Zetafunktion argumentiert werden. Wegen des Pols von $L(\sigma,\chi_0)$ bei $\sigma=1$ und (3.3) würde eine Nullstelle von $L(s,\chi)$ bei $s=1+it$ einen Pol von $L(s,\chi^2)$ bei $s=1+2it$ implizieren — Widerspruch. Eine Schwierigkeit ergibt sich allerdings, wenn das Argument auch noch ein Stück weit links der Geraden $\sigma=1$ zur Anwendung kommen soll. Ist nämlich χ reell, dann gilt $\chi^2=\chi_0$, und $L(s,\chi^2)$ hat damit einen Pol bei $s=1$. Ist t klein mit $L(\sigma+it,\chi)=0$, dann wird in diesem Fall nicht ohne weiteres ein Widerspruch aus (3.3) zu erhalten sein. Dies ist einer der Gründe, weshalb die Primzahlverteilung in Restklassen zu den schwierigeren Problemen in der analytischen Zahlentheorie gehört.

Zuerst behandeln wir den relativ einfachen Fall eines komplexen Charakters χ modulo q. Alle Terme in (3.3) sind nach oben abzuschätzen. Für $L(s,\chi_0)$ ist dies leicht zu erreichen, denn es gilt

$$-\frac{L'}{L}(\sigma,\chi_0)=\sum_{\substack{n=1\\(n,q)=1}}^{\infty}\Lambda(n)n^{-\sigma}\leq-\frac{\zeta'}{\zeta}(\sigma).$$

Also haben wir für $\sigma>1$

$$-\frac{L'}{L}(\sigma,\chi_0)<\frac{1}{\sigma-1}+A, \tag{3.4}$$

wenn A eine hinreichend große Konstante bezeichnet.

Ist χ ein primitiver Charakter, dann folgt aus Satz 2.6.2

$$-\operatorname{Re}\frac{L'}{L}(s,\chi)<A\log(q(|t|+2))-\sum_{\substack{\varrho\in\mathcal{N}(\chi)\\|\operatorname{Im}(s-\varrho)|<1}}\operatorname{Re}\frac{1}{s-\varrho}, \tag{3.5}$$

wobei A wie in (3.4) gewählt ist[1]. Ist $\sigma>1$, dann gilt $\operatorname{Re}1/(s-\varrho)>0$. Also können rechts in (3.5) beliebig viele Terme fortgelassen werden, ohne die Ungleichung zu zerstören. Ist nun $\varrho\in\mathcal{N}(\chi)$, dann setzen wir $s=\sigma+it$ mit $t=\operatorname{Im}\varrho$ in (3.5) ein und erhalten wegen der vorangehenden Bemerkung für $\sigma>1$

$$-\operatorname{Re}\frac{L'}{L}(\sigma+it,\chi)<A\log(q(|t|+2))-\frac{1}{\sigma-\operatorname{Re}\varrho}. \tag{3.6}$$

[1] Zunächst hätte man in (3.4) und (3.5) zwei verschiedene Konstanten A_1, A_2. Es kann jedoch in beiden Ungleichungen die größere von beiden verwendet werden. Solche Überlegungen seien von nun an dem Leser überlassen.

Nehmen wir an, daß auch χ^2 primitiv ist, können wir (3.5) zur Abschätzung von $L(s,\chi^2)$ heranziehen, wobei wir die gesamte Summe rechts in (3.5) fortlassen. Es folgt dann

$$-\operatorname{Re}\frac{L'}{L}(\sigma+2it,\chi^2) < A\log(q(|t|+2)). \tag{3.7}$$

Allerdings muß χ^2 durchaus nicht primitiv sein, wenn χ primitiv ist. Da χ komplex ist, ist jedenfalls χ^2 nicht der Hauptcharakter. Wird χ^2 von χ_1 mod q_1 induziert, dann vergleichen wir die Euler-Produkte (siehe (2.28)) und sehen so in $\sigma > 1$

$$\left|\frac{L'}{L}(s,\chi^2) - \frac{L'}{L}(s,\chi_1)\right| \le \sum_{p|q}\left|\frac{p^{-s}\log p}{1-\chi_1(p)p^{-s}}\right| \le \sum_{p|q}\log p \le \log q.$$

Wird (3.7) auf χ_1 angewendet, folgt jetzt, daß (3.7) auch bei nicht-primitiven χ^2 richtig bleibt, also für alle komplexen χ.

Die Ungleichungen (3.4), (3.5) und (3.7) zeigen nach Einsetzen in (3.3)

$$\frac{4}{\sigma-\operatorname{Re}\varrho} < \frac{3}{\sigma-1} + 8A\log(q(|t|+2))$$

für $\sigma > 1$. Setzen wir

$$\sigma = 1 + \frac{\delta}{\log(q(|t|+2))}$$

mit noch unbestimmtem $\delta > 0$ ein, kommt nach kurzer Rechnung

$$1-\operatorname{Re}\varrho > \frac{\delta}{\log(q(|t|+2))}\left(\frac{4}{8A\delta+3}-1\right).$$

Für hinreichend kleines δ wird der zweite Faktor rechts größer als 1/5. Damit haben wir gezeigt:

Lemma 3.1.1. *Sei $c > 0$ hinreichend klein. Dann gilt für alle Nullstellen $\varrho \in \mathcal{N}(\chi)$ einer L-Reihe $L(s,\chi)$ zu einem primitiven Charakter χ modulo q mit $\chi^2 \ne \chi_0$*

$$\operatorname{Re}\varrho < 1 - \frac{c}{\log(q(|\operatorname{Im}\varrho|+2))}.$$

Für komplexe Charaktere haben wir also ein zu Satz 2.8.1 analoges Resultat, das wie gewünscht in der Abhängigkeit von q explizit ist. Im folgenden können wir uns damit auf reelle Charaktere beschränken. Da $L(\sigma,\chi)$ dann reell und $\chi^2 = \chi_0$ ist, nimmt (3.3) jetzt die Form

$$-3\frac{L'}{L}(\sigma,\chi_0) - 4\operatorname{Re}\frac{L'}{L}(\sigma+it,\chi) - \operatorname{Re}\frac{L'}{L}(\sigma+2it,\chi_0) \ge 0 \tag{3.8}$$

an. Die Ungleichungen (3.4) und (3.6) behalten ihre Gültigkeit, nur (3.7) muß durch eine neue ersetzt werden. Wir vergleichen $L(s,\chi_0)$ in $\sigma > 1$ mit $\zeta(s)$ und entnehmen aus (1.58)

$$\left|\frac{L'}{L}(s,\chi_0) - \frac{\zeta'}{\zeta}(s)\right| \le \sum_{p|q} \left|\frac{(\log p)p^{-s}}{1-p^{-s}}\right| \le \log q.$$

Mit der üblichen Bedeutung von A erhalten wir aus (2.53)

$$-\operatorname{Re}\frac{\zeta'}{\zeta}(\sigma+it) < \operatorname{Re}\frac{1}{\sigma+it-1} + A\log(|t|+2).$$

Also haben wir

$$-\operatorname{Re}\frac{L'}{L}(\sigma+2it,\chi_0) < \operatorname{Re}\frac{1}{\sigma-1+2it} + A\log(q(|t|+2)).$$

Wir setzen dies und (3.4), (3.6) in (3.8) ein. Dann kommt für $\sigma > 1, t = \operatorname{Im}\varrho$, $s = \sigma + it$

$$\frac{4}{\sigma - \operatorname{Re}\varrho} < \frac{3}{\sigma-1} + \operatorname{Re}\frac{1}{\sigma-1+2it} + 8AL,$$

wenn zur Abkürzung $L = \log(q(|t|+2))$ geschrieben wird. Hier erweist sich wie erwartet zumindest bei kleinem t der Term $1/(\sigma-1+2it)$ als störend. Wie im Fall eines komplexen Charakters soll $\sigma = 1+\delta L^{-1}$ gewählt werden. Wenn wir zunächst $|t| > \delta/L$ voraussetzen, können wir im wesentlichen wie im komplexen Fall argumentieren, denn es gilt dann

$$\operatorname{Re}\frac{1}{\sigma-1+2it} = \frac{\sigma-1}{(\sigma-1)^2+4t^2} \le \frac{1}{5}\frac{L}{\delta},$$

so daß sich die vorige Ungleichung auf

$$1 - \operatorname{Re}\varrho > \frac{4-40A\delta}{16+40A\delta}\frac{\delta}{L}$$

reduziert. Hier ist wieder zu beachten, daß der erste Faktor auf der rechten Seite für genügend kleines $\delta > 0$ stets $> \frac{1}{5}$ ausfällt. Die Voraussetzung $|t| > \delta/L$ verschärfen wir noch zu $|t| > \delta/\log q$. Das Ergebnis fassen wir im nächsten Lemma zusammen.

Lemma 3.1.2. *Es gibt eine Konstante $c > 0$ mit folgender Eigenschaft. Sei $0 < \delta \le c$. Sei χ ein reeller primitiver Charakter modulo q. Für alle $\varrho \in \mathcal{N}(\chi)$ mit $|\operatorname{Im}\varrho| > \delta/\log q$ gilt dann*

$$\operatorname{Re}\varrho < 1 - \frac{1}{5}\frac{\delta}{\log(q(|\operatorname{Im}\varrho|+2))}.$$

Damit sind nur noch Nullstellen $\varrho \in \mathcal{N}(\chi)$ zu reellen Charakteren mit $\operatorname{Im}\varrho \le \delta/\log q$ zu untersuchen. Die Existenz solcher Nullstellen mit $\operatorname{Re}\varrho$ nahe bei 1 können wir zwar nicht ausschließen, jedoch sind solche Nullstellen rar und notwendig reell. Das zeigt das folgende Lemma.

Lemma 3.1.3. *Es gibt eine Konstante $c > 0$ mit folgender Eigenschaft. Ist $0 < \delta \leq c$ und χ ein reeller primitiver Charakter modulo q, dann hat $L(s, \chi)$ in*

$$|\operatorname{Im} s| \leq \frac{\delta}{\log q}, \qquad \operatorname{Re} s > 1 - \frac{\delta}{\log q}$$

höchstens eine Nullstelle. Falls sie existiert, ist sie notwendig reell und einfach.

Zum Beweis benutzen wir (3.5) mit $s = \sigma > 1$ und beachten, daß $L(\sigma, \chi)$ reell ist. Das zeigt

$$-\frac{L'}{L}(\sigma, \chi) < A \log q - \sum_{\substack{\varrho \in \mathcal{N}(\chi) \\ |\operatorname{Im} \varrho| < 1}} \frac{1}{\sigma - \varrho}, \tag{3.9}$$

denn mit $\varrho = \beta + i\gamma \in \mathcal{N}(\chi)$ ist auch $\bar{\rho} \in \mathcal{N}(\chi)$, die Summe rechts fällt damit reell aus. Ist $\gamma > 0$, können wir mit dem entsprechenden Term mit $\gamma < 0$ zusammenfassen; es gilt

$$\frac{1}{\sigma - \beta - i\gamma} + \frac{1}{\sigma - \beta + i\gamma} = \frac{2(\sigma - \beta)}{(\sigma - \beta)^2 + \gamma^2} > 0.$$

Gibt es also eine Nullstelle ρ mit $\gamma > 0$, so haben wir

$$-\frac{L'}{L}(\sigma, \chi) < A \log q - \frac{2(\sigma - \beta)}{(\sigma - \beta)^2 + \gamma^2},$$

indem wir weitere Glieder in der Summe in (3.9) fortlassen. Eine Abschätzung für $-\frac{L'}{L}(\sigma, \chi)$ nach unten erhält man sofort über die Zetafunktion. Mit der üblichen Bedeutung von A kommt

$$-\frac{L'}{L}(\sigma, \chi) = \sum_{n=1}^{\infty} \Lambda(n)\chi(n)n^{-\sigma} \geq -\sum_{n=1}^{\infty} \Lambda(n)n^{-\sigma} = \frac{\zeta'}{\zeta}(\sigma) > -\frac{1}{\sigma - 1} - A.$$

Aus diesen beiden Ungleichungen ergibt sich

$$-\frac{1}{\sigma - 1} < 2A \log q - \frac{2(\sigma - \beta)}{(\sigma - \beta)^2 + \gamma^2}.$$

Nehmen wir $\delta < 1$ und $\gamma \leq \delta / \log q$ an und setzen $\sigma = 1 + \frac{2\delta}{\log q}$, dann ist $\gamma \leq \frac{1}{2}(\sigma - 1) \leq \frac{1}{2}(\sigma - \beta)$; es folgt

$$-\frac{1}{\sigma - 1} < 2A \log q - \frac{8}{5(\sigma - \beta)}.$$

Mit der Wahl für σ kommt sofort $\beta < 1 - \frac{\delta}{\log q}$ für genügend kleines δ wie behauptet.

Damit kommen nur noch reelle Nullstellen in Frage. Sind β_1, β_2 zwei reelle Nullstellen mit $\beta_1 \leq \beta_2$, dann zeigt das obige Argument diesmal

$$-\frac{1}{\sigma-1} < 2A\log q - \frac{2\sigma-\beta_1-\beta_2}{(\sigma-\beta_1)(\sigma-\beta_2)}.$$

Wird hier $\beta_2 \geq 1-\delta/\log q$ angenommen, folgt wieder für hinreichend kleines δ wie oben $\beta_1 < 1-\delta/\log q$, weshalb es höchstens eine reelle einfache Nullstelle β mit $\beta > 1-\delta/\log q$ geben kann. Damit ist Lemma 3.1.3 bewiesen.

Die Voraussetzung χ primitiv ist in den Lemmata 3.1.1, 3.1.2 und 3.1.3 überflüssig. Wird nämlich χ mod q von χ_1 mod q_1 induziert, dann ist wegen (2.28) jedes $\varrho \in \mathcal{N}(\chi)$ entweder eine Nullstelle von $L(s,\chi_1)$ oder einem der Faktoren $(1-\chi_1(p)p^{-s})$ mit $p|q$. Die Nullstellen dieser Faktoren liegen aber sämtlich auf der Geraden $\operatorname{Re} s = 0$. Da $q_1 \leq q$ ist, bleiben die Lemmata für alle $\chi \neq \chi_0$ richtig. Wir fassen die Resultate noch in einem Satz zusammen.

Satz 3.1.1. *Sei $c > 0$ hinreichend klein. Ist $\chi \neq \chi_0$ ein Charakter modulo q, und hat die Funktion $L(s,\chi)$ eine Nullstelle in*

$$\operatorname{Re} s \geq 1 - \frac{c}{\log(q(|\operatorname{Im} s|+2))}, \tag{3.10}$$

dann ist χ ein reeller Charakter, die Nullstelle ist einfach, und es gibt keine weitere Nullstelle in (3.10).

Bis heute ist es nicht gelungen, die Existenz reeller Nullstellen in (3.10) vollständig auszuschließen. Es läßt sich aber zeigen, daß nur sehr wenige L-Reihen $L(s,\chi)$ solche reellen Nullstellen haben können.

Satz 3.1.2 (Landau). *Sei $C > 0$ eine genügend kleine Konstante. Seien χ_i modulo q_i reelle primitive Charaktere $(i = 1,2)$, es sei $\chi_1 \neq \chi_2$. Sei β_i eine reelle Nullstelle von $L(s,\chi_i)$. Dann gilt*

$$\min(\beta_1,\beta_2) < 1 - \frac{C}{\log q_1 q_2}.$$

Hier ist $q_1 = q_2$ nicht ausgeschlossen. Durch Kombination der Sätze 3.1.1 und 3.1.2 ergibt sich eine wichtige Folgerung:

Satz 3.1.3. *Sei $c > 0$ hinreichend klein. Unter allen Charakteren χ modulo q, $\chi \neq \chi_0$, gibt es höchstens einen, für den $L(s,\chi)$ eine reelle Nullstelle β mit $\beta > 1 - c/\log q$ hat.*

Unter etwas stärkeren Voraussetzungen lassen sich auch $L(s,\chi)$ zu allen kleinen Moduln q vergleichen.

Satz 3.1.4 (Page). *Sei C wie in Satz 3.1.2, $Q \geq 3$. Dann gibt es höchstens einen reellen primitiven Charakter χ modulo q mit $q \leq Q$, so daß $L(s,\chi)$ eine reelle Nullstelle β mit $\beta > 1 - \frac{C}{2\log Q}$ hat.*

Der Beweis ist offensichtlich: Zwei verschiedene Charaktere χ_i modulo q_i mit $q_i \leq Q$, $(i = 1, 2)$, und zugehörige L-Reihen $L(s, \chi_i)$ mit reellen Nullstellen $\beta_i > 1 - \frac{C}{2 \log Q} \geq 1 - \frac{C}{\log q_1 q_2}$ kann es nach Satz 3.1.2 nicht geben.

Nach den Bemerkungen über die Nullstellen von $L(s, \chi)$ bei nicht primitiven χ ergibt sich noch: Gibt es überhaupt einen reellen primitiven Charakter χ_1 modulo q_1 mit $q_1 \leq Q$, so daß $L(s, \chi_1)$ eine reelle Nullstelle $\beta > 1 - \frac{C}{2 \log Q}$ hat, dann sind alle nicht primitiven Charaktere χ mod q, zu denen $L(s, \chi)$ eine reelle Nullstelle $\beta' > 1 - \frac{C}{2 \log Q}$ hat, gerade die Charaktere, die von χ_1 induziert werden. Also ist q Vielfaches von q_1, $\beta' = \beta$.

Der Beweis von Satz 3.1.2 ist noch nachzuholen. Wir betrachten die durch $\chi_1 \chi_2(n) = \chi_1(n) \chi_2(n)$ gegebene arithmetische Funktion. $\chi_1 \chi_2$ hat Periode $q_1 q_2$, ist offensichtlich stark multiplikativ, und für $(n, q_1, q_2) > 1$ ist $\chi_1 \chi_2(n) = 0$. Also ist $\chi_1 \chi_2$ nach Satz 1.5.2 ein Charakter modulo $q_1 q_2$. In $\sigma > 1$ gilt

$$
\begin{aligned}
&-\frac{\zeta'}{\zeta}(\sigma) - \frac{L'}{L}(\sigma, \chi_1) - \frac{L'}{L}(\sigma, \chi_2) - \frac{L'}{L}(\sigma, \chi_1 \chi_2) \\
&\quad = \sum_{n=1}^{\infty} \Lambda(n) n^{-\sigma} (1 + \chi_1(n) + \chi_2(n) + \chi_1(n) \chi_2(n)) \\
&\quad = \sum_{n=1}^{\infty} \Lambda(n) n^{-\sigma} (1 + \chi_1(n))(1 + \chi_2(n)) \geq 0,
\end{aligned}
$$

denn die χ_i sind reell. Hier schätzen wir wieder ähnlich wie oben ab. Aus (3.9) kommt

$$
-\frac{L'}{L}(\sigma, \chi_i) < A \log q_i - \frac{1}{\sigma - \beta_i}.
$$

Es ist leicht einzusehen, daß $\chi_1 \chi_2$ nicht der Hauptcharakter ist. Aus $\chi_1 \chi_2 = \chi_0$ folgte nämlich $\chi_1(n) = \chi_2(n)$ für alle n mit $(n, q_1 q_2) = 1$, da die χ_i reell sind. Dann induzierten χ_1 und χ_2 denselben Charakter modulo $q_1 q_2$, was nur mit $\chi_1 = \chi_2$ möglich ist — Widerspruch. Damit steht die Ungleichung (3.7) mit $\chi_1 \chi_2$ anstelle von χ^2 zur Verfügung, wir haben

$$
-\frac{L'}{L}(\sigma, \chi_1 \chi_2) < A \log q_1 q_2.
$$

Setzen wir die letzten drei Ungleichungen zusammen, folgt

$$
\frac{1}{\sigma - \beta_1} + \frac{1}{\sigma - \beta_2} < \frac{1}{\sigma - 1} + 3A \log q_1 q_2.
$$

Wird hier $\sigma = 1 + \frac{\delta}{\log q_1 q_2}$ mit $\delta > 0$ gewählt, ergibt sich für genügend kleines δ und $\beta_1 \leq \beta_2$ die Ungleichung $\beta_1 \leq 1 - \frac{C}{\log q_1 q_2}$ mit $C > 0$ wie behauptet.

Aufgaben

1. Sei $c > 0$. Sei $q_1 < q_2 < q_3 < \ldots$ die Folge aller Moduln q, zu denen ein reeller primitiver Charakter χ mod q existiert, so daß $L(s,\chi)$ eine reelle Nullstelle $\beta > 1 - c/\log q$ hat. Zeige: Ist c hinreichend klein, dann gilt $q_{j+1} > q_j^2$ für alle $j \geq 1$.
2. In Satz 3.1.4 ist der Modul q des eventuell vorhandenen Ausnahmecharakters eine Funktion von Q. Zeige, daß $q(Q)$ monoton wächst und nicht beschränkt bleibt.

3.2 Der Satz von Siegel

Im vorigen Abschnitt konnten wir für L-Funktionen zu reellen Charakteren nicht ausschließen, daß reelle Nullstellen nahe bei 1 auftreten. Wir wissen aber bereits aus Satz 1.6.1, daß $L(1,\chi) > 0$ für reelle Charaktere gilt. Jetzt soll versucht werden, eine untere Schranke für $L(1,\chi)$ zu finden. Die Ableitung $L'(\sigma,\chi)$ läßt sich leicht abschätzen. Daraus ergibt sich dann eine obere Schranke für die reellen Nullstellen der $L(s,\chi)$.

Satz 3.2.1 (Siegel). *Zu jedem $\epsilon > 0$ gibt es eine Konstante $C = C(\epsilon)$, so daß für jeden reellen primitiven Charakter χ modulo q gilt*

$$L(1,\chi) > C(\epsilon)q^{-\epsilon}.$$

Den Beweis stellen wir zurück und schätzen zunächst die Ableitung $L'(\sigma,\chi)$ ab. Dazu benutzen wir partielle Summation und die Cauchy-Formel für die Ableitung. Es gilt

$$L(s,\chi) = s\int_1^\infty x^{-s-1}\mathrm{X}(x)\,dx$$

mit $\mathrm{X}(x) = \sum_{n\leq x}\chi(n)$. Wegen $|\mathrm{X}(x)| \leq x$ ist

$$\int_1^q x^{-s-1}\mathrm{X}(x)\,dx \ll \int_1^q x^{-\sigma}\,dx \ll \log q$$

für $\sigma \geq 1 - (\log q)^{-1}$. Wegen $|\mathrm{X}(x)| \leq q$ kommt für dieselben σ

$$\int_q^\infty x^{-s-1}\mathrm{X}(x)\,dx \ll q\int_q^\infty x^{-\sigma-1}\,dx \ll 1.$$

Damit haben wir

$$L(s,\chi) = O(|s|\log q) \tag{3.11}$$

in $\mathrm{Re}\, s > 1 - (\log q)^{-1}$. Sei $r = (2\log q)^{-1}$. Dann gilt

$$L'(s,\chi) = \frac{1}{2\pi \mathrm{i}} \int\limits_{|w-s|=r} \frac{L(w,\chi)}{(w-s)^2}\, dw,$$

woraus sich in $\operatorname{Re} s \geq 1 - (2\log q)^{-1}$ die Ungleichung

$$L'(s,\chi) = O(|s|(\log q)^2) \tag{3.12}$$

ergibt. Es sei bemerkt, daß (3.11) und (3.12) nicht nur für primitive χ, sondern für alle $\chi \neq \chi_0$ gelten. Zusammen mit der unteren Schranke für $L(1,\chi)$ aus Satz 3.2.1 erhält man nun eine obere Schranke für eine reelle Nullstelle.

Satz 3.2.2 (Siegel). *Zu jedem $\epsilon > 0$ gibt es eine Konstante $C_1 = C_1(\epsilon)$ mit folgender Eigenschaft. Ist β eine reelle Nullstelle von $L(s,\chi)$, wobei χ einen reellen Charakter modulo q bezeichnet, dann gilt $\beta < 1 - C_1(\epsilon)q^{-\epsilon}$.*

Aus Satz 3.2.1 und (3.12) folgt Satz 3.2.2 zunächst nur für primitive Charaktere, bleibt nach den Überlegungen des vorigen Abschnitts dann aber für alle Charaktere richtig.

Der Beweis des Satzes 3.2.1 benutzt ähnlich wie Satz 3.1.2 eine Kombination von L-Funktionen. Seien χ_1, χ_2 verschiedene reelle primitive Charaktere. Im vorigen Abschnitt hatten wir gesehen, daß $\chi_1\chi_2$ ein Charakter modulo q_1q_2 ist, der nicht der Hauptcharakter ist. Wir betrachten die Funktion

$$F(s) = \zeta(s)L(s,\chi_1)L(s,\chi_2)L(s,\chi_1\chi_2).$$

In $\operatorname{Re} s > 1$ kann $F(s)$ als Dirichlet-Reihe

$$F(s) = \sum_{n=1}^{\infty} a(n)n^{-s}$$

mit $a = \epsilon * \chi_1 * \chi_2 * \chi_1\chi_2$ geschrieben werden. Es folgt $a(1) = 1$, da a multiplikativ ist. Die Euler-Produkte für die einzelnen Faktoren zeigen

$$\begin{aligned}
\log F(s) &= \sum_p \sum_{k=1}^{\infty} \frac{1}{k} p^{-ks}(1 + \chi_1(p^k) + \chi_2(p^k) + \chi_1\chi_2(p^k)) \\
&= \sum_p \sum_{k=1}^{\infty} \frac{1}{k} p^{-ks}(1 + \chi_1(p^k))(1 + \chi_2(p^k)).
\end{aligned}$$

Die Koeffizienten in dieser Dirichlet-Reihe sind also reell und nicht negativ. Dasselbe gilt dann auch für $F(s)$, d.h. es gilt $a(n) \geq 0$.

Andererseits ist $F(s)$ eine in $s \neq 1$ holomorphe Funktion, die bei $s = 1$ einen Pol erster Ordnung vom Residuum

$$\lambda = L(1,\chi_1)L(1,\chi_2)L(1,\chi_1\chi_2)$$

hat (aus 1.6 wissen wir $\lambda > 0$). Deshalb können wir $F(s)$ um $s = 2$ in eine Potenzreihe entwickeln,

$$F(s) = \sum_{k=0}^{\infty} b_k (2-s)^k,$$

die für $|s-2| < 1$ konvergiert. Die b_k lassen sich auch aus der Dirichlet-Reihe berechnen; es gilt

$$b_k = \frac{(-1)^k}{k!} F^{(k)}(2) = \frac{(-1)^k}{k!} \sum_{n=1}^{\infty} (-\log n)^k \frac{a(n)}{n^2} \geq 0.$$

Insbesondere folgt noch $b_0 \geq a(1) = 1$. In $|s-2| < 1$ gilt

$$F(s) - \frac{\lambda}{s-1} = \sum_{k=0}^{\infty} (b_k - \lambda)(2-s)^k.$$

Da die linke Seite hier eine ganze Funktion ist, muß die Reihe rechts für alle $s \in \mathbb{C}$ konvergieren. Jetzt schätzen wir die Koeffizienten $b_k - \lambda$ mit der Cauchy-Formel ab. Auf dem Kreis $|s-2| = \frac{3}{2}$ ist $\zeta(s)$ beschränkt, für die L-Funktionen zeigt (2.42)

$$L(s, \chi_i) = O(q_i), \quad L(s, \chi_1\chi_2) = O(q_1 q_2).$$

Aus (3.11) kommt $\lambda = O((\log q_1)(\log q_2)(\log q_1 q_2))$. Damit ist auf $|s-2| = \frac{3}{2}$

$$G(s) = F(s) - \frac{\lambda}{s-1} = O((q_1 q_2)^2)$$

gezeigt; es folgt

$$(-1)^k (b_k - \lambda) = \frac{1}{2\pi i} \int_{|s-2|=\frac{3}{2}} \frac{G(s)}{(s-2)^{k+1}} \, ds = O((\tfrac{2}{3})^k (q_1 q_2)^2).$$

Aus diesen Informationen können wir die Ungleichung

$$F(s) > \frac{1}{2} - \frac{c\lambda}{1-s} (q_1 q_2)^{8(1-s)} \tag{3.13}$$

für reelle s in $\frac{7}{8} < s < 1$ und eine absolute Konstante $c > 0$ ableiten. Dazu schneiden wir die Potenzreihenentwicklung für $G(s)$ geeignet ab. Ist A hinreichend groß, gilt wegen $s > \frac{7}{8}$

$$\sum_{k=K}^{\infty} |b_k - \lambda| (2-s)^k \leq A q_1^2 q_2^2 \sum_{k=K}^{\infty} (\tfrac{2}{3}(2-s))^k \leq 4 A q_1^2 q_2^2 (\tfrac{3}{4})^K.$$

Jetzt benutzen wir $b_k \geq 0$ und $b_0 \geq 1$ und erhalten in $\frac{7}{8} < s < 1$

$$F(s) - \frac{\lambda}{s-1} \geq 1 - \lambda \sum_{k=0}^{K-1} (2-s)^k - 4A(q_1 q_2)^2 (\tfrac{3}{4})^K.$$

Wir wählen jetzt K, so daß $\frac{3}{8} \leq 4A(q_1q_2)^2(\frac{3}{4})^K \leq \frac{1}{2}$ ausfällt und berechnen die geometrische Summe. Das zeigt dann

$$F(s) \geq \frac{1}{2} - \lambda\frac{(2-s)^K}{1-s}.$$

Das von uns gewählte K kann nach oben durch $K \leq 8\log(q_1q_2) + c_1$ mit einer absoluten Konstante c_1 abgeschätzt werden; es gilt dann

$$(2-s)^K \leq \mathrm{e}^{K(1-s)} \leq \mathrm{e}^{c_1}(q_1q_2)^{8(1-s)}.$$

Damit ist (3.13) bewiesen.

Satz 3.2.1 folgt jetzt ohne Mühe, aber trickreich aus (3.13). Sei $\epsilon > 0$ gegeben. Gibt es reelle primitive Charaktere χ, so daß $L(s,\chi)$ eine reelle Nullstelle $\beta \in [1-\frac{\epsilon}{16}, 1)$ hat, dann sei χ_1 ein solcher Charakter und β_1 eine solche Nullstelle. Unabhängig von der Wahl von χ_2 ist dann $F(\beta_1) = 0$. Gibt es einen solchen Charakter nicht, sei χ_1 ein beliebiger reeller primitiver Charakter und $\beta_1 \in [1-\frac{\epsilon}{16}, 1)$ ebenfalls beliebig. Nun ist $\zeta(\beta_1) < 0$ nach Satz 2.2.1, die drei L-Funktionen sind bei β_1 sicher positiv, denn nach den Resultaten in 1.6 sind sie sicher positiv bei $s = 1$ und verschwinden nach Konstruktion auf dem betrachteten Intervall nicht. Also gilt hier $F(\beta_1) < 0$. Damit ist in jedem Fall $F(\beta_1) \leq 0$. Aus (3.13) folgt nun

$$c\lambda > \frac{1}{2}(1-\beta_1)(q_1q_2)^{-8(1-\beta_1)}.$$

Sind nun χ_1 und β_1 fest gewählt, braucht nur noch λ nach oben abgeschätzt zu werden. Für eine hinreichend große Konstante A hat man wie oben

$$\lambda \leq A(\log q_1)(\log q_1q_2)L(1,\chi_2),$$

es ergibt sich damit

$$L(1,\chi_2) > Cq_2^{-8(1-\beta_1)}(\log q_2)^{-1}.$$

Die Konstante C hängt hier von der Wahl von χ_1 und damit von ϵ ab. Wegen $8(1-\beta_1) < \frac{1}{2}\epsilon$ ist Satz 3.2.1 bewiesen.

Der Beweis des Satzes von Siegel ist *ineffektiv* in folgende Sinne: Ist $\epsilon > 0$ gegeben, dann zeigt der Beweis zwar die Existenz von $C(\epsilon)$, liefert aber wegen der indirekten Argumentation bei der Wahl von χ_1 kein Verfahren, die Konstante $C(\epsilon)$ auszurechnen. Die einzige bekannte *effektive* untere Schranke für $L(1,\chi)$ wird aus der analytischen Klassenzahlformel gewonnen. Man erhält $L(1,\chi) \geq Cq^{-1/2}$, wobei C jetzt in der Tat explizit angegeben werden kann. Dieses Resultat ist deutlich schwächer als Satz 3.2.1. Zum besseren Verständnis dieses Zusammenhangs ist etwas algebraische Zahlentheorie, zumindest die Theorie quadratischer Zahlkörper erforderlich. Weitere Informationen können Davenport, §§6, 14 und 21 entnommen werden.

Aufgaben

1. Zeige (3.12) direkt mit partieller Summation ohne Benutzung der Cauchyschen Integralformel.
2. Bezeichnungen wie in Aufgabe 3.1.2. Zeige: Zu jedem $\epsilon > 0$ gibt es $c(\epsilon) > 0$, so daß $q(Q) > c(\epsilon)(\log Q)^{1/\epsilon}$.
3. Noch ein Beweis für den Satz von Siegel. Seien $q_1, q_2, F(s), a(n), \lambda$ wie im oben geführten Beweis. Sei
$$H(x) = \sum_{n=1}^{\infty} a(n)e^{-nx}.$$
Zeige, daß diese Reihe für $x > 0$ konvergiert, und daß für eine Konstante $c > 0$ gilt
$$H(x) = \lambda x^{-1} + O(\sqrt{x}(q_1q_2)^c).$$
4. Fortsetzung von Aufgabe 3. Sei $Q > 0$. In $\operatorname{Re} s > 0$ zeige
$$(q_1q_2)^s\Gamma(s)F(s) - \frac{q_1q_2\lambda Q^{s-1}}{s-1}$$
$$= \int_Q^\infty x^{s-1}H(\frac{x}{q_1q_2})\,dx + \int_0^Q x^{s-1}\left(H(\frac{x}{q_1q_2}) - \frac{\lambda q_1q_2}{x}\right)dx.$$
5. Fortsetzung von Aufgabe 4. Sei $A > 0$, $Q = (q_1q_2)^{-A}$. Aus Aufgabe 3 und Aufgabe 4 folgere, daß für hinreichend großes A eine positive Konstante $C(A)$ existiert, so daß für reelle $s \in (\frac{1}{2}, 1)$ die Ungleichung
$$(q_1q_2)^s\Gamma(s)F(s) - \frac{q_1q_2\lambda}{(s-1)(q_1q_2)^{A(s-1)}} > C(A)(q_1q_2)^s$$
gilt. Seien nun $\epsilon > 0$, A hinreichend groß gegeben. Angenommen, es gäbe einen reellen primitiven Charakter χ_1, so daß $L(s,\chi_1)$ eine reelle Nullstelle β mit $\beta > 1 - \frac{\epsilon}{A+1}$ hat. Setze $s = \beta$ in die vorige Ungleichung ein, um
$$\lambda > C_1(A)(1-\beta)(q_1q_2)^{(\beta-1)(A+1)}$$
für geeignetes $C_1(A) > 0$ zu verifizieren. Leite daraus den Satz von Siegel ab. Dieser Beweis von Satz 3.2.1 geht auf Chowla zurück.

3.3 Der Primzahlsatz in arithmethischen Progressionen

In diesem Abschnitt leiten wir eine zum Primzahlsatz analoge asymptotische Formel für
$$\pi(x;q,a) = \#\{p \le x : p \equiv a \bmod q\} \tag{3.14}$$
her. Dazu werden die expliziten Formeln der Sätze 2.7.2 und 2.7.3 herangezogen, die mit Hilfe der in (2.35) eingeführten Zahl $\kappa = \kappa(\chi)$ zunächst in einer einzigen Formel zusammengefaßt werden sollen. Ist $b(\chi)$ für $\chi(-1) = 1$ durch
$$b(\chi) = \lim_{s\to 0}\left(\frac{L'}{L}(s,\chi) - \frac{1}{s}\right)$$

und für $\chi(-1) = -1$ durch

$$b(\chi) = \frac{L'}{L}(0, \chi)$$

erklärt, dann gilt in der Notation der Sätze 2.7.2 und 2.7.3 für primitives χ mod q

$$\psi_0(x, \chi) = - \sum_{\substack{\varrho \in \mathcal{N}(\chi) \\ |\operatorname{Im} \varrho| < T}} \frac{x^\varrho}{\varrho} - (1 - \kappa) \log x - b(\chi) + \sum_{m=1}^{\infty} \frac{x^{\kappa - 2m}}{2m - \kappa} + R(x, T).$$

Wir nehmen jetzt $x \in \mathbb{N}$ und $2 \leq T \leq x$ an. Dann vereinfacht sich das Restglied in Satz 2.7.2, wir absorbieren die Summe über m und den Logarithmus in den Fehler und beachten $\psi_0(x) = \psi(x) + O(\log x)$. Jetzt nimmt die explizite Formel die einfachere Gestalt

$$\psi(x, \chi) = - \sum_{|\operatorname{Im} \varrho| < T} \frac{x^\varrho}{\varrho} - b(\chi) + O\Big(\frac{x}{T} (\log qx)^2\Big) \tag{3.15}$$

an. Die $b(\chi)$ hängen von χ und damit von q ab. Wir drücken sie deshalb durch die Nullstellen ϱ aus. Aus Satz 2.6.2 (mit $s = 0$) erhalten wir unabhängig von $\chi(-1)$ die Formel

$$b(\chi) = - \sum_{|\operatorname{Im} \varrho| < 1} \frac{1}{\varrho} + O(\log q).$$

Nach Satz 3.1.1 gibt es höchstens eine Nullstelle ϱ, die den Bedingungen $|\operatorname{Im} \varrho| < 1$ und $\operatorname{Re} \varrho > 1 - c(\log q)^{-1}$ genügt, wenn $c > 0$ genügend klein gewählt wurde. Diese Nullstelle ist, wenn sie existiert, notwendig reell, und χ muß ein reeller Charakter sein. Wir bezeichnen sie mit β und nennen β *exzeptionelle Nullstelle.* Wir können $c \leq \frac{1}{4}$ annehmen. Dann ist $\beta \geq \frac{3}{4}$. Es gibt eine weitere reelle Nullstelle bei $1 - \beta$. Diese beiden Nullstellen liefern störende Beiträge zu den Summen über ϱ und sollen deshalb explizit aufgeführt werden. Mit der Formel für $b(\chi)$ ergibt sich aus (3.15)

$$\psi(x, \chi) = - \sum_{\substack{\varrho \neq \beta, 1-\beta \\ |\operatorname{Im} \varrho| < T}} \frac{x^\varrho}{\varrho} + \sum_{\substack{\varrho \neq \beta, 1-\beta \\ |\operatorname{Im} \varrho| < 1}} \frac{1}{\varrho} - \frac{x^\beta - 1}{\beta} - \frac{x^{1-\beta} - 1}{1 - \beta} + O\Big(\frac{x}{T} (\log qx)^2\Big).$$

Hier können noch einige Terme in das Restglied aufgenommen werden. Es gilt $1/\beta = O(1)$, der Term kann also fortgelassen werden. Für die ϱ, die noch in der Summationsbedingung vorkommen, ist $|1/\varrho| = O(\log q)$. Nach Lemma 2.6.4 gibt es höchstens $O(\log q)$ Nullstellen ϱ mit $|\operatorname{Im} \varrho| < 1$, die Summe über $1/\varrho$ ist also $O((\log q)^2)$. Nach dem Mittelwertsatz ist

$$\frac{x^{1-\beta} - 1}{1 - \beta} = x^\eta \log x$$

für ein $\eta \in (0, 1-\beta)$. Die explizite Formel vereinfacht sich damit zu

$$\psi(x,\chi) = -\frac{x^\beta}{\beta} - \sum_{\substack{\varrho \neq \beta, 1-\beta \\ |\operatorname{Im} \varrho| < T}} \frac{x^\varrho}{\varrho} + O\Big(\frac{x}{T}(\log qx)^2 + x^{1/4}\Big). \tag{3.16}$$

Bis hierher wurden nur primitive Charaktere betrachtet. Eine einfache Überlegung zeigt aber, daß (3.16) auch für nicht primitive Charaktere richtig bleibt. Ist χ ein Charakter mod q, der von χ_1 mod q_1 induziert wird, dann gilt

$$\begin{aligned} |\psi(x,\chi) - \psi(x,\chi_1)| &\leq \sum_{\substack{n \leq x \\ (n,q)>1}} \Lambda(n) = \sum_{p|q} \sum_{\substack{k=1 \\ p^k \leq x}}^{\infty} \log p \\ &\ll (\log x) \sum_{p|q} \log p \ll (\log x)(\log q). \end{aligned}$$

Wegen $q > q_1$ ist also nur (3.16) mit χ_1 anzuwenden, um dieselbe Formel für χ zu erhalten. Allerdings ist β jetzt als exzeptionelle Nullstelle von $L(s,\chi_1)$ definiert. Die Definition exzeptioneller Nullstellen hängt vom Modul ab. Nennen wir β exzeptionell auch für nicht primitives χ, wenn $\beta > 1 - c/(\log q)$ ist, dann ist eine exzeptionelle Nullstelle von $L(s,\chi)$ auch eine exzeptionelle Nullstelle von $L(s,\chi_1)$, die Umkehrung ist aber nicht mehr richtig. Der von einer exzeptionellen Nullstelle von $L(s,\chi_1)$ herrührende Term x^β/β kommt aber, wenn β für $L(s,\chi)$ nicht mehr exzeptionell ist, in der Summe der Terme x^ϱ/ϱ vor. Deshalb ist (3.16) in der Tat auch für nicht primitive Charaktere richtig. Wir fassen die Ergebnisse in folgendem Satz zusammen.

Satz 3.3.1. *Sei $c > 0$ eine hinreichend kleine Konstante. Sei χ ein Charakter modulo q, $\chi \neq \chi_0$. Sei $\eta(\chi) = 1$, wenn χ reell ist und $L(s,\chi)$ eine reelle Nullstelle β mit $\beta > 1 - c/(\log q)$ hat. Sonst sei $\eta(\chi) = 0$. Dann gilt für $2 \leq T \leq x$*

$$\psi(x,\chi) = -\eta(\chi)\frac{x^\beta}{\beta} - \sum_{\substack{\varrho \neq \beta, 1-\beta \\ |\operatorname{Im} \varrho| < T}} \frac{x^\varrho}{\varrho} + O\Big(\frac{x}{T}(\log qx)^2 + x^{1/4}\Big).$$

Mit dieser expliziten Formel kann der Primzahlsatz für eine arithmetische Progression bewiesen werden. Wir setzen

$$\psi(x;q,a) = \sum_{\substack{n \leq x \\ n \equiv a \bmod q}} \Lambda(n). \tag{3.17}$$

Die Charakterrelationen zeigen für $(a,q) = 1$, was wir nun stets annehmen wollen,

$$\psi(x;q,a) = \frac{1}{\varphi(q)} \sum_{\chi} \bar{\chi}(a)\psi(x,\chi). \tag{3.18}$$

Hier bezeichnet $\sum_\chi$ die Summe über alle Charaktere modulo q. Den wesentlichen Beitrag zu dieser Summe liefert der Hauptcharakter, denn es gilt

$$|\psi(x,\chi_0) - \psi(x)| \leq \sum_{\substack{n \leq x \\ (n,q)>1}} \Lambda(n) \ll (\log q)(\log x),$$

so daß jetzt aus Satz 2.8.2 für geeignetes $c > 0$ folgt

$$\psi(x;q,a) = \frac{x}{\varphi(q)} + \frac{1}{\varphi(q)} \sum_{\chi \neq \chi_0} \bar{\chi}(a)\psi(x,\chi) + O\Big(\frac{x}{\varphi(q)} \mathrm{e}^{-c\sqrt{\log x}} + (\log qx)^2\Big). \tag{3.19}$$

Für die verbleibenden $\chi \neq \chi_0$ wenden wir Satz 3.3.1 an. Unter allen χ gibt es nach Satz 2.9.3 höchstens einen, dessen zugehörige L-Funktion eine exzeptionelle Nullstelle hat. Wir nennen diesen Charakter exzeptionell und bezeichnen ihn mit χ_1, sofern er existiert. Ist β die exzeptionelle Nullstelle, dann gilt

$$\begin{aligned} &- \sum_{\chi \neq \chi_0} \bar{\chi}(a)\psi(x,\chi) \\ &= \bar{\chi}_1(a)\frac{x^\beta}{\beta} + \sum_{\substack{\varrho \in \mathcal{N}(\chi_1) \\ |\operatorname{Im} \varrho| < T \\ \varrho \neq \beta, 1-\beta}} \bar{\chi}_1(a)\frac{x^\varrho}{\varrho} + \sum_{\chi \neq \chi_0,\chi_1} \bar{\chi}(a) \sum_{\substack{\varrho \in \mathcal{N}(\chi) \\ |\operatorname{Im} \varrho| < T}} \frac{x^\varrho}{\varrho} + R \end{aligned} \tag{3.20}$$

mit

$$R \ll \varphi(q)(xT^{-1}(\log qx)^2 + x^{1/4}).$$

Hier benutzen wir die Konvention, daß alle Terme, die χ_1 oder β enthalten, fortzulassen sind, wenn es keine exzeptionelle Nullstelle gibt. Für alle Nullstellen ϱ mit Ausnahme der schon separierten exzeptionellen β und $1-\beta$ ist $\operatorname{Re} \varrho \leq 1 - c_1(\log qT)^{-1}$ nach Satz 3.1.1. Das zeigt

$$|x^\varrho| \leq x^{\operatorname{Re} \varrho} \leq x\mathrm{e}^{-c_1(\log x)/(\log qT)}.$$

Jetzt ist noch $\sum |\varrho|^{-1}$ abzuschätzen. Wir hatten bereits $\sum_{|\operatorname{Im} \varrho|<1} |\varrho|^{-1} \ll (\log q)^2$ gesehen, wenn die eventuell vorkommenden $\beta, 1-\beta$ fortgelassen werden. Aus Lemma 2.6.4 kommt $\sum_{1 \leq |\operatorname{Im} \varrho| \leq T} |\varrho|^{-1} \ll (\log qT)^2$. Fassen wir diese Resultate zusammen, haben wir

$$\psi(x;q,a) = \frac{x}{\phi(q)} - \frac{\bar{\chi}_1(a)x^\beta}{\varphi(q)\beta} + R^* \tag{3.21}$$

mit

$$R^* \ll x(\log qx)^2 \mathrm{e}^{-c_1(\log x)/(\log qT)} + xT^{-1}(\log qx)^2 + x^{1/4} + \frac{x}{\varphi(q)} \mathrm{e}^{-c\sqrt{\log x}}.$$

An dieser Stelle muß zur weiteren Abschätzung des Fehlers eine obere Schranke für q gefordert werden. Dazu fixieren wir eine Konstante $C > 0$ und setzen von nun an

$$q \leq e^{C\sqrt{\log x}} \tag{3.22}$$

voraus. Mit $T = e^{C\sqrt{\log x}}$ folgt dann $R^* \ll x e^{-C_1\sqrt{\log x}}$ für eine geeignete Konstante $C_1 > 0$. Damit haben wir eine erste Version des Primzahlsatzes.

Satz 3.3.2. *Sei $C > 0$ beliebig und $c > 0$ eine hinreichend klein gewählte Konstante. Dann gibt es eine Konstante $C_1 = C_1(C)$, so daß für alle q, die* (3.22) *genügen, und alle a mit $(a, q) = 1$ gilt*

$$\psi(x; q, a) = \frac{x}{\varphi(q)} - \frac{\bar{\chi}_1(a)x^\beta}{\varphi(q)\beta} + O(x e^{-C_1\sqrt{\log x}}).$$

Dabei bezeichnet χ_1 den reellen exzeptionellen Charakter modulo q, sofern ein solcher existiert, und β die exzeptionelle Nullstelle von $L(s, \chi_1)$, die der Ungleichung $\beta > 1 - c(\log q)^{-1}$ genügt. Gibt es keinen exzeptionellen Charakter, so ist der Term mit x^β fortzulassen.

An dieser Stelle zeigt sich deutlich, wie sich die exzeptionellen Nullstellen auf die Primzahlverteilung auswirken. Für viele Zwecke ist Satz 3.3.2 ein adäquater Primzahlsatz in arithmetischen Progressionen, es ist jedoch ebenso wünschenswert, die exzeptionellen Nullstellen zu entfernen. Dazu kann der Satz von Siegel 3.2.2 herangezogen werden. Nach diesem Resultat ist

$$x^\beta \leq x \exp(-C_1(\epsilon)(\log x) q^{-\epsilon})$$

für $\epsilon > 0$. Sei $A > 0$ eine weitere Konstante. Wenn wir strenger als (3.22) $q \leq (\log x)^A$ verlangen und $\epsilon = 1/(2A)$ setzen, wird

$$x^\beta \leq x e^{-C_1(\epsilon)\sqrt{\log x}}.$$

Als Korollar zum vorigen Satz erhalten wir somit

Satz 3.3.3 (Siegel-Walfisz). *Sei $A > 0$ gegeben. Dann gibt es eine Konstante $C = C(A) > 0$, so daß für $q \leq (\log x)^A$ und alle a mit $(a, q) = 1$ gilt*

$$\psi(x; q, a) = \frac{x}{\varphi(q)} + O(x e^{-C\sqrt{\log x}}). \tag{3.23}$$

Dieser Satz hat allerdings von konstruktiven Standpunkt den schon in 3.2 angesprochenen Nachteil, daß die Konstante $C(A)$ nicht effektiv berechnet werden kann. Eine effektive Version des Siegel-Walfisz-Theorems ist nur für $A < 1$ bekannt, was in manchen Anwendungen nicht ausreicht. Alternativ kann auch der Satz von Page 3.1.4 benutzt werden. Es bietet sich an, den zulässigen Bereich für q so groß wie möglich zu wählen. In Satz 3.1.4 setzen wir deshalb $Q = e^{C\sqrt{\log x}}$. Wir wissen dann, daß es höchstens einen reellen primitiven Charakter χ_1 modulo q_1 unter allen primitiven Charakteren modulo $q \le Q$ gibt, dessen zugehörige L-Funktion eine reelle Nullstelle $\beta > 1 - c/\log Q$ für geeignetes $c > 0$ hat; jede weitere L-Reihe mit einer solchen reellen Nullstelle gehört zu einem Charakter modulo q mit $q_1|q$. Also gilt für alle q, die keine Vielfachen von q_1 sind,

$$\beta \le 1 - \frac{c}{\log Q} = 1 - \frac{c}{C\sqrt{\log x}}. \tag{3.24}$$

Für diese q kann deshalb der Term x^β wie zuvor durch $x\mathrm{e}^{-C'\sqrt{\log x}}$ abgeschätzt werden. Das zeigt

Satz 3.3.4 (Page). *Sei $C > 0$, $x > 10$ gegeben. Dann gibt es eine Konstante $C_1 = C_1(C)$ und eine natürliche Zahl $q_1 = q_1(x)$, so daß für alle q, die nicht Vielfache von q_1 sind und* (3.22) *genügen, und alle a mit $(a, q) = 1$ gilt*

$$\psi(x; q, a) = \frac{x}{\varphi(q)} + O(x\mathrm{e}^{-C_1\sqrt{\log x}}).$$

Dieser Satz ist natürlich nur sinnvoll und nützlich, wenn $q_1(x)$ nach unten abgeschätzt werden kann, denn nur dann sind die Ausnahmen wirklich "selten". Dazu können wir den Satz von Siegel benutzen. Wenn es überhaupt eine exzeptionelle Nullstelle β gibt, die (3.24) genügt, dann muß für q_1 nach Satz 3.2.2

$$1 - \frac{c}{C\sqrt{\log x}} \le 1 - C_1(\epsilon)q_1^{-\epsilon}$$

gelten, was

$$q_1 \ge C_2(\epsilon)(\log x)^{1/2\epsilon}$$

impliziert. Diese Argumentation hat wieder den Nachteil, daß wegen des Siegelschen Satzes die Konstante C_2 nicht mehr effektiv ist. Benutzt man die aus der Klassenzahlformel herrührende schwächere, aber effektive Schranke für β, nämlich $\beta \le 1 - cq_1^{-1/2}(\log q_1)^{-2}$ (vergleiche die Bemerkungen in 3.1), dann erhält man auf demselben Wege nur

$$q_1(\log q_1)^4 \gg \log x.$$

Hier sind dann alle Konstanten effektiv.

Wie für die Riemannsche Zetafunktion wird auch für alle $L(s, \chi)$ angenommen, daß die nicht-trivialen Nullstellen sämtlich auf der Geraden $\mathrm{Re}\, s = \frac{1}{2}$ liegen. Gewöhnlich wird diese Annahme als *verallgemeinerte Riemannsche Vermutung* bezeichnet. Ist diese Vermutung richtig, gilt eine weit bessere asymptotische Formel für $\psi(x; q, a)$ in einem viel größeren Bereich für q. Nehmen wir etwa $q \le x$ an, dann gilt nach Satz 2.8.3

$$\psi(x; \chi_0) = \psi(x) + O((\log x)^2) = x + O(x^{1/2}(\log x)^2).$$

Für die $\chi \ne \chi_0$ zeigen die expliziten Formeln mit $T = \sqrt{x}$

$$\psi(x,\chi) \ll x^{1/2}(\log x)^2,$$

so daß für $q \leq x$ kommt

$$\psi(x;q,a) = \frac{x}{\varphi(q)} + O(x^{1/2}(\log x)^2). \tag{3.25}$$

Wir haben alle Sätze für $\psi(x;q,a)$ formuliert, weil die Formeln etwas einfachere Gestalt haben. Mit partieller Summation können alle Aussagen für $\pi(x;q,a)$ umformuliert werden. So lautet z.B. die zu (3.23) analoge Formel

$$\pi(x;q,a) = \varphi(q)^{-1} \int_2^x \frac{dt}{\log t} + O(xe^{-C\sqrt{\log x}}).$$

Aufgaben

1. Finde eine obere Schranke für die kleinste Primzahl $p \equiv a \bmod q$ als Funktion von q.
2. Unter Annahme der Richtigkeit der Riemannschen Vermutung zeige, daß es Primzahlen $p \equiv a \bmod q$ mit $p \ll q^{2+\epsilon}$ gibt.

4. Die Zetafunktion im kritischen Streifen

4.1 The Approximate Functional Equation

In 2.8 haben wir uns mit der Frage der vertikalen Verteilung der Nullstellen beschäftigt. Eine Frage blieb dabei unbeantwortet. Zur Lokalisierung der Nullstellen auf $\operatorname{Re} s = \frac{1}{2}$ muß die Zetafunktion auf dieser Geraden zumindest näherungsweise berechnet werden. Ziel dieses Abschnitts sind Näherungsformeln für $\zeta(s)$ in $0 < \operatorname{Re} s < 1$. Die Dirichlet-Reihe konvergiert dann nicht mehr gegen $\zeta(s)$. Es stellt sich aber heraus, daß die ersten Glieder der Dirichlet-Reihe trotzdem noch eine gute Approximation liefern. Eine sehr einfache Formel dieses Typs haben wir bereits in (1.66) kennengelernt. Dort hatten wir für $s = \sigma + it$ mit $\sigma > 0$

$$\zeta(s) - \sum_{n \le N} n^{-s} = \frac{N^{1-s}}{s-1} + O\Big(\Big(1 + \frac{|s|}{\sigma}\Big) N^{-\sigma}\Big) \tag{4.1}$$

gezeigt. Bei festem s wird der Fehler für genügend große N klein. Allerdings ist der Faktor $|s|$ ein ernster Nachteil, wenn $\operatorname{Im} s$ groß gewählt werden soll. Mit dem folgenden Satz können wir das Restglied weiter verbessern.

Satz 4.1.1 (van der Corputsche Summenformel). *Sei $\eta > 0$ gegeben. Dann gibt es eine Konstante $C = C(\eta)$ mit folgender Eigenschaft. Gegeben seien reelle Zahlen $a < b$ und stetig differenzierbare Funktionen $f : [a, b] \to \mathbb{R}$, $g : [a, b] \to [0, \infty)$. Ferner seien f', g und $|g'|$ monoton fallend. Dann gilt*

$$\sum_{a < n \le b} g(n) e(f(n)) = \sum_{f'(b) - \eta < h < f'(a) + \eta} \int_a^b g(\xi) e(f(\xi) - h\xi)\, d\xi + R,$$

mit

$$|R| \le C(\eta) \big(|g'(a)| + g(a) \log(|f'(a)| + |f'(b)| + 2)\big).$$

Zur richtigen Einordnung dieses Satzes fasse man $g(\xi) e(f(\xi))$ als komplexwertige Funktion von ξ auf; g ist dann der Betrag und f ein geeignet normiertes Argument. Wird noch $g(\xi) = 0$ für $\xi \notin [a, b]$ gesetzt, ist das Integral

$$\int_a^b g(\xi) e(f(\xi) - h\xi)\, d\xi$$

gerade die Fourier-Transformierte von $g(\xi)e(f(\xi))$ an der Stelle h. Satz 4.1.1 kann deshalb als eine approximative Form der Poissonschen Summenformel angesehen werden. Den Beweis stellen wir bis zum Ende dieses Abschnitts zurück, merken aber bereits hier an, daß die Forderung nach monoton fallenden f', g und $|g'|$ durch monotones Wachstum ersetzt werden kann, wenn die Formeln entsprechend modifiziert werden. Ist etwa f' monoton wachsend, muß die Summationsbedingung für h dann $f'(a) - \eta < h < f'(b) + \eta$ lauten.

Sei $x > 1$. Wir benutzen den Satz zur Berechnung der Summe

$$\sum_{x<n\leq N} n^{-s} = \sum_{x<n\leq N} n^{-\sigma} e\Big(-\frac{t}{2\pi}\log n\Big).$$

Es ist $g(\xi) = \xi^{-\sigma}$ und $f(\xi) = -\frac{t}{2\pi}\log\xi$ zu setzen. Dann ist $f'(\xi) = -t/(2\pi\xi)$, für $\sigma = \operatorname{Re} s > 0$ sind die Voraussetzungen in Satz 4.1.1 also erfüllt. Für $\xi \in [x, N]$ ist $f'(\xi) < 0$ und $|f'(\xi)| \leq |t|/(2\pi x) \leq \frac{7}{8}$, wenn wir jetzt $|t| \leq 4x$ fordern. Mit $\eta = \frac{1}{10}$ lautet die Bedingung an h im Satz also $h = 0$; es folgt

$$\sum_{x<n\leq N} n^{-s} = \int_x^N \xi^{-s}\, d\xi + O(x^{-\sigma}) = \frac{N^{1-s} - x^{1-s}}{1-s} + O(x^{-\sigma}).$$

Setzen wir dies in (4.1) ein, ergibt sich mit $N \to \infty$ jetzt folgendes Resultat.

Satz 4.1.2. *Sei $\sigma_0 > 0$ gegeben. Dann gilt für $s = \sigma + it$ mit $\sigma \geq \sigma_0$ und $|t| \leq 4x$*

$$\zeta(s) = \sum_{n\leq x} n^{-s} - \frac{x^{1-s}}{1-s} + O(x^{-\sigma}).$$

Nach Satz 4.1.2 läßt sich die Zetafunktion in $0 < \sigma < 1$ durch die ersten $|t|$ Glieder der Dirichlet-Reihe annähern. In $\sigma < 0$ hat $\zeta(s)$ ebenfalls eine Darstellung durch eine Dirichlet-Reihe. Dazu schreiben wir die Funktionalgleichung in der Form $\zeta(s) = \Delta(s)\zeta(1-s)$ mit

$$\Delta(s) = \frac{(2\pi)^s}{2\cos(\frac{\pi s}{2})\Gamma(s)}. \tag{4.2}$$

In $\operatorname{Re} s < 0$ gilt dann $\zeta(s) = \Delta(s)\sum_{n=1}^{\infty} n^{s-1}$. Hier darf man erneut erwarten, daß ein geeigneter Abschnitt dieser Reihe die Zetafunktion in $0 \leq \sigma < 1$ noch gut approximiert. Werden diese beiden Näherungen kombiniert, kann Satz 4.1.2 noch weiter verbessert werden.

Satz 4.1.3. *Sei $0 < \sigma < 1$, $2\pi xy = t$ mit $x \geq 1, y \geq 1$. Dann gilt*

$$\zeta(s) = \sum_{n\leq x} n^{-s} + \Delta(s)\sum_{n\leq y} n^{s-1} + O((x^{-\sigma} + t^{\frac{1}{2}-\sigma}y^{\sigma-1})\log t).$$

Zum Vergleich mit Satz 4.1.2 wählen wir $s = \frac{1}{2} + it$ mit $t > 2$ und $x = y = \sqrt{t/(2\pi)}$. Dann zeigt Satz 4.1.3

$$\zeta(\tfrac{1}{2} + \mathrm{i}t) = \sum_{n \le x} n^{-\frac{1}{2}-\mathrm{i}t} + \Delta(\tfrac{1}{2} + \mathrm{i}t) \sum_{n \le x} n^{-\frac{1}{2}+\mathrm{i}t} + O(t^{-1/4} \log t).$$

Hier sind nur zwei Summen mit jeweils etwa $\sqrt{t}$ Termen zu berechnen, während in Satz 4.1.2 noch t Terme in der Summe vorkommen. Die Anzahl der Summanden konnte also deutlich verringert werden. Allerdings ist das Restglied in Satz 4.1.2 von der Größenordnung $O(t^{-1/2})$, also wesentlich besser.

Satz 4.1.3 erinnert an die Funktionalgleichung und wurde deshalb von Hardy und Littlewood, die den Satz 1921 gefunden haben, *approximate functional equation*[1] genannt. Später hat Siegel im Nachlaß Riemanns einige Notizen über eine asymptotische Entwicklung der Zetafunktion auf der Geraden $\mathrm{Re}\, s = \frac{1}{2}$ gefunden, die insbesondere die approximate functional equation enthält. Für weitere Einzelheiten sei auf Titchmarsh, §4.16 und Siegel (1932) verwiesen.

Im Beweis von Satz 4.1.3 benötigen wir eine Abschätzung für gewisse Fourier-Integrale.

Lemma 4.1.1. *Sei $F : [a,b] \to \mathbb{R}$ stetig differenzierbar und $G : [a,b] \to \mathbb{R}$ stetig, es sei $F'(x) \neq 0$ für alle $x \in [a,b]$. Die Funktion G/F' sei monoton. Dann gilt*

$$\left| \int_a^b e^{\mathrm{i}F(x)} G(x)\, dx \right| \le 4 \left| \frac{G(a)}{F'(a)} \right| + 4 \left| \frac{G(b)}{F'(b)} \right|.$$

Beweis. Da F' auf $[a,b]$ stetig ist, hat F' dort konstantes Vorzeichen. Wir nehmen $F'(x) > 0$ an; der Beweis verläuft im Falle $F'(x) < 0$ genauso. Sei Φ die Umkehrfunktion von F. Dann gilt $\Phi'(y) = F'(\Phi(y))^{-1}$; die Substitution $x = \Phi(y)$ zeigt

$$\int_a^b e^{\mathrm{i}F(x)} G(x)\, dx = \int_{F(a)}^{F(b)} e^{\mathrm{i}y} \frac{G(\Phi(y))}{F'(\Phi(y))}\, dy.$$

Damit ist die Aussage des Lemmas auf folgenden Spezialfall zurückgeführt: *Ist $H : [c,d] \to \mathbb{R}$ stetig und monoton, dann gilt*

$$\left| \int_c^d e^{\mathrm{i}y} H(y)\, dy \right| \le 4(|H(c)| + |H(d)|).$$

Zum Beweis dieser Ungleichung wende man den zweiten Mittelwertsatz auf Real- und Imaginärteil an. Für den Realteil ergibt sich so, wenn etwa H monoton wächst,

---

[1] Wir folgen hier diesem Sprachgebrauch. Nach einer geeigneten Übersetzung wird noch gesucht.

$$\operatorname{Re}\int_c^d H(y)e^{iy}\,dy = H(c)\int_c^\xi \cos y\,dy + H(d)\int_\xi^d \cos y\,dy$$

für ein $\xi \in (c,d)$. Mit einer ähnlichen Formel für den Imaginärteil folgt das Lemma sofort.

Beweis für Satz 4.1.3. Wir nehmen zunächst $2y$ ganz und ungerade an. Mit denselben Wahlen für f und g in Satz 4.1.1 wie schon im Beweis von Satz 4.1.2 haben wir

$$\sum_{x<n\le N} n^{-s} = \sum_{\frac{t}{2\pi N}-\eta<h<y+\eta} \int_x^N e(\xi h)\xi^{-s}\,d\xi + O\Big(x^{-\sigma}\log\Big(\frac{t}{x}+\frac{t}{N}+2\Big)\Big).$$

Wir wählen $\eta=\frac{1}{4}$ und setzen $N>t$ voraus. Die Summationsbedingung an h lautet dann $0\le h\le [y]=y-\frac{1}{2}$. Der Term mit $h=0$ läßt sich wie oben berechnen. Durch Einsetzen in (4.1) folgt

$$\zeta(s) = \sum_{n\le x} n^{-s} + \sum_{h=1}^{[y]}\int_x^N e(\xi h)\xi^{-s}\,d\xi - \frac{x^{1-s}}{1-s} + O\Big(\frac{t}{\sigma}N^{-\sigma} + x^{-\sigma}\log t\Big).$$

Wegen $|x^{1-s}/(1-s)| \ll x^{1-\sigma}/t \ll x^{-\sigma}$ kann der Term $x^{1-s}/(1-s)$ in das Restglied absorbiert werden. In den Fourier-Integralen versuchen wir nun, die Integration von $[x,N]$ auf $[0,\infty)$ auszudehnen. Nach Lemma 4.1.1 gilt für $1\le h\le y-\frac{1}{2}$

$$\int_N^\infty \xi^{-s}e(\xi h)\,d\xi = \int_N^\infty \xi^{-\sigma}e\Big(-\frac{t}{2\pi}\log\xi + h\xi\Big)\,d\xi \ll \frac{N^{-\sigma}}{h-t/(2\pi N)} \ll \frac{N^{-\sigma}}{h}.$$

Mit partieller Integration folgt ähnlich

$$\begin{aligned}\int_0^x \xi^{-s}e(\xi h)\,d\xi &= \frac{\xi^{1-s}}{1-s}e(\xi h)\Big]_{\xi=0}^x - \frac{2\pi i h}{1-s}\int_0^x \xi^{1-s}e(\xi h)\,d\xi\\ &= O\left(x^{1-\sigma}t^{-1} + \frac{h}{t}\,\frac{x^{1-\sigma}}{h-t/(2\pi x)}\right).\end{aligned}$$

Damit haben wir

$$\zeta(s) = \sum_{n\le x} n^{-s} + \sum_{h=1}^{[y]}\int_0^\infty \xi^{-s}e(\xi h)\,d\xi + O(E)$$

mit

$$E = x^{-\sigma}\log t + \frac{t}{\sigma}N^{-\sigma} + \sum_{h\le y}\left(\frac{N^{-\sigma}}{h} + \frac{h}{t}\,\frac{x^{1-\sigma}}{h-y} + \frac{x^{1-\sigma}}{t}\right) \ll x^{-\sigma}\log t + \frac{t}{\sigma}N^{-\sigma}.$$

In der vorigen Gleichung hängt nur noch das Restglied von N ab. Wegen

$$\int_0^\infty e(\xi h)\xi^{-s}\,d\xi = (-2\pi \mathrm{i} h)^{s-1}\Gamma(1-s) \tag{4.3}$$

ergibt sich mit $N \to \infty$ die Beziehung

$$\zeta(s) = \sum_{n\le x} n^{-s} + (-2\pi\mathrm{i})^{s-1}\Gamma(1-s)\sum_{h\le y} h^{s-1} + O(x^{-\sigma}\log t).$$

Dies ist bereits eine Variante der approximate functional equation, die sich leicht in die Form des Satzes 4.1.3 bringen läßt. Dazu ist nur noch zu zeigen, daß sich der Faktor $(-2\pi\mathrm{i})^{s-1}\Gamma(1-s)$ nur wenig von $\Delta(s)$ unterscheidet. Für $t > 0$ hat man

$$\begin{aligned}\Delta(s) &= 2(2\pi)^{s-1}\sin\left(\frac{\pi s}{2}\right)\Gamma(1-s)\\ &= -\frac{2(2\pi)^{s-1}}{2\mathrm{i}}(\mathrm{e}^{-\frac{1}{2}\mathrm{i}\pi s} - \mathrm{e}^{\frac{1}{2}\mathrm{i}\pi s})\Gamma(1-s)\\ &= (-2\pi\mathrm{i})^{s-1}(1+O(\mathrm{e}^{-\pi t}))\Gamma(1-s),\end{aligned}$$

woraus jetzt die Behauptung folgt.

Schließlich sind noch die zusätzlichen Annahmen $2y$ ganz und ungerade zu entfernen. Ist $y \ge x$, aber nicht mehr notwendig von der Form $2y \in \mathbb{Z}$, dann sei $y' = [y] + \frac{1}{2}$ und x' durch $2\pi x'y' = t$ gegeben. Wenden wir Satz 4.1.3 mit x', y' an, ändert sich die linke Seite im Satz dabei wegen $|x - x'| \le 1$ nur um $O(x^{-\sigma})$. Damit gilt der Satz für alle $y \ge x$. Ist $y < x$, dann können wir die schon bewiesene Version mit $1-s$ anstelle von s anwenden. Das ergibt

$$\zeta(1-s) = \sum_{n\le y} n^{s-1} + \Delta(1-s)\sum_{n\le x} n^{-s} + O(y^{\sigma-1}\log t).$$

Wegen $\Delta(s)\Delta(1-s) = 1$ und der Funktionalgleichung folgt

$$\zeta(s) = \Delta(s)\sum_{n\le y} n^{1-s} + \sum_{n\le x} n^{-s} + O(|\Delta(\sigma+\mathrm{i}t)|y^{\sigma-1}\log t).$$

Die Stirlingsche Formel zeigt aber

$$\Delta(\sigma+\mathrm{i}t) \ll t^{\frac{1}{2}-\sigma}. \tag{4.4}$$

Damit ist Satz 4.1.3 vollständig bewiesen.

Für den noch nachzuholenden Beweis von Satz 4.1.1 benötigen wir die *Eulersche Summenformel.* Sei $F : [a,b] \to \mathbb{C}$ stetig differenzierbar. In Lemma 1.1.3 setzen wir $a_n = 1$ für $n \in (a,b]$ und $a_n = 0$ sonst. Dann zeigt dieses Lemma

$$\begin{aligned}\sum_{a<n\le b} F(n) &= ([b]-[a])F(b) - \int_a^b F'(\xi)([\xi]-[a])\,d\xi\\ &= [b]F(b) - [a]F(a) - \int_a^b F'(\xi)[\xi]\,d\xi.\end{aligned}$$

Schreiben wir jetzt

$$-\int_a^b F'(\xi)[\xi]\,d\xi = \int_a^b F'(\xi)(\xi - [\xi] - \tfrac{1}{2})\,d\xi - \int_a^b (\xi - \tfrac{1}{2})F'(\xi)\,d\xi$$

und integrieren das letzte Integral noch partiell, folgt

$$\begin{aligned} \sum_{a<n\le b} F(n) &= \int_a^b F(\xi)\,d\xi + \int_a^b (\{\xi\} - \tfrac{1}{2})F'(\xi)\,d\xi \\ &\quad + (\{a\} - \tfrac{1}{2})F(a) - (\{b\} - \tfrac{1}{2})F(b). \end{aligned} \tag{4.5}$$

Das ist bereits die Eulersche Summenformel. Sie wird zu einem kraftvollen Hilfsmittel, wenn die Funktion $\{\alpha\} - \frac{1}{2}$ in eine Fourier-Reihe entwickelt wird.

Lemma 4.1.2. *Für $\alpha \notin \mathbb{Z}$ gilt*

$$\left|\{\alpha\} - \frac{1}{2} - \sum_{\substack{|m|\le M \\ m\ne 0}} \frac{e(-m\alpha)}{2\pi i m}\right| \le \frac{1}{2\pi M\|\alpha\|}. \tag{4.6}$$

Für $\alpha \in \mathbb{R}$ ist

$$\sum_{m\ne 0} \frac{e(-m\alpha)}{2\pi i m} = \begin{cases} \{\alpha\} - \frac{1}{2} & (\alpha \notin \mathbb{Z}), \\ 0 & (\alpha \in \mathbb{Z}), \end{cases} \tag{4.7}$$

wobei in der Reihe die Glieder mit $\pm m$ zusammenzufassen sind. Die Partialsummen

$$\sum_{\substack{|m|\le M \\ m\ne 0}} \frac{e(-m\alpha)}{2\pi i m}$$

sind gleichmäßig beschränkt in α und M.

Beweis. Aus Symmetrie- und Periodizitätsgründen reicht es offenbar, alle Behauptungen für $0 < \alpha \le \frac{1}{2}$ zu verifizieren. Für $m \ne 0$ gilt

$$\int_\alpha^{1/2} e(-mt)\,dt = \frac{(-1)^{m+1}}{2\pi i m} + \frac{e(-m\alpha)}{2\pi i m}.$$

Dies summieren wir auf und wenden dann den zweiten Mittelwertsatz an,

$$\begin{aligned} \sum_{\substack{|m|\le M \\ m\ne 0}} \frac{e(-m\alpha)}{2\pi i m} - \alpha + \frac{1}{2} &= \int_\alpha^{1/2} \sum_{|m|\le M} e(mt)\,dt \\ &= \int_\alpha^{1/2} \frac{\sin((2M+1)\pi t)}{\sin \pi t}\,dt = \int_\alpha^{\xi} \frac{\sin((2M+1)\pi t)}{\sin \pi\alpha}\,dt \end{aligned}$$

für ein $\xi \in (\alpha, \frac{1}{2})$. Daraus ergibt sich (4.6) unmittelbar; (4.7) folgt sofort aus (4.6). Um die gleichmäßige Beschränktheit der Partialsummen einzusehen, schreiben wir das Integral der letzten Formel in der Form

$$\int_\alpha^{1/2} \frac{\sin((2M+1)\pi t)}{\sin \pi t}\, dt$$
$$= \int_\alpha^{1/2} \frac{\sin((2M+1)\pi t)}{\pi t}\, dt + \int_\alpha^{1/2} \sin((2M+1)\pi t)\Big(\frac{1}{\sin \pi t} - \frac{1}{\pi t}\Big)\, dt.$$

Nach der Substitution $x = (2M+1)\pi t$ wird das erste Integral als von α und M unabhängig beschränkt erkannt, denn das Integral

$$\int_0^\infty \frac{\sin x}{x}\, dx$$

existiert. Den Betrag des zweiten Integrals auf der rechten Seite können wir durch

$$\leq \int_0^{1/2} \Big|\frac{1}{\sin \pi t} - \frac{1}{\pi t}\Big|\, dt$$

abschätzen. Auch dieses Integral existiert, denn der Integrand ist bei 0 noch stetig. Da diese Schranke nicht mehr von α und M abhängt, ist die linke Seite von (4.6) gleichmäßig beschränkt. Dasselbe gilt dann auch für die Partialsummen.

Zum Beweis von Satz 4.1.1 setzen wir $F(x) = g(x)e(f(x))$ in der Eulerschen Summenformel und entwickeln $\{x\} - \frac{1}{2}$ nach Lemma 4.1.2. Das zeigt

$$\sum_{a<n\leq b} g(n)e(f(n)) = \int_a^b g(x)e(f(x))\, dx$$
$$+ \int_a^b \Big(\sum_{m\neq 0} \frac{e(-mx)}{2\pi i m}\Big) \frac{d}{dx}\,(g(x)e(f(x)))\, dx + O(g(a)).$$

Nach (4.6) konvergiert die Reihe gleichmäßig auf jedem kompakten Teil von $\mathbb{R}\backslash\mathbb{Z}$, und ihre Partialsummen bleiben auf ganz $\mathbb{R}$ beschränkt. Deshalb können Summe und Integral vertauscht werden. So ergibt sich

$$\sum_{a<n\leq b} g(n)e(f(n)) = \int_a^b g(x)e(f(x))\, dx + \sum_{m\neq 0} \tfrac{1}{m}(I_1(m) + \tfrac{1}{2\pi i} I_2(m)) + O(g(a))$$

mit

$$I_1(m) = \int_a^b f'(x)g(x)e(f(x) - mx)\, dx,$$
$$I_2(m) = \int_a^b g'(x)e(f(x) - mx)\, dx.$$

Die $I_1(m)$ integrieren wir zunächst partiell,

$$\begin{aligned} I_1(m) &= \frac{e(f(x))}{2\pi \mathrm{i}} g(x)e(-mx)\Big]_{x=a}^{b} - \int_a^b \frac{e(f(x))}{2\pi \mathrm{i}} \left(\frac{d}{dx} g(x)e(-mx) \right) dx \\ &= O(g(a)) - \frac{1}{2\pi \mathrm{i}} I_2(m) + m \int_a^b g(x)e(f(x) - mx)\, dx. \end{aligned}$$

Wir benutzen dies für $f'(b) - \eta < m < f'(a) + \eta$, $m \neq 0$. Dann haben wir

$$\begin{aligned} &\sum_{\substack{f'(b)-\eta<m<f'(a)+\eta \\ m\neq 0}} \frac{1}{m}\Big(I_1(m) + \frac{1}{2\pi \mathrm{i}} I_2(m) \Big) \\ &\quad = \sum_m \int_a^b g(x)e(f(x) - mx)\, dx + O\Big(\sum_m \frac{g(a)}{|m|} \Big), \end{aligned}$$

wobei die Summen über m rechts derselben Summationsbedingung unterliegen wie die Summe links. Zum Beweis von Satz 4.1.1 haben wir damit noch drei Abschätzungen zu beweisen, nämlich

$$\sum_m{}' \frac{|I_1(m)|}{|m|} \ll g(a) \log(|f'(a)| + |f'(b)| + 2), \tag{4.8}$$

$$\sum_m{}' \frac{|I_2(m)|}{|m|} \ll |g'(a)|, \tag{4.9}$$

wobei die Summen über m über alle $m \in \mathbb{Z} \setminus \{0\}$ mit $m \notin [f'(b) - \eta, f'(a) + \eta]$ erstreckt sind, was durch $\sum'$ abgekürzt ist. Ist $0 \notin [f'(b) - \eta, f'(a) + \eta]$, dann ist auch noch

$$\int_a^b g(x)e(f(x))\, dx = O(g(a))$$

zu zeigen, was aber sofort aus Lemma 4.1.1 mit $F = 2\pi f$ und $G = g$ folgt.

Zum Beweis von (4.8) sei etwa $m > f'(a) + \eta$. Zusätzlich sei vorübergehend noch $f'(b) > 0$ vorausgesetzt. Dann ist $f'(\xi) > 0$ für alle $\xi \in [a, b]$. Wird nun Lemma 4.1.1 mit $F(x) = 2\pi(f(x) - mx)$ und $G = gf'$ angewendet, folgt

$$I_1(m) \ll \left| \frac{g(a)f'(a)}{f'(a) - m} \right|,$$

also

$$\sum_{\substack{m>f'(a)+\eta \\ m\neq 0}} \frac{|I_1(m)|}{|m|} \ll g(a) \sum_{0<m\leq 2|f'(a)|} \frac{1}{m} + g(a) \sum_{m>|f'(a)|} \frac{|f'(a)|}{m^2}.$$

Die $m < f'(b) - \eta$ können genauso behandelt werden. Damit ist (4.8) bewiesen.

Zur Abschätzung von $I_2(m)$ mit $m > f'(a) + \eta$, $m \neq 0$, trennen wir zunächst Real- und Imaginärteil. Mit dem zweiten Mittelwertsatz sehen wir

$$\begin{aligned} \operatorname{Re} I_2(m) &= -\int_a^b |g'(x)| \cos(2\pi(f(x) - mx))\, dx \\ &= g'(a) \int_a^\xi \cos(2\pi(f(x) - mx))\, dx \end{aligned}$$

für ein $\xi \in (a, b)$. Das verbleibende Integral wird partiell integriert,

$$\begin{aligned} &\int_a^\xi \cos(2\pi(f(x) - mx))\, dx \\ &= -\operatorname{Re} \left. \frac{e(f(x) - mx)}{2\pi i m} \right]_a^\xi + \operatorname{Re} \frac{1}{m} \int_a^\xi f'(x) e(f(x) - mx)\, dx \\ &\ll \frac{1}{|m|} + \frac{1}{|m|} \frac{|f'(a)|}{|f'(a) - m|}. \end{aligned}$$

Dies zeigt

$$\sum_{m > f'(a) + \eta} \frac{|\operatorname{Re} I_2(m)|}{|m|} \ll |g'(a)| \sum_{m \neq 0} m^{-2}.$$

Die Methode überträgt sich mit offensichtlichen Modifikationen auf $\operatorname{Im} I_2(m)$ und auch $m \leq f'(b) - \eta$. Damit ist Satz 4.1.1 unter der zusätzlichen Annahme $f'(b) > 0$ bewiesen. Ist diese Bedingung nicht erfüllt, ersetze man f durch $f(x) - kx$ mit $k = 1 - [f'(b)]$ und wende die schon bekannte Version des Satzes an.

Es gibt andere Beweise für die approximate functional equation, in Titchmarch, Kap IV werden zwei weitere Methoden vorgestellt. Die hier benutzte Technik hat den Vorteil, daß einige auch in anderen Zusammenhängen in der Zahlentheorie wichtige Hilfsmittel eingebracht werden. Insbesondere die van der Corputsche Summenformel ist bei der tieferen Theorie der Zetafunktion unentbehrlich.

Die Gültigkeit der approximate functional equation ist kein Zufall. Nach einem Satz von Chandrasekharan und Narasimhan (1963) folgt eine approximate functional equation im wesentlichen aus der Funktionalgleichung. Etwas präziser gilt folgendes. Sind die Dirichlet-Reihen $A(s) = \sum a_n n^{-s}$ und $B(s) = \sum b_n n^{-s}$ in $\operatorname{Re} s > \sigma_0$ konvergent und zu meromorphen Funktionen auf $\mathbb{C}$ fortsetzbar, und gilt eine gewisse Funktionalgleichung $A(s) = \Delta(s) B(c - s)$ für $c \in \mathbb{R}$, dann läßt sich $A(s)$ durch Ausdrücke des Typs

$$\sum_{n \leq x} a_n n^{-s} + \Delta(s) \sum_{n \leq y} b_n n^{s-c}$$

approximieren. Auf die Einzelheiten und genauen Voraussetzungen kann hier nicht eingegangen werden. Der Satz zeigt aber z.B. die Existenz einer approximate functional equation für $L(s, \chi)$.

Aufgaben

1. Sei χ ein primitiver Charakter modulo q mit $\chi(-1) = 1$. Schreibe die Funktionalgleichung aus Satz 2.4.1 in der Form $L(s,\chi) = \Delta(s,\chi)L(1-s,\chi)$. Sei $x \geq 1, y \geq 1, 2\pi xy = qt$. In $0 < \sigma < 1$ zeige für $s = \sigma + it$
$$L(s,\chi) = \sum_{n\leq x}\chi(n)n^{-s} + \Delta(s,\chi)\sum_{n\leq y}\chi(n)n^{1-s} + O((x^{-\sigma} + y^{\sigma-1}t^{\frac{1}{2}-\sigma})\log t).$$
2. Finde eine ähnliche Formel wie in der vorigen Aufgabe, wenn $\chi(-1) = -1$ ist.
3. Verbessere das Restglied in Satz 4.1.3 zu $O(x^{-\sigma} + y^{1-\sigma}t^{\frac{1}{2}-\sigma})$.
4. Für $\xi \geq 1$ und alle $s \in \mathbb{C}$ gilt
$$\zeta(s) = \sum_{n\leq\xi} n^{-s} + \frac{i}{2}\int_{\xi-i\infty}^{\xi}(\cot\pi z - i)z^{-s}\,dz + \frac{i}{2}\int_{\xi}^{\xi+i\infty}(\cot\pi z + i)z^{-s}\,dz - \frac{\xi^{1-s}}{1-s}.$$
5. Aus der Darstellung der Zetafunktion aus der vorigen Aufgabe folgere Satz 4.1.2.

4.2 Die Lindelöf-Vermutung

Die approximate functional equation kann nicht nur zur praktischen Berechnung der Zetafunktion benutzt werden, sie ist auch ein wichtiges Hilfsmittel bei theoretischen Untersuchungen im kritischen Streifen. Als ein erstes Beispiel untersuchen wir das Wachstum von $\zeta(\sigma + it)$ für $t \to \infty$ bei festem σ. Schon im Beweis von Lemma 2.6.1 hatten wir implizit gesehen, daß es ein $k \in \mathbb{N}$ mit $\zeta(\sigma + it) \ll t^k$ gibt. Für alle reellen σ fällt damit
$$\mu(\sigma) = \inf\{c : |\zeta(\sigma + it)| \ll |t|^c\} = \limsup_{t\to\infty}\frac{\log|\zeta(\sigma + it)|}{\log t}$$
endlich aus[2]. Für $\sigma > 1$ folgt aus der Dirichlet-Reihe $|\zeta(\sigma + it)| \leq \zeta(\sigma)$, es folgt $\mu(\sigma) \leq 0$. Dasselbe Argument läßt sich aber auch auf $\zeta(s)^{-1}$ anwenden; es gilt $|\zeta(\sigma + it)|^{-1} \leq \sum n^{-\sigma} = \zeta(\sigma)$. Das zeigt
$$\mu(\sigma) = 0 \quad \text{für } \sigma > 1. \tag{4.10}$$
Sei $\Delta(s)$ wie im vorigen Abschnitt durch $\zeta(s) = \Delta(s)\zeta(1-s)$ erklärt. Die Stirlingsche Formel zeigt $|\Delta(\sigma + it)| = |t/(2\pi)|^{\frac{1}{2}-\sigma}(1 + O(1/|t|))$, so daß aus der Funktionalgleichung
$$\mu(\sigma) = \frac{1}{2} - \sigma \quad \text{für } \sigma < 0 \tag{4.11}$$
folgt. Für $0 < \sigma < 1$ benutzen wir die approximate functional equation Satz 4.1.3 mit $x = y = \sqrt{t/(2\pi)}$ und schätzen trivial ab. Wir erhalten so

[2] Der Leser sei gewarnt, daß hier selbstverständlich nicht die Möbius-Funktion gemeint ist. Die Notation $\mu(\sigma)$ in diesem Zusammenhang ist historisch bedingt.

$$\zeta(\sigma + \mathrm{i}t) \ll (x^{1-\sigma} + |t|^{\frac{1}{2}-\sigma} y^{\sigma}) \log t \ll |t|^{\frac{1}{2}(1-\sigma)} \log |t|,$$

was wir noch in der Form

$$\mu(\sigma) \leq \frac{1}{2}(1-\sigma) \quad \text{für } 0 \leq \sigma \leq 1 \tag{4.12}$$

notieren. Die hierin enthaltene, aber noch nicht begründete Aussage $\mu(1) = 0$ folgt aus Lemma 1.7.2; $\mu(0) = \frac{1}{2}$ ergibt sich dann wieder aus der Funktionalgleichung.

Satz 4.2.1. *$\mu(\sigma)$ ist konvex.*

Nach diesem Satz folgt (4.12) erneut aus (4.10) und (4.11). Darüber hinaus können wir aber auch

$$\mu(\sigma) \geq \max(0, \frac{1}{2} - \sigma)$$

folgern. Die *Lindelöf-Vermutung* besagt, daß hier Gleichheit gelten soll. Wegen der Konvexität von $\mu(\sigma)$ ist dies gleichbedeutend mit $\mu(\frac{1}{2}) = 0$.

Dieser Satz wird gewöhnlich mit dem Satz von Phragmen-Lindelöf bewiesen, der es ermöglicht, eine Aussage wie in Satz 4.2.1 für eine große Klasse von Dirichlet-Reihen zu beweisen. Wir haben allerdings nach dem bereits Bekannten die Konvexität nur noch in $0 \leq \sigma \leq 1$ nachzuweisen. Das gelingt direkt mit Hilfe von Satz 4.1.2. Bevor der eigentliche Beweis gegeben wird, notieren wir eine nützliche Folgerung aus der Perronschen Formel. Seien $1 \leq N \leq N_1 \leq N_2 \leq 2N \leq 2T$ und $w \in \mathbb{C}$ mit $0 \leq \operatorname{Re} w \leq 1$. Aus Lemma 1.4.2 mit $a(n) = n^{-w}$ und $x = N_j$ ergibt sich nach Subtraktion der beiden Formeln für $j = 1$ und $j = 2$

$$\sum_{N_1 < n \leq N_2} n^{-w} = \frac{1}{2\pi \mathrm{i}} \int_{c-\mathrm{i}T}^{c+\mathrm{i}T} \zeta(s+w)(N_2^s - N_1^s) \frac{ds}{s}$$
$$+ O\Big(\zeta(c + \operatorname{Re} w) N^c T^{-1} + N^{-\operatorname{Re} w}\Big(1 + \frac{N \log N}{T}\Big)\Big).$$

Hier muß $c + \operatorname{Re} w > 1$ und $c > 0$ gefordert werden. Wir setzen $c = 1 - \operatorname{Re} w + \epsilon$ mit $\epsilon > 0$ und haben dann

$$\sum_{N_1 < n \leq N_2} n^{-w} = \frac{1}{2\pi \mathrm{i}} \int_{1-\omega+\epsilon-\mathrm{i}T}^{1-\omega+\epsilon+\mathrm{i}T} \zeta(s+w)(N_2^s - N_1^s) \frac{ds}{s} + O(N^{\epsilon-\omega}),$$

wenn $w = \omega + \mathrm{i}v$ geschrieben wird. Nun integrieren wir $\zeta(s+w)(N_2^s - N_1^s)s^{-1}$ über den Rand des Rechtecks mit den Ecken $\pm \mathrm{i}T$, $1 - \omega + \epsilon \pm \mathrm{i}T$ und bezeichnen mit E den Beitrag von den beiden horizontalen Kanten. Der Cauchysche Integralsatz liefert dann

$$\sum_{N_1 < n \leq N_2} n^{-w} = \frac{1}{2\pi \mathrm{i}} \int_{-\mathrm{i}T}^{\mathrm{i}T} \zeta(s+w)(N_2^s - N_1^s) \frac{ds}{s} + O(N^{\epsilon-\omega} + |E|).$$

Es gilt

$$E \ll \int_0^{1-\omega+\epsilon} |\zeta(\sigma+\omega+\mathrm{i}T+\mathrm{i}v)| N^\sigma \frac{d\sigma}{T}.$$

Wenn nun auch noch $T < v \le 2T$ vorausgesetzt wird, dann haben wir wegen der für $\sigma+\omega \le 1+\epsilon$ gültigen trivialen Abschätzung

$$|\zeta(\sigma+\omega+\mathrm{i}T+\mathrm{i}v)| \ll T^{\mu(\sigma+\omega)+\epsilon} \ll T^{1-\sigma-\omega+\epsilon}$$

sofort

$$E \ll T^{\epsilon-\omega} \int_0^{1-\omega+\epsilon} (N/T)^\sigma \, d\sigma \ll T^{\epsilon-\omega}.$$

Das verbleibende Integral kann ebenfalls noch etwas vereinfacht werden. Mit $s = \mathrm{i}t$ kommt

$$(N_2^s - N_1^s)/s = \int_{N_1}^{N_2} x^{\mathrm{i}t-1} \, dx \ll \min(1, |t|^{-1}).$$

Damit haben wir gezeigt: Ist $0 \le \omega \le 1$, $T < v \le 2T$ und $N \le N_1 < N_2 \le 2N \le 2T$, dann gilt

$$\sum_{N_1 < n \le N_2} n^{-\omega-\mathrm{i}v} \ll \int_{-T}^{T} |\zeta(\omega+\mathrm{i}v+\mathrm{i}t)| \frac{dt}{|t|+1} + N^{\epsilon-\omega}. \tag{4.13}$$

Jetzt benutzen wir partielle Summation, um die Summe links in (4.13) bei verschiedenen ω zu vergleichen. Ist $\sigma_0 > 0$, dann kommt so

$$\sum_{N<n\le 2N} n^{-\omega-\mathrm{i}v}$$

$$\ll N^{\sigma_0-\omega} \Big| \sum_{N<n\le 2N} n^{-\sigma_0-\mathrm{i}v} \Big| + N^{\sigma_0-\omega-1} \int_N^{2N} \Big| \sum_{N<n\le x} n^{-\sigma_0-\mathrm{i}v} \Big| dx,$$

wenn die anderen Parameter den gleichen Bedingungen wie in (4.13) unterliegen. Mit (4.13) kommt schließlich

$$\sum_{N<n\le 2N} n^{-\omega-\mathrm{i}v} \ll N^{\epsilon-\omega} + N^{\sigma_0-\omega} \int_{-T}^{T} |\zeta(\sigma_0+\mathrm{i}v+\mathrm{i}t)| \frac{dt}{|t|+1}. \tag{4.14}$$

Damit sind die Vorbereitungen abgeschlossen, wir können mit dem eigentlichen Beweis beginnen. In $\sigma \ge \epsilon > 0$ gilt nach Satz 4.1.2 für $T < t \le 2T$

$$\zeta(\sigma+\mathrm{i}t) = \sum_{n\le 2T} n^{-\sigma-\mathrm{i}t} + O(T^{-\sigma}).$$

Die Summe über n zerlegen wir in $O(\log T)$ Teile des Typs

$$\sum_{N<n\le 2N} n^{-\sigma-\mathrm{i}t}$$

(wähle $N = 2^{-j}T$, $j = 0, 1, 2, \ldots$). Können wir also für $\frac{1}{2} < N \leq T$ stets

$$\sum_{N<n\leq 2N} n^{-\sigma-\mathrm{i}t} \ll T^{\mu}$$

zeigen, dann ist $\mu(\sigma) \leq \mu$. Sei $0 < \sigma_1 < \sigma_2 \leq 1$ und $\sigma_1 \leq \sigma \leq \sigma_2$. Aus (4.14) mit $\sigma_0 = \sigma_i$ und $\omega = \sigma$ entnehmen wir

$$\sum_{N<n\leq 2N} n^{-\sigma-\mathrm{i}t} \ll N^{\epsilon-\sigma} + N^{\sigma_i-\sigma}T^{\mu(\sigma_i)+\epsilon}.$$

Verwenden wir dies mit $i = 1$ und $i = 2$, kommt für beliebiges $\alpha \in [0,1]$ wegen $\sigma \geq \epsilon$

$$\sum_{N<n\leq 2N} n^{-\sigma-\mathrm{i}t} \ll 1 + N^{\alpha(\sigma_1-\sigma)+(1-\alpha)(\sigma_2-\sigma)}T^{\alpha\mu(\sigma_1)+(1-\alpha)\mu(\sigma_2)+\epsilon}.$$

Da wir an einer von N unabhängigen Schranke interessiert sind, setzen wir $\alpha = (\sigma_2 - \sigma)(\sigma_2 - \sigma_1)^{-1}$. Dann verschwindet der Exponent von N, es folgt

$$\sum_{N<n\leq 2N} n^{-\sigma-\mathrm{i}t} \ll T^{\mu}$$

mit

$$\mu = \mu(\sigma_1)\frac{\sigma_2 - \sigma}{\sigma_2 - \sigma_1} + \mu(\sigma_2)\frac{\sigma - \sigma_1}{\sigma_2 - \sigma_1} + \epsilon.$$

Nach der Vorbemerkung ist $\mu(\sigma) \leq \mu$, mit $\epsilon \to 0$ folgt die behauptete Konvexität von $\mu(\sigma)$.

Allein auf Grund der Definition von $\mu(\sigma)$ gilt bei festem $\sigma \in \mathbb{R}$ die Abschätzung

$$\zeta(\sigma + \mathrm{i}t) \ll |t|^{\mu(\sigma)+\epsilon}, \tag{4.15}$$

doch die soeben benutzten Argumente zeigen erheblich mehr: *Für jedes $\sigma_0 \in \mathbb{R}$ gilt (4.15) gleichmäßig in $\sigma \geq \sigma_0$, $|t| \geq 1$.* Von dieser nützlichen Bemerkung werden wir noch häufig Gebrauch machen.

Es gibt eine ganze Reihe äquivalenter Formulierungen für die Lindelöf-Vermutung. Zwei davon sollen hier vorgestellt werden.

Satz 4.2.2. *Sei $\frac{1}{2} \leq \sigma \leq 1$. Es gilt $\mu(\sigma) = 0$ genau dann, wenn für alle $k \in \mathbb{N}$ gilt*

$$\int_1^T |\zeta(\sigma + \mathrm{i}t)|^k \, dt = O(T^{1+\epsilon}). \tag{4.16}$$

Die Lindelöf-Vermutung ist also äquivalent zur Gültigkeit von (4.16) für alle $\sigma > \frac{1}{2}$ und alle $k \in \mathbb{N}$, aber auch zur Gültigkeit von (4.16) für $\sigma = \frac{1}{2}$ und alle k.

Beweis. Wir nehmen $\mu(\sigma) > 0$ an und zeigen, daß (4.16) für genügend großes k nicht mehr gelten kann. Sei $c \in \mathbb{R}$ mit $0 < c < \mu(\sigma)$. Dann gibt es eine Folge t_j reeller Zahlen mit $t_j \to \infty$ für $j \to \infty$ und $|\zeta(\sigma + \mathrm{i}t_j)| > t_j^c$. Diese Ungleichung muß aus Stetigkeitsgründen auch noch für t nahe bei t_j gelten. Für eine quantitative Version dieser Überlegung schätzen wir die Ableitung ab. Durch Differenzieren von (1.61) folgt sofort

$$\zeta'(s) = O(|\operatorname{Im} s|)$$

gleichmäßig in $\operatorname{Re} s \geq \frac{1}{2}$, $\operatorname{Im} s \geq 1$. Das zeigt

$$|\zeta(\sigma + \mathrm{i}t) - \zeta(\sigma + \mathrm{i}t_j)| \leq \int_{t_j}^{t} |\zeta'(\sigma + \mathrm{i}\tau)|\, d\tau \ll |t - t_j|(t + t_j).$$

Für $|t - t_j| \leq t_j^{-1}$ ist $|t - t_j|(t + t_j) \ll 1$. Ist t_j genügend groß, folgt für diese t

$$|\zeta(\sigma + \mathrm{i}t) - \zeta(\sigma + \mathrm{i}t_j)| \leq \tfrac{1}{2} t_j^c,$$

also $|\zeta(\sigma + \mathrm{i}t)| > \frac{1}{2} t_j^c$. Damit haben wir

$$\int_1^{2t_j} |\zeta(\sigma + \mathrm{i}t)|^k\, dt \geq 2^{-k} t_j^{ck} \int_{t_j - t_j^{-1}}^{t_j + t_j^{-1}} dt = 2^{1-k} t_j^{ck-1} > t_j^{ck-2},$$

sobald $t_j > 2^k$ wird. Die umgekehrte Richtung im Satz ist trivial.

Zwischen dem Wachstum einer analytischen Funktion und der Anzahl ihrer Nullstellen besteht wegen der Jensenschen Formel ein Zusammenhang. Deshalb sollte es nicht überraschen, wenn die Lindelöf-Vermutung durch die Nullstellen der Zetafunktion ausgedrückt werden kann.

Satz 4.2.3. *Die Lindelöf-Vermutung gilt genau dann, wenn für alle $\sigma > \frac{1}{2}$ gilt*

$$\lim_{T \to \infty} (\log T)^{-1} \#\{\varrho \in \mathcal{N} : T - 1 < \operatorname{Im} \varrho < T + 1,\ \operatorname{Re} \varrho > \sigma\} = 0.$$

mit $T \to \infty$. Die Riemannsche Vermutung impliziert die Lindelöf-Vermutung.

Die letzte Aussage ist klar, denn unter Annahme der Riemannschen Vermutung gibt es überhaupt keine Nullstellen ϱ mit $\operatorname{Re} \varrho > 1/2$. Der Satz zeigt auch, daß die Riemannsche Vermutung *nicht* aus der Lindelöf-Vermutung folgt. Die Abschätzung für die Nullstellenanzahl kann mit der Jensenschen Formel aus der Lindelöf-Vermutung hergeleitet werden, wenn ähnlich wie im

Beweis von Lemma 2.6.3 vorgegangen wird. Die Umkehrung ist schwieriger. Wir verweisen auf Titchmarsh, Satz 13.5 oder Patterson, Kap. 5.

Aufgaben

1. Sei $k \in \mathbb{N}$, $t \geq 2$ und $L = \log t$. Zeige
$$\zeta(\frac{1}{2} + \mathrm{i}t)^k \ll L \left(1 + \int_{-L^2}^{L^2} |\zeta(\frac{1}{2} + \mathrm{i}t + \mathrm{i}\tau)|^k \mathrm{e}^{-|\tau|}\, d\tau\right).$$
2. Formuliere und beweise ein Analogon zur vorigen Aufgabe für $\zeta(\sigma + it)$ mit $\sigma > 1/2$.
3. Unter Annahme der Lindelöf-Vermutung beweise die Abschätzung für die Nullstellenanzahl aus Satz 4.2.3.

4.3 Das Dirichletsche Teilerproblem

Schon in Satz 1.2.2 hatten wir die mittlere Ordnung von $d(n)$ mit elementaren Methoden bestimmt. Die allgemeineren Teilerfunktionen
$$d_k(n) = \sum_{\substack{u_1,\ldots,u_k \\ u_1 u_2 \ldots u_k = n}} 1.$$
lassen sich ähnlich behandeln. Wegen $d_2 = d$ und $d_{k+1} = \varepsilon * d_k$ für $k \geq 2$ bietet sich Induktion über k zur Bestimmung der mittleren Ordnung der d_k an. Auf diesem Wege ergibt sich
$$\sum_{n \leq x} d_k(n) = x P_k(\log x) + O(x^{1-\frac{1}{k}} (\log x)^{k-2}), \tag{4.17}$$
wobei $P_k(z)$ ein Polynom vom Grad $k-1$ bezeichnet, das explizit angegeben werden kann. Den Beweis wollen wir nur grob skizzieren. Ist (4.17) für k bereits bekannt, dann bestätigt partielle Summation auch
$$\sum_{n \leq x} \frac{d_k(n)}{n} = Q_k(\log x) + O(x^{-\frac{1}{k}} (\log x)^{k-2}) \tag{4.18}$$
mit einem Polynom $Q_k(z)$ vom Grad k. Folgen wir jetzt dem im Beweis von Satz 1.3.4 angegebenen Rezept zur Bestimmung mittlerer Ordnungen von Faltungen, dann haben wir mit zunächst beliebigem $1 \leq y \leq x$
$$\sum_{n \leq x} d_{k+1}(n) = \sum_{uv \leq x} d_k(v) = \sum_{u \leq y} \sum_{v \leq x/u} d_k(v) + \sum_{v \leq x/y} d_k(v) \Big(\frac{x}{v} - y + O(1)\Big).$$
Wird nun $y = x^{1/(k+1)}$ gesetzt, dann kommt aus (4.17) und (4.18) nach kurzer Rechnung

$$\sum_{n\le x} d_{k+1}(n)$$
$$= \sum_{u\le y} \frac{x}{u} P_k\Big(\log\frac{x}{u}\Big) + xQ_k\Big(\log\frac{x}{y}\Big) - xP_k\Big(\log\frac{x}{y}\Big) + O\Big(\frac{x}{y}(\log x)^{k-1}\Big).$$

Eine weitere partielle Summation des ersten Terms auf der rechten Seite ergibt dann (4.17) für $k+1$. Da wir (4.17) für $k=2$ schon in Satz 1.2.2 begründet haben, ist (4.17) nun für alle $k\ge 2$ bewiesen.

Die Zetafunktion liefert zusammen mit der Perronschen Formel einen neuen Zugang zu diesem Problem, denn da d_k die k-fache Faltung von ε ist, gilt in $\sigma>1$ die Gleichung

$$\zeta(s)^k = \sum_{n=1}^{\infty} d_k(n) n^{-s}.$$

Wegen $d_k(n) = \varepsilon * d_{k-1}(n)$ folgt aus der schon bekannten Abschätzung $d(n) = d_2(n) \ll n^\epsilon$ mit Induktion über k auch $d_k(n)\ll n^\epsilon$. Mit $c = 1+(\log x)^{-1}$ und $2\le T\le x$ liefert Lemma 1.4.2 die Formel

$$\sum_{n\le x} d_k(n) = \frac{1}{2\pi \mathrm{i}} \int_{c-\mathrm{i}T}^{c+\mathrm{i}T} \zeta(s)^k x^s \frac{ds}{s} + O(x^{1+\epsilon}T^{-1}).$$

Sei $0<\sigma<1$. Wird $\zeta(s)^k x^s s^{-1}$ über den Rand des Rechtecks mit den Ecken $c\pm \mathrm{i}T$, $\sigma\pm\mathrm{i}T$ integriert, zeigt der Residuensatz

$$\begin{aligned}\sum_{n\le x} d_k(n) &= \operatorname{Res}_{s=1}\zeta(s)^k\frac{x^s}{s} + \frac{1}{2\pi\mathrm{i}}\int_{\sigma-\mathrm{i}T}^{\sigma+\mathrm{i}T}\zeta(s)^k x^s\frac{ds}{s}\\ &\quad + O\left(\frac{x^{1+\epsilon}}{T} + \int_\sigma^c |\zeta(u+\mathrm{i}T)|^k x^u \frac{du}{T}\right). \qquad (4.19)\end{aligned}$$

Das Integral im Restglied kann leicht abgeschätzt werden, wenn die Definition von $\mu(\sigma)$ benutzt wird. Aus (4.15) ergibt sich dann

$$\int_\sigma^{1+\epsilon} |\zeta(u+\mathrm{i}T)|^k x^u \frac{du}{T} \ll \int_\sigma^{1+\epsilon} T^{k\mu(u)-1+\epsilon} x^u\, du \ll \frac{x^{1+\epsilon}}{T}$$

für $x>2T^{k/2}$, wenn $\mu(u)\le \frac12(1-u)$ für $0\le u\le 1$ beachtet wird. Aus den in $|s-1|<1$ gültigen Reihenentwicklungen

$$\begin{aligned} x^s &= x\sum_{l=0}^{\infty}(l!)^{-1}((\log x)(s-1))^l,\\ \frac{1}{s} &= \sum_{l=0}^{\infty}(1-s)^l,\\ \zeta(s) &= \frac{1}{s-1} + \sum_{l=0}^{\infty} c_l (s-1)^l \end{aligned}$$

mit gewissen $c_l \in \mathbb{R}$ kann

$$\operatorname{Res}_{s=1}\zeta(s)^k \frac{x^s}{s} = xP_k(\log x) \tag{4.20}$$

mit einem Polynom P_k vom Grad $k-1$ abgelesen werden. Es wird sich gleich herausstellen, daß dieses P_k mit dem in (4.17) auftretenden Polynom identisch ist. Die bisherigen Ergebnisse fassen wir im nächsten Satz zusammen.

Satz 4.3.1. *Sei* $0 < \sigma < 1$, $x \geq 2T^{k/2} \geq 1$. *Ist* P_k *das durch* (4.20) *definierte Polynom, dann gilt*

$$\sum_{n \leq x} d_k(n) = xP_k(\log x) + O\Big(\frac{x^{1+\epsilon}}{T} + x^\sigma \int_0^T \frac{|\zeta(\sigma + it)|^k}{|\sigma + it|}\, dt\Big).$$

Als einfachste Anwendung wählen wir $T = x^{2/(k+4)}$ und benutzen die aus (4.12) bekannte Ungleichung $\zeta(\frac{1}{2} + it) \ll t^{1/4+\epsilon}$. Dann folgt

$$\sum_{n \leq x} d_k(n) = xP_k(\log x) + O(x^{1-\frac{2}{k+4}+\epsilon}). \tag{4.21}$$

Ein Vergleich mit (4.17) zeigt, daß die dort vorkommenden P_k in der Tat mit den in (4.20) definierten übereinstimmen; insbesondere haben wir $P_2(z) = z + 2\gamma - 1$. Für $k \geq 5$ ist der Fehlerterm in (4.21) kleiner als in (4.17).

Satz 4.3.1 zeigt deutlich, daß die Potenzmomente

$$\int_1^T |\zeta(\sigma + it)|^k\, dt$$

nicht nur eng mit dem Wachstumsverhalten der Zetafunktion zusammenhängen, wie wir in Satz 4.2.2 gesehen haben, sondern auch bei Teilerproblemen eine entscheidende Rolle spielen. Ähnlich wie bei der Lindelöf-Vermutung kommt es darauf an, für möglichst kleines σ eine möglichst gute Schranke für das k-te Potenzmoment zu benutzen. Als Beispiel betrachten wir $k = 4$. Wie wir später sehen werden (Satz 4.5.2), gilt die Abschätzung

$$\int_0^T |\zeta(\tfrac{1}{2} + it)|^4\, dt \ll T^{1+\epsilon},$$

die

$$\int_0^T \frac{|\zeta(\frac{1}{2} + it)|^4}{1 + |t|}\, dt \ll T^\epsilon$$

zur Folge hat. Aus dem vorigen Satz mit $T = \frac{1}{2}x^{1/2}$ und $\sigma = \frac{1}{2}$ ergibt sich nun

$$\sum_{n \leq x} d_4(n) = xP_4(\log x) + O(x^{1/2+\epsilon}).$$

Diese Abschätzung stammt von Hardy und Littlewood (1922) und ist bis heute nicht verbessert worden. Zum Vergleich sei auf das weit schwächere Restglied $O(x^{3/4}(\log x)^2)$ in (4.17) mit $k = 4$ hingewiesen.

Die zum Beweis von Satz 4.3.1 führende Methode ist recht flexibel. Wird sie mit der Funktionalgleichung für die Zetafunktion kombiniert, läßt sich das Restglied in Satz 1.2.2 weiter verbessern.

Satz 4.3.2. *Es gilt*

$$\sum_{n\le x} d(n) = x \log x + (2\gamma - 1)x + O(x^{\frac{1}{3}+\epsilon}).$$

Beweis. Wie bei der Herleitung von Satz 4.3.1 beginnen wir mit (4.19), wählen dort aber $\sigma < 0$. Die Gültigkeit von (4.19) bleibt erhalten, denn neben dem in (4.19) aufgeführten Residuum ist lediglich noch der Pol von $\zeta(s)^k x^s s^{-1}$ bei $s = 0$ zu berücksichtigen. Das Residuum bei $s = 0$ ist $\zeta(0)^k$, und dieser Term kann in das Restglied absorbiert werden. Für das im Restglied von (4.19) auftretende Integral erhalten wir wegen $\mu(u) \le \frac{1}{2}(1 - u)$ für $0 \le u \le 1$ und $\mu(u) = \frac{1}{2} - u$ für $u < 0$ die Ungleichung

$$\int_\sigma^c |\zeta(u + \mathrm{i}T)|^2 x^u \frac{du}{T} \ll x^{1+\epsilon}T^{-1} + x^\sigma T^{-2\sigma}.$$

Für das Residuum bei $s = 1$ können wir die oben angegebene Auswertung übernehmen. Die bisherigen Überlegungen fassen wir in der für $\sigma < 0$, $2 \le T \le x$ gültigen Formel

$$\sum_{n\le x} d(n) = x\log x+(2\gamma-1)x+\frac{1}{2\pi \mathrm{i}}\int_{\sigma-\mathrm{i}T}^{\sigma+\mathrm{i}T} \zeta(s)^2 x^s \frac{ds}{s}+O(x^{1+\epsilon}T^{-1}+x^\sigma T^{-2\sigma})$$

zusammen. Schreiben wir die Funktionalgleichung der Zetafunktion in der Form $\zeta(s) = \Delta(s)\zeta(1 - s)$, dann kommt wegen $\operatorname{Re}(1 - s) = 1 - \sigma > 1$

$$\begin{aligned}\int_{\sigma-\mathrm{i}T}^{\sigma+\mathrm{i}T} \zeta(s)^2 x^s \frac{ds}{s} &= \int_{\sigma-\mathrm{i}T}^{\sigma+\mathrm{i}T} \Delta(s)^2\zeta(1-s)^2 x^s \frac{ds}{s} \\ &= \sum_{n=1}^\infty d(n) \int_{\sigma-\mathrm{i}T}^{\sigma+\mathrm{i}T} \Delta(s)^2 n^{s-1} x^s \frac{ds}{s} \\ &= \mathrm{i}x^\sigma \sum_{n=1}^\infty \frac{d(n)}{n^{1-\sigma}} \int_{-T}^{T} \Delta(\sigma+\mathrm{i}t)^2 (nx)^{\mathrm{i}t} \frac{dt}{\sigma+\mathrm{i}t}.\end{aligned}$$

In den verbleibenden Integralen schätzen wir zuerst die Beiträge von $1 \le t \le T$ ab. Für $t \ge 1$ gilt bei festem σ

$$\frac{1}{\sigma + \mathrm{i}t} = \frac{1}{\mathrm{i}t} + O\Big(\frac{1}{t^2}\Big),$$

und die Stirlingsche Formel liefert

$$\Delta(\sigma+\mathrm{i}t) = C\mathrm{e}^{-\mathrm{i}t\log t+\mathrm{i}t(1+\log 2\pi)}t^{\frac{1}{2}-\sigma} + O(t^{-\frac{1}{2}-\sigma})$$

mit einer geeigneten Konstante C. Nun folgt

$$\mathrm{i}\int_1^T \Delta(\sigma+\mathrm{i}t)^2(nx)^{\mathrm{i}t}\frac{dt}{\sigma+\mathrm{i}t} = C^2\int_1^T \mathrm{e}^{\mathrm{i}F(t))}t^{-2\sigma}\,dt + O(T^{-2\sigma})$$

mit $F(t) = 2t(\log 2\pi + 1 - \log t) + t\log nx$. Zur Abschätzung des Integrals auf der rechten Seite brauchen wir folgende Variante von Lemma 4.1.1.

Lemma 4.3.1. *Sei $F : [a,b] \to \mathbb{R}$ zweimal stetig differenzierbar und $G : [a,b] \to \mathbb{R}$ stetig differenzierbar. Es gelte $|G(x)| \le M$ und $F''(x) \le -r < 0$ jeweils für alle $x \in [a,b]$. Dann hat F' höchstens eine Nullstelle $c \in [a,b]$. Die für $t \neq c$ erklärte Funktion $G(t)/F'(t)$ sei jeweils für $t < c$ und $t > c$ monoton. Dann gilt*

$$\left|\int_a^b \mathrm{e}^{\mathrm{i}F(x)}G(x)\,dx\right| \le \frac{12M}{\sqrt{r}}.$$

Mit $G(t) = t^{-2\sigma}$ und $F(t) = 2t(\log 2\pi + 1 - \log t) + t\log nx$ haben wir für $1 \le t \le T$ wegen $\sigma < 0$ die Ungleichungen $G(t) \le T^{-2\sigma}$ und $F''(t) = -\frac{2}{t} \le -\frac{2}{T}$, so daß Lemma 4.3.1 die Schranke

$$\left|\int_1^T \Delta(\sigma+\mathrm{i}t)^2(nx)^{\mathrm{i}t}\frac{dt}{\sigma+\mathrm{i}t}\right| \ll T^{\frac{1}{2}-2\sigma}$$

impliziert. Für das verwandte Integral über $[-T,-1]$ gilt dieselbe Abschätzung, und der Beitrag von $[-1,1]$ ist beschränkt. Nun folgt

$$\sum_{n\le x} d(n) = x\log x + (2\gamma-1)x + O(x^{1+\epsilon}T^{-1} + x^\sigma T^{\frac{1}{2}-2\sigma}).$$

Mit $\sigma = -\epsilon$ und $T = x^{\frac{2}{3}}$ ergibt sich der fragliche Satz.

Den Beweis von Lemma 4.3.1 müssen wir noch nachtragen. Nach Voraussetzung ist F' monoton fallend. Es gibt demnach höchstens ein $c \in [a,b]$ mit $F'(c) = 0$. Wir nehmen zunächst an, daß es ein solches c gibt. Sei $\delta > 0$ beliebig. Wir setzen $K_1 = [a, c-\delta]$, für $\delta > c-a$ sei K_1 leer. Sei $K_2 = [c-\delta, c+\delta] \cap [a,b]$ und $K_3 = [c+\delta, b]$, letzteres sei für $\delta > b-c$ wieder leer. Nun betrachten wir separat die Teilintegrale

$$I_j = \int_{K_j} \mathrm{e}^{\mathrm{i}F(x)}G(x)\,dx \quad (j = 1,2,3).$$

Für $x \in K_1$ haben wir

$$|F'(x)| = \left|\int_x^c F''(t)\,dt\right| \ge r(c-x) \ge r\delta.$$

Aus Lemma 4.1.1 folgt jetzt $|I_1| \leq 8M(r\delta)^{-1}$, und dieselbe Abschätzung gilt für $|I_3|$. Für I_2 benutzen wir die triviale Schranke $|I_2| \leq 2\delta M$. Mit $\delta = 2r^{-\frac{1}{2}}$ ergibt sich die behauptete Ungleichung. Hat F' keine Nullstelle in $[a, b]$, liefert dasselbe Argument sogar eine schärfere Ungleichung.

Aufgaben

1. Berechne P_k explizit für $k = 3$ und 4.
2. In Satz 4.3.1 kann die Bedingung $x \geq T^{k/2}$ durch $x > T^2$ ersetzt werden.
3. Zeige
$$\sum_{n \leq x} d_3(n) = xP_3(\log x) + O(x^{1/2+\epsilon}).$$
4. Die Lindelöf-Vermutung ist genau dann richtig, wenn für alle $k \geq 2$ der Fehlerterm in (4.17) durch $O(x^{1/2+\epsilon})$ ersetzt werden kann.
5. Sei $r(n)$ die Anzahl der Darstellungen von n als Summe von zwei Quadraten. Zeige
$$\sum_{n \leq x} \frac{r(n)}{n} = \pi \log x + \pi + \Xi + O(x^{-1/2}),$$
mit
$$\Xi = \int_1^\infty x^{-2}\Big(\sum_{n \leq x} r(n) - \pi x\Big)\, dx.$$
6. Sei $s(n)$ die Anzahl der ganzzahligen Lösungen in x_i der Gleichung
$$n = (x_1^2 + x_2^2)(x_3^2 + x_4^2).$$
Zeige mit elementaren Methoden
$$\sum_{n \leq x} s(n) = \pi^2 x \log x + \pi(2\Xi - 1)x + O(x^{3/4}).$$
Gib einen weiteren Beweis für diese asymptotische Formel mit der Perronschen Formel. Durch Vergleich der Konstanten in den Hauptermen folgere $4L(1) = \pi$, wenn L die in (1.77) definierte L-Reihe bezeichnet. Drücke $L'(1)$ durch die Konstanten π, γ und Ξ aus.
7. Zeige
$$\sum_{n \leq x} r(n) = \pi x + O(x^{1/3+\epsilon}).$$

4.4 Die Hilbertsche Ungleichung und Verwandtes

Ziel dieses Abschnitts sind Mittelwertsätze für sogenannte *Dirichlet-Polynome*
$$\sum_{n \leq N} a_n n^{it}$$
und gewisse Dirichlet-Reihen, die insbesondere Abschätzungen für
$$\int_0^T |\zeta(\tfrac{1}{2} + it)|^2\, dt, \qquad \int_0^T |\zeta(\tfrac{1}{2} + it)|^4\, dt \tag{4.22}$$

zur Folge haben werden. Ein wichtiges Hilfsmittel dabei ist eine Klasse von Sesquilinearformen, deren einfachsten Verteter Hilbert untersucht hat. Vektoren im $\mathbb{C}^R$ kennzeichnen wir im folgenden durch Fettdruck, schreiben demnach etwa $\mathbf{u} = (u_1, \ldots, u_R)$. Durch

$$(\mathbf{u}, \mathbf{v}) \to \mathrm{i} \sum_{\substack{1 \le r,s \le R \\ r \ne s}} \frac{u_r \bar{v}_s}{r - s}$$

ist eine Sesquilinearform auf $\mathbb{C}^R \times \mathbb{C}^R$ definiert. Diese Form ist "beschränkt", denn es gilt die bemerkenswerte *Hilbertsche Ungleichung*

$$\Big| \sum_{\substack{1 \le r,s \le R \\ r \ne s}} \frac{u_r \bar{u}_s}{r - s} \Big| \le \pi \sum_{r=1}^{R} |u_r|^2$$

für alle $\mathbf{u} \in \mathbb{C}^R$. Dafür hat Toeplitz einen sehr einfachen Beweis gefunden. Wir setzen

$$U(\alpha) = \sum_{r=1}^{R} u_r e(\alpha r), \qquad K(\alpha) = -\mathrm{i} \sum_{\substack{k=-\infty \\ k \ne 0}}^{\infty} \frac{e(\alpha k)}{k},$$

wobei in der unendlichen Reihe die Terme mit $\pm k$ zusammenzufassen sind. Deren Partialsummen $\sum_{0<|k|\le N} k^{-1} e(\alpha k)$ sind auf ganz $\mathbb{R}$ gleichmäßig beschränkt und konvergieren auf jedem kompakten Teil von $(0,1)$ gleichmäßig gegen $\pi \mathrm{i}(1 - 2\alpha)$, wie wir in Lemma 4.1.2 gesehen haben. Es folgt jetzt

$$\begin{aligned} \int_0^1 K(\alpha) |U(\alpha)|^2 \, d\alpha &= -\mathrm{i} \sum_{k \ne 0} \frac{1}{k} \sum_{1 \le r,s \le R} u_r \bar{u}_s \int_0^1 e(\alpha(k + r - s)) \, d\alpha \\ &= \mathrm{i} \sum_{\substack{1 \le r,s \le R \\ r \ne s}} \frac{u_r \bar{u}_s}{r - s}, \end{aligned}$$

denn nach der vorangehenden Bemerkung über die Konvergenz von $K(\alpha)$ ist die gliedweise Integration erlaubt. Andererseits ist $|K(\alpha)| \le \pi$ für alle α. Das zeigt

$$\Big| \int_0^1 K(\alpha) |U(\alpha)|^2 \, d\alpha \Big| \le \pi \int_0^1 |U(\alpha)|^2 \, d\alpha = \pi \sum_{r=1}^{R} |u_r|^2,$$

womit die Hilbertsche Ungleichung bewiesen ist.

Für unsere Zwecke reicht die Hilbertsche Ungleichung nicht aus. Die folgende Verallgemeinerung geht auf Montgomery und Vaughan zurück.

Satz 4.4.1. *Seien $\lambda_1 < \lambda_2 < \ldots < \lambda_R$ gegebene reelle Zahlen. Setze*

$$\delta = \min_{s \neq r} |\lambda_r - \lambda_s|, \quad \delta_r = \min_{s: s \neq r} |\lambda_r - \lambda_s|.$$

Dann gelten für alle $\mathbf{u} \in \mathbb{C}^R$ die Ungleichungen

$$\Big| \sum_{\substack{1 \leq r,s \leq R \\ r \neq s}} \frac{u_r \bar{u}_s}{\lambda_r - \lambda_s} \Big| \leq \pi \delta^{-1} \sum_{r=1}^{R} |u_r|^2, \tag{4.23}$$

$$\Big| \sum_{\substack{1 \leq r,s \leq R \\ r \neq s}} \frac{u_r \bar{u}_s}{\lambda_r - \lambda_s} \Big| \leq \sqrt{22} \sum_{r=1}^{R} |u_r|^2 \delta_r^{-1}. \tag{4.24}$$

Wegen $\sqrt{22} > \pi$ ist (4.23) leider nicht in (4.24) enthalten. Die Ungleichung (4.23) ist scharf in dem Sinne, daß sich der Faktor π nicht durch eine kleinere Konstante ersetzen läßt. Dies soll hier aber nicht weiter verfolgt werden. Die Ungleichung (4.24) ist nicht scharf und gilt vermutlich mit dem Faktor π anstelle von $\sqrt{22}$; dann wäre auch (4.23) enthalten.

Bevor wir diesen wichtigen Satz beweisen, sollen einige unmittelbare Folgerungen angegeben werden.

Satz 4.4.2. *Seien $\lambda_r \in \mathbb{R}$ wie in Satz 4.4.1 gegeben und δ, δ_r wie dort definiert. Zu beliebigen komplexen Zahlen a_n und $T > 0$ gibt es stets ein reelles θ mit $|\theta| \leq 1$, so daß gilt*

$$\int_0^T \Big| \sum_{r \leq R} a_r e^{i\lambda_r t} \Big|^2 dt = (T + 2\pi\theta\delta^{-1}) \sum_{r=1}^{R} |a_r|^2.$$

Unter denselben Bedingungen gibt es reelle θ_r mit $|\theta_r| \leq 1$, so daß gilt

$$\int_0^T \Big| \sum_{r \leq R} a_r e^{i\lambda_r t} \Big|^2 dt = \sum_{r=1}^{R} |a_r|^2 (T + \sqrt{88}\theta_r \delta_r^{-1}).$$

Der Beweis ist beinahe trivial, denn es gilt

$$\begin{aligned}
\int_0^T \Big| \sum_{r \leq R} a_r e^{i\lambda_r t} \Big|^2 dt &= T \sum_{r=1}^{R} |a_r|^2 + \int_0^T \sum_{\substack{1 \leq r,s \leq R \\ r \neq s}} a_r \bar{a}_s e^{i(\lambda_r - \lambda_s)t} dt \\
&= T \sum_{r=1}^{R} |a_r|^2 + \sum_{\substack{1 \leq r,s \leq R \\ r \neq s}} a_r \bar{a}_s \frac{e^{i(\lambda_r - \lambda_s)T} - 1}{i(\lambda_r - \lambda_s)}.
\end{aligned}$$

Wird nun Satz 4.4.1 mit $u_r = a_r$ und mit $u_r = a_r e^{i\lambda_r t}$ angewendet, folgt die Behauptung.

Von besonderem Interesse ist der Spezialfall $\lambda_r = \log r$. Dann ist $\delta_r = \log(r+1) - \log r \geq \frac{2}{3r}$ für $r \in \mathbb{N}$. Es gilt also auch der

Satz 4.4.3. *Seien a_n beliebige komplexe Zahlen. Dann gilt*

$$\int_0^T \Big|\sum_{n\le N} a_n n^{it}\Big|^2 dt = T\sum_{n\le N}|a_n|^2 + O\Big(\sum_{n\le N} n|a_n|^2\Big).$$

Als implizite Konstante kann 15 *gewählt werden.*

Ist $\sum n|a_n|^2$ konvergent, bleibt dieses Ergebnis offenbar auch mit $N\to\infty$ richtig.

Aus Satz 4.4.3 ergeben sich die angekündigten Abschätzungen für die Riemannsche Zetafunktion. Diese Anwendungen besprechen wir im nächsten Abschnitt.

Gelegentlich sind die "kontinuierlichen Mittelwerte", also das Integral in Satz 4.4.3 nicht adequat. Ein diskretes Analogon, das allerdings keine asymptotischen Formeln, sondern nur noch obere Schranken liefert, stellt der folgende Satz dar.

Satz 4.4.4. *Für beliebige komplexe Zahlen a_n und reelle Zahlen t_r mit $1\le t_1<t_2<\ldots<t_R\le T$ und $t_r+1\le t_{r+1}$ $(1\le r<R)$ gilt*

$$\sum_{r\le R}\Big|\sum_{n\le N} a_n n^{it_r}\Big|^2 \le 2(\log N)\Big(T\sum_{n\le N}|a_n|^2 + 16\sum_{n\le N} n|a_n|^2\Big).$$

Wir beweisen diesen Satz durch Zurückführen auf Satz 4.4.3. Dazu benötigen wir ein einfache Vorüberlegung.

Lemma 4.4.1. *Sei $f:[0,1]\to\mathbb{C}$ stetig differenzierbar. Für alle $x\in[0,1]$ gilt*

$$|f(x)|\le\int_0^1 (|f(t)|+|f'(t)|)\,dt$$

und genauer

$$|f(\tfrac12)|\le\int_0^1 (|f(t)|+\tfrac12|f'(t)|)\,dt.$$

Zum Beweis schreiben wir

$$f(x)=\int_0^1 f(t)\,dt+\int_0^x tf'(t)\,dt+\int_x^1 (t-1)f'(t)\,dt.$$

Dies läßt sich auch in der Form

$$f(x)=\int_0^1 f(t)\,dt+\int_0^1 \varrho(t,x)f'(t)\,dt$$

schreiben. Aus der vorigen Identität ist $|\varrho(t,x)|\le 1$ für alle $x\in[0,1], t\in[0,1]$ und $|\varrho(t,\frac12)|\le\frac12$ für alle $t\in[0,1]$ offensichtlich, womit das Lemma bereits bewiesen ist.

Für den Beweis des Satzes 4.4.4 setzen wir

$$F(t) = \Big(\sum_{n \le N} a_n n^{\mathrm{i}t} \Big)^2$$

und wählen $f(x) = F(x - \frac{1}{2} + t_r)$ in Lemma 4.4.1. Die so entstehende Ungleichung

$$|F(t_r)| \le \int_{t_r - \frac{1}{2}}^{t_r + \frac{1}{2}} |F(t)| \, dt + \frac{1}{2} \int_{t_r - \frac{1}{2}}^{t_r + \frac{1}{2}} |F'(t)| \, dt$$

kann über r summiert werden und liefert wegen $t_{r+1} - t_r \ge 1$

$$\sum_{r \le R} \Big| \sum_{n \le N} a_n n^{\mathrm{i}t_r} \Big|^2 \le \int_0^{T+1} |F(t)| \, dt + \frac{1}{2} \int_0^{T+1} |F'(t)| \, dt.$$

Auf den ersten Summanden auf der rechten Seite können wir Satz 4.4.3 direkt anwenden und erhalten mit der Bemerkung über die implizite Konstante

$$\begin{aligned} \int_0^{T+1} |F(t)| \, dt &\le (T+1) \sum_{n \le N} |a_n|^2 + 15 \sum_{n \le N} n |a_n|^2 \\ &\le T \sum_{n \le N} |a_n|^2 + 16 \sum_{n \le N} n |a_n|^2. \end{aligned}$$

Wegen

$$F'(t) = 2\mathrm{i} \Big(\sum_{n \le N} a_n n^{\mathrm{i}t} \Big) \Big(\sum_{m \le N} a_m (\log m) m^{\mathrm{i}t} \Big)$$

kommt mit der Cauchy-Schwarz-Ungleichung

$$\int_0^{T+1} |F'(t)| \, dt \le 2 \Big(\int_0^{T+1} |F(t)| \, dt \Big)^{\frac{1}{2}} \Big(\int_0^{T+1} \Big| \sum_{m \le N} a_m (\log m) m^{\mathrm{i}t} \Big|^2 dt \Big)^{\frac{1}{2}}.$$

Hier haben wir den ersten Faktor gerade abgeschätzt, und für den zweiten Faktor gilt dieselbe Ungleichung, wenn a_n durch $a_n \log n$ ersetzt wird. Damit ist Satz 4.4.4 bewiesen.

Beweis von Satz 4.4.1. Wir zeigen zuerst die Ungleichung (4.23) und betrachten dazu die Hermitesche Form

$$H(\mathbf{u}) = \mathrm{i} \sum_{r \ne s} \frac{u_r \bar{u}_s}{\lambda_r - \lambda_s},$$

wobei hier über alle $1 \le r, s \le R$ zu summieren ist. Dieses Kürzel soll auch in den folgenden Betrachtungen Verwendung finden. Zu H gehört eine hermitesche Matrix (h_{rs}) mit $h_{rs} = \mathrm{i}(\lambda_r - \lambda_s)^{-1}$ für $r \ne s$ und $h_{rr} = 0$. Deren Eigenwerte sind sämtlich reell.

Jetzt betrachten wir die durch

$$H^*(\mathbf{u}) = H(\mathbf{u})\Big(\sum_{r\le R}|u_r|^2\Big)^{-1}$$

gegebene Abbildung $H^* : \mathbb{C}^R \setminus \{0\} \to \mathbb{R}$. Die zu zeigende Ungleichung (4.23) kann nun in der Form $|H^*(\mathbf{u})| \le \pi\delta^{-1}$ geschrieben werden; für $\mathbf{u} = 0$ ist sie trivial. Für jede komplexe Zahl $\zeta \neq 0$ gilt aber $H^*(\zeta\mathbf{u}) = H^*(\mathbf{u})$, so daß es genügt, die gesuchte Ungleichung für alle $\mathbf{u}$ mit

$$\sum_{r\le R}|u_r|^2 = 1 \tag{4.25}$$

zu verifizieren. Für diese $\mathbf{u}$ ist $H^*(\mathbf{u}) = H(\mathbf{u})$. Die reellwertige Funktion $H(\mathbf{u})$ ist stetig, nimmt also auf der durch (4.25) definierten kompakten Menge Maximum und Minimum an. Ist $\mathbf{u}$ ein Extremwert, dann ist $\mathbf{u}$ nach einem bekannten Satz (vgl. Aufgabe 1) ein Eigenwert von (h_{rs}). Da $|H(\mathbf{u})|$ das Maximum auf (4.25) nur an einem Extremwert von $H(\mathbf{u})$ annehmen kann, reicht es also zum Beweis von (4.23) hin, die Ungleichung $|H(\mathbf{u})| \le \pi\delta^{-1}$ für alle $\mathbf{u}$ zu zeigen, die (4.25) genügen und zugleich Eigenvektoren zu (h_{rs}) sind. Bezeichnen wir den zugehörigen Eigenwert mit ξ, dann haben wir also

$$\mathrm{i}\sum_{r:\,r\neq s}\frac{u_r}{\lambda_r-\lambda_s} = \xi u_s \quad (1\le s\le R). \tag{4.26}$$

Wenden wir die Cauchy-Schwarzsche Ungleichung auf H an, so zeigt das

$$|H(\mathbf{u})|^2 \le \Big(\sum_r |u_r|^2\Big)\Big(\sum_r\Big|\sum_{s:\,s\neq r}\frac{\bar u_s}{\lambda_r-\lambda_s}\Big|^2\Big).$$

Es reicht also hin, die Ungleichung

$$\sum_r\Big|\sum_{s:\,s\neq r}\frac{\bar u_s}{\lambda_r-\lambda_s}\Big|^2 \le \pi^2\delta^{-2} \tag{4.27}$$

für alle $\mathbf{u}$ zu begründen, die (4.25) und (4.26) genügen. Dazu multiplizieren wir die linke Seite aus und erhalten

$$\begin{aligned}
\sum_r\Big|\sum_{s:\,s\neq r}\frac{\bar u_s}{\lambda_r-\lambda_s}\Big|^2 &= \sum_{s,t}\bar u_s u_t\sum_{r:\,r\neq s,t}\frac{1}{(\lambda_r-\lambda_s)(\lambda_r-\lambda_t)}\\
&= \sum_s |u_s|^2\sum_{r:\,r\neq s}\frac{1}{(\lambda_r-\lambda_s)^2}\\
&\quad + \sum_{s,t:\,s\neq t}\frac{\bar u_s u_t}{\lambda_s-\lambda_t}\sum_{r:\,r\neq s,t}\Big(\frac{1}{(\lambda_r-\lambda_s)}-\frac{1}{(\lambda_r-\lambda_t)}\Big)\\
&= T_1(\mathbf{u}) + T_2(\mathbf{u}) - T_3(\mathbf{u}),
\end{aligned}$$

wenn

$$T_1(\mathbf{u}) = \sum_s |u_s|^2 \sum_{r:\, r\neq s} \frac{1}{(\lambda_r - \lambda_s)^2}, \quad T_2(\mathbf{u}) = \sum_{s,t:\, s\neq t} \frac{\bar{u}_s u_t}{\lambda_s - \lambda_t} \sum_{r:\, r\neq s,t} \frac{1}{\lambda_r - \lambda_s}$$

und $T_3(\mathbf{u}) = -\overline{T_2(\mathbf{u})}$ gesetzt wird. In T_2 fügen wir künstlich die Terme mit $r = t$ hinzu und finden so

$$T_2(\mathbf{u}) = \sum_{s\neq t} \frac{\bar{u}_s u_t}{\lambda_s - \lambda_t} \sum_{r:\, r\neq s} \frac{1}{\lambda_r - \lambda_s} + T_4(\mathbf{u})$$

mit

$$T_4(\mathbf{u}) = \sum_{s\neq t} \frac{\bar{u}_s u_t}{(\lambda_s - \lambda_t)^2}.$$

Jetzt nutzen wir die Eigenvektorbedingung (4.26) aus und erhalten

$$\begin{aligned} T_2(\mathbf{u}) &= \sum_s \bar{u}_s \sum_{r:\, r\neq s} \frac{1}{\lambda_r - \lambda_s} \sum_{t:\, t\neq s} \frac{u_t}{\lambda_s - \lambda_t} + T_4(\mathbf{u}) \\ &= \mathrm{i}\xi \sum_{r\neq s} \frac{|u_s|^2}{\lambda_r - \lambda_s} + T_4(\mathbf{u}). \end{aligned}$$

Offenbar ist T_4 eine Hermitesche Form und damit reell. Es folgt

$$T_2(\mathbf{u}) - T_3(\mathbf{u}) = 2T_4(\mathbf{u}).$$

Der Ungleichung $|\bar{u}_s u_t| \leq \frac{1}{2}(|u_s|^2 + |u_t|^2)$ entnehmen wir noch $|T_4(\mathbf{u})| \leq T_1(\mathbf{u})$. Nun ergibt sich

$$\sum_r \Big| \sum_{s:\, s\neq r} \frac{\bar{u}_s}{\lambda_r - \lambda_s} \Big|^2 = T_1(\mathbf{u}) + 2T_4(\mathbf{u}) \leq 3T_1(\mathbf{u}),$$

so daß unsere ursprüngliche Aufgabe auf die Abschätzung von T_1 zurückgeführt ist. Wegen $|\lambda_r - \lambda_s| \geq \delta |r - s|$ folgt sofort

$$\sum_{r:\, r\neq s} \frac{1}{(\lambda_r - \lambda_s)^2} \leq \delta^{-2} \sum_{r:\, r\neq s} \frac{1}{(r-s)^2} \leq 2\delta^{-2} \sum_{k=1}^{\infty} \frac{1}{k^2} = \frac{\pi^2}{3\delta^2}$$

und damit wegen (4.25) auch $3T_1(\mathbf{u}) \leq \pi^2 \delta^{-2}$. Genau das war noch zu zeigen.

Zum Beweis der Ungleichung (4.24) kann im wesentlichen dieselbe Argumentation benutzt werden. Wie oben sehen wir, daß es genügt, (4.24) für alle $\mathbf{u}$ mit

$$\sum_{r\leq R} |u_r|^2 \delta_r^{-1} = 1 \tag{4.28}$$

zu zeigen. Ist $\mathbf{u}$ Extremwert der reellwertigen Funktion $H(\mathbf{u})$ auf der Menge (4.28), dann gibt es ein $\xi \in \mathbb{R}$ mit

$$\mathrm{i} \sum_{r:\, r \neq s} \frac{u_r}{\lambda_r - \lambda_s} = \xi \delta_s^{-1} u_s \quad (1 \leq s \leq R); \tag{4.29}$$

vergleiche wieder Aufgabe 1. Damit ist also nur noch $|H(\mathbf{u})|^2 \leq 22$ für alle $\mathbf{u}$ mit (4.28) und (4.29) zu begründen. Für diese $\mathbf{u}$ zeigt die Cauchy-Schwarzsche Ungleichung zusammen mit (4.28)

$$|H(\mathbf{u})|^2 \leq \sum_r \delta_r \Big| \sum_{s:\, s \neq r} \frac{\bar{u}_s}{\lambda_r - \lambda_s} \Big|^2. \tag{4.30}$$

Jetzt können wir den vorigen Beweisgang weitgehend kopieren. Wird

$$T_1(\mathbf{u}) = \sum_{r \neq s} \frac{|u_s|^2}{(\lambda_r - \lambda_s)^2} \delta_r \tag{4.31}$$

gesetzt, ergibt Ausmultiplizieren der rechten Seite von (4.30)

$$\begin{aligned} \sum_r \delta_r \Big| \sum_{s:\, s \neq r} \frac{\bar{u}_s}{\lambda_r - \lambda_s} \Big|^2 &= T_1(\mathbf{u}) + \sum_{s \neq t} \bar{u}_s u_t \sum_{r:\, r \neq s,t} \frac{\delta_r}{(\lambda_r - \lambda_s)(\lambda_r - \lambda_t)} \\ &= T_1(\mathbf{u}) + T_2(\mathbf{u}) - T_3(\mathbf{u}) \end{aligned}$$

mit

$$T_2(\mathbf{u}) = \sum_{s \neq t} \frac{\bar{u}_s u_t}{\lambda_s - \lambda_t} \sum_{r:\, r \neq s,t} \frac{\delta_r}{\lambda_r - \lambda_s}; \quad T_3(\mathbf{u}) = -\overline{T_2(\mathbf{u})};$$

vergleiche dazu die analoge Formel im Beweis von (4.23). Jetzt manipulieren wir $T_2(\mathbf{u})$ durch Hinzufügen des Terms mit $r = t$ und erhalten wegen (4.29) mit derselben Rechnung wie oben

$$T_2(\mathbf{u}) = \mathrm{i}\xi \sum_{r \neq s} \frac{|u_s|^2}{\lambda_r - \lambda_s} \delta_r \delta_s^{-1} + T_4(\mathbf{u})$$

mit

$$T_4(\mathbf{u}) = \sum_{s \neq t} \frac{\bar{u}_s u_t}{(\lambda_s - \lambda_t)^2} \delta_t. \tag{4.32}$$

Aus (4.30) ergibt sich jetzt

$$|H(\mathbf{u})|^2 \leq T_1(\mathbf{u}) + 2 \operatorname{Re} T_4(\mathbf{u}). \tag{4.33}$$

Leider läßt sich die Abschätzung von T_4 nicht ohne weiteres auf T_1 zurückführen. Wir schätzen deshalb die beiden Summen diesmal separat ab.

Lemma 4.4.2. *Unter den Voraussetzungen des Satzes* 4.4.1 *gelten die Ungleichungen*

$$\sum_{r:r\neq s} \frac{\delta_r}{(\lambda_r-\lambda_s)^2} \leq 4\delta_s^{-1}, \tag{4.34}$$

$$\sum_{s:r\neq s} \frac{\delta_s}{(\lambda_r-\lambda_s)^4} \leq \frac{16}{3}\delta_r^{-3}. \tag{4.35}$$

Für $r \neq t$ *gilt ferner*

$$\sum_{s:\, s\neq r,t} \frac{\delta_s}{(\lambda_r-\lambda_s)^2(\lambda_t-\lambda_s)^2} \leq 4(\delta_r^{-1}+\delta_t^{-1})(\lambda_r-\lambda_t)^{-2}. \tag{4.36}$$

Aus (4.28), (4.31) und (4.34) kommt sofort

$$T_1(\mathbf{u}) \leq 4.$$

Die Summe T_4 ist diffiziler. Offenbar gilt $|T_4(\mathbf{u})| \leq T_5(\mathbf{u})$ mit

$$T_5(\mathbf{u}) = \sum_{s\neq t} \frac{|u_s u_t|}{(\lambda_s-\lambda_t)^2}\delta_t.$$

Hier fügen wir den Faktor $\delta_s^{-\frac{1}{2}}\delta_s^{\frac{1}{2}}$ ein und wenden Cauchy-Schwarz an. Dann folgt wegen (4.28)

$$\begin{aligned} T_5(\mathbf{u})^2 &\leq \sum_s \delta_s \Big| \sum_{t:\, t\neq s} \frac{|u_t|}{(\lambda_t-\lambda_s)^2}\delta_t \Big|^2 \\ &= \sum_{r,t} |u_r u_t| \delta_r \delta_t \sum_{s:\, s\neq r,t} \frac{\delta_s}{(\lambda_r-\lambda_s)^2(\lambda_t-\lambda_s)^2}. \end{aligned}$$

Hier separieren wir die Terme mit $r = t$ und schreiben die vorige Ungleichung dementsprechend als

$$T_5(\mathbf{u})^2 \leq S_1 + S_2$$

mit

$$\begin{aligned} S_1 &= \sum_{r\neq s} |u_r|^2 \delta_r^2 \frac{\delta_s}{(\lambda_r-\lambda_s)^4}, \\ S_2 &= \sum_{\substack{r,s,t \\ \text{verschieden}}} |u_r u_t| \frac{\delta_r \delta_s \delta_t}{(\lambda_r-\lambda_s)^2(\lambda_t-\lambda_s)^2}. \end{aligned}$$

Mit (4.35) und (4.28) ist $S_1 \leq \frac{16}{3}$ sofort klar. Mit (4.36) ergibt sich

$$S_2 \leq 4 \sum_{r\neq t} |u_r u_t| \frac{\delta_r + \delta_t}{(\lambda_r-\lambda_t)^2} = 8T_5(\mathbf{u})$$

wegen der Symmetrie in r und t. Damit ist $T_5^2 \leq \frac{16}{3} + 8T_5$ gezeigt, es folgt weiter

$$T_4(\mathbf{u}) \leq T_5(\mathbf{u}) \leq 4 + \frac{8}{\sqrt{3}},$$

und daraus mit (4.33)

$$|H(\mathbf{u})|^2 \leq 12 + \frac{16}{\sqrt{3}} < 22.$$

Das war zu zeigen.

Nachzuholen ist noch der Beweis des Lemmas. Der Beweis der Ungleichungen (4.34) und (4.35) ist einfach. Für $k = 2$ und $k = 4$ ist die Funktion $(x - \lambda_s)^{-k}$ auf den beiden Ästen $x < \lambda_s$ und $x > \lambda_s$ konvex. Aus (8.4) entnehmen wir also für $r \neq s$

$$\delta_r (\lambda_r - \lambda_s)^{-k} \leq \int_{\lambda_r - \frac{1}{2}\delta_r}^{\lambda_r + \frac{1}{2}\delta_r} (x - \lambda_s)^{-k}\, dx.$$

Nach Voraussetzung sind die Intervalle $|x - \lambda_r| \leq \frac{1}{2}\delta_r$ disjunkt; es folgt

$$\sum_{r:\, r \neq s} \delta_r (\lambda_r - \lambda_s)^{-k} \leq \int_{|x - \lambda_s| > \frac{1}{2}\delta_s} (x - \lambda_s)^{-k}\, dx \leq 2 \int_{\frac{1}{2}\delta_s}^{\infty} \frac{dy}{y^k},$$

womit die fraglichen Ungleichungen bestätigt sind.

Der Beweis von (4.36) ist aufwendiger. Wir nehmen ohne Einschränkung der Allgemeinheit $\lambda_s < \lambda_t$ an. Die Funktion $(x - \lambda_s)^{-2}(x - \lambda_t)^{-2}$ ist auf den drei Ästen $x < \lambda_s$, $\lambda_s < x < \lambda_t$ und $x > \lambda_t$ konvex. Das soeben benutzte Argument liefert also diesmal

$$\sum_{r:\, r \neq s,t} \frac{\delta_r}{(\lambda_r - \lambda_s)^2 (\lambda_r - \lambda_t)^2} \leq \int_B \frac{dx}{(x - \lambda_s)^2 (x - \lambda_t)^2} \tag{4.37}$$

mit

$$B = \{x \in \mathbb{R} : |x - \lambda_s| > \tfrac{1}{2}\delta_s,\ |x - \lambda_t| > \tfrac{1}{2}\delta_t\}.$$

Das Integral über B läßt sich berechnen, indem die Endpunkte der beiden ausgesparten Intervalle durch Halbkreise in der oberen Halbebene verbunden werden. Zur Präzisierung dieser Idee bezeichnen wir für reelles λ und $\rho > 0$ den positiv durchlaufenen Halbkreis um λ vom Radius ρ in der oberen Halbebene, also den durch $[0, \frac{1}{2}] \to \mathbb{C}$; $\theta \to \lambda + \rho e(\theta)$ gegebenen Integrationsweg, mit $W(\lambda, \rho)$. Weiter sei für $k = s$ und $k = t$

$$I_k = \int_{W(\lambda_k, \frac{1}{2}\delta_k)} \frac{dz}{(z - \lambda_s)^2 (z - \lambda_t)^2}.$$

Da $(z - \lambda_s)^{-2}(z - \lambda_t)^{-2}$ in der oberen Halbebene holomorph ist, zeigt der Cauchysche Integralsatz

$$\int_B \frac{dx}{(x-\lambda_s)^2(x-\lambda_t)^2} = I_s + I_t = \operatorname{Re}(I_s + I_t), \tag{4.38}$$

denn die linke Seite hier ist reell. Zur Berechnung von I_s empfiehlt sich die Substitution $\zeta = z - \lambda_s$ und anschließend eine Partialbruchentwicklung. Mit der Abkürzung $L = \lambda_t - \lambda_s$ ergibt sich so

$$I_s = \int_{W(0,\frac{1}{2}\delta_s)} \frac{d\zeta}{\zeta^2(\zeta - L)^2} = L^{-2} \int_{W(0,\frac{1}{2}\delta_s)} \left(\frac{2L^{-1}z + 1}{z^2} - \frac{2L^{-1}z - 3}{(z-L)^2} \right) dz.$$

Im letzten Term haben wir wieder z für ζ geschrieben. Mit den Auswertungen

$$\int_{W(0,\frac{1}{2}\delta_s)} \frac{dz}{z} = \pi\mathrm{i}, \qquad \int_{W(0,\frac{1}{2}\delta_s)} \frac{dz}{z^2} = \frac{4}{\delta_s}$$

reduziert sich die vorige Formel auf

$$\operatorname{Re} I_s = \frac{4}{L^2\delta_s} - L^{-2} \operatorname{Re} \int_{W(0,\frac{1}{2}\delta_s)} \frac{2L^{-1}z - 3}{(z-L)^2}\, dz.$$

Der Integrand des verbliebenen Integrals auf der rechten Seite ist in einer Kreisscheibe um 0 vom Radius $\frac{3}{4}\delta_s$ holomorph, so daß $W(0, \frac{1}{2}\delta_s)$ nach dem Cauchyschen Integralsatz durch die Strecke von $\frac{1}{2}\delta_s$ nach $-\frac{1}{2}\delta_s$ ersetzt werden kann. Deshalb ist das Integral reell, es folgt

$$\operatorname{Re} I_s = \frac{4}{L^2\delta_s} + L^{-2} \int_{-\frac{1}{2}\delta_s}^{\frac{1}{2}\delta_s} \frac{2L^{-1}x - 3}{(x-L)^2}\, dx.$$

Nach Voraussetzung haben wir $|L| = |\lambda_t - \lambda_s| \geq \delta_s$. Für $|x| \leq \frac{1}{2}\delta_s$ ist deshalb der Integrand hier stets negativ. Das zeigt $\operatorname{Re} I_s \leq 4\delta_s^{-1}(\lambda_s - \lambda_t)^{-2}$, wenn wir L wieder explizit schreiben. Wegen der Symmetrie in t und s gilt auch $\operatorname{Re} I_t \leq 4\delta_t^{-1}(\lambda_s - \lambda_t)^{-2}$. Nun folgt (4.36) aus (4.37) und (4.38).

Aufgaben

1. Sei A eine Hermitesche $R \times R$-Matrix und $H(\mathbf{u}) = {}^t\mathbf{u}A\bar{\mathbf{u}}$ die zugehörige Hermitesche Form. Gegeben seien positive reelle Zahlen $\lambda_1, \ldots, \lambda_R$. Zeige: Nimmt H auf der Menge $\lambda_1|u_1|^2 + \ldots + \lambda_R|u_R|^2 = 1$ das Maximum bei $\mathbf{u}$ an, dann gilt für geeignetes reelles ξ die Gleichung

$$A\mathbf{u} = \xi(\lambda_1 u_1, \ldots, \lambda_R u_R).$$

2. Zeige, daß der Faktor π in der Hilbertschen Ungleichung durch keinen kleineren ersetzt werden kann.
3. Sei $f : [0,1] \to \mathbb{R}$ eine stetige Funktion. Zeige

$$\sum_{n=0}^{\infty} \left(\int_0^1 x^n f(x)\, dx \right)^2 \leq \pi \int_0^1 f(x)^2\, dx.$$

Anleitung. Für geeignete a_n betrachte

$$\left(\sum_{n=0}^{\infty} a_n \int_0^1 x^n f(x)\,dx\right)^2.$$

Versuche, die Hilbertsche Ungleichung anzuwenden.

4. Sei

$$f(z) = \sum_{n=0}^{\infty} a_n z^n$$

eine in $|z| < 1$ konvergente Potenzreihe, deren Grenzfunktion f auf den Rand $|z| = 1$ stetig fortsetzbar sei. Ferner habe f in $|z| < 1$ keine Nullstellen. Dann ist die Reihe $\sum n^{-1} a_n$ konvergent.

Anleitung. Schreibe $f(z) = g(z)^2$ und entwickele g in eine Potenzreihe, $g(z) = \sum b_n z^n$. Wieso ist $\sum |b_n|^2$ konvergent? Schließe auf $\sum n^{-1} a_n$ mit der Hilbertschen Ungleichung.

4.5 Potenzmomente der Zetafunktion

Mit den Ergebnissen des vorigen Abschnittes haben wir ein leicht handzuhabendes Hilfsmittel zur Verfügung, quadratische Momente von Dirichlet-Polynomen $\sum_{n<N} a_n n^{it}$ zu berechnen. Mit der approximate functional equation läßt sich die Riemannsche Zetafunktion durch Dirichlet-Polynome approximieren. Durch Kombination dieser beiden Resultate können die beiden Integrale in (4.22) befriedigend abgeschätzt werden.

Zuerst wollen wir das quadratische Moment auswerten. Dazu setzen wir

$$Q(t) = \sum_{n \le T} n^{-\sigma - it}$$

für festes σ mit $\frac{1}{2} \le \sigma \le 1$ und schreiben dann

$$\zeta(\sigma + it) = Q(t) + E(t).$$

Nach Satz 4.1.2 gilt dann gleichmäßig in $2 \le t \le T$

$$E(t) \ll T^{1-\sigma} t^{-1}.$$

Da wir aus (4.12) noch $\zeta(\sigma + it) \ll t^{\mu(\sigma)+\epsilon} \ll t^{\frac{1}{2}(1-\sigma)+\epsilon}$ wissen, erhalten wir auch eine Abschätzung für $Q(t)$, nämlich

$$Q(t) \ll T^{1-\sigma} t^{-1} + t^{\frac{1}{2}(1-\sigma)+\epsilon}.$$

Jetzt integrieren wir die Identität

$$|\zeta(\sigma + it)|^2 = |Q(t)|^2 + |E(t)|^2 + 2\,\mathrm{Re}\,\overline{Q(t)}E(t)$$

über $[2, T]$. Für $\frac{1}{2} \le \sigma < 1$ ergibt sich sofort

$$\int_2^T (|E|^2 + |QE|)\,dt \ll \int_2^T \left(\frac{T^{2-2\sigma}}{t^2} + \frac{T^{1-\sigma}}{t^{\frac{1}{2}(1+\sigma)}}\right) dt \ll T^{2-2\sigma},$$

für $\sigma = 1$ ergibt dasselbe Argument die etwas schwächere Schranke $O((\log T)^2)$.

Aus Satz 4.4.3 mit $a_n = n^{-\sigma}$ sehen wir

$$\int_0^T |Q(t)|^2\,dt = T\sum_{n\le T} n^{-2\sigma} + O\Big(\sum_{n\le T} n^{1-2\sigma}\Big),$$

außerdem gilt für $\frac{1}{2} \le \sigma < 1$ offenbar

$$\int_2^T |Q(t)|^2\,dt = \int_0^T |Q(t)|^2\,dt + O(T^{2-2\sigma}).$$

Fassen wir zusammen, folgt sofort

Satz 4.5.1. *Es gilt*

$$\int_0^T |\zeta(\tfrac{1}{2}+\mathrm{i}t)|^2\,dt = T\log T + O(T).$$

Für $\frac{1}{2} < \sigma < 1$ *gilt*

$$\int_0^T |\zeta(\sigma+\mathrm{i}t)|^2\,dt = \zeta(2\sigma)T + O(T^{2-2\sigma}).$$

Ohne Mühe kommt auch

$$\int_2^T |\zeta(1+\mathrm{i}t)|^2\,dt = \zeta(2)T + O((\log T)^2).$$

Die vierte Potenz der Zetafunktion ist schwieriger zu behandeln. Wir begnügen uns mit einer oberen Abschätzung für $\int_0^T |\zeta(\frac{1}{2}+\mathrm{i}t)|^4\,dt$. Dazu benutzen wir die approximate functional equation. Mit $x = x(t) = \sqrt{t/(2\pi)}$ haben wir dann

$$\zeta(\tfrac{1}{2}+\mathrm{i}t) = Q^-(t,x) + \Delta(\tfrac{1}{2}+\mathrm{i}t)Q^+(t,x) + O(t^{-1/4}\log t),$$

wenn $\Delta(s)$ wie in (4.2) definiert und in sich selbst erklärender Notation

$$Q^{\pm}(t,x) = \sum_{n\le x} n^{-\frac{1}{2}\pm\mathrm{i}t}$$

gesetzt ist. Da für $\operatorname{Re} s = \frac{1}{2}$ aus 4.1 schon $|\Delta(s)| = 1$ bekannt ist, ergibt sich aus der für alle komplexen Zahlen z_1, z_2, z_3 gültigen Ungleichung $|z_1 + z_2 + z_3|^4 \ll |z_1|^4 + |z_2|^4 + |z_3|^4$ und der approximate functional equation

$$|\zeta(\tfrac{1}{2}+\mathrm{i}t)|^4 \ll |Q^-(t,x)|^4 + |Q^+(t,x)|^4 + O(t^{-1}(\log t)^4). \tag{4.39}$$

Wenn wir diese Ungleichung über $[0,T]$ integrieren, bereitet zwar das Restglied keinerlei Schwierigkeiten, aber auf die Dirichlet-Polynome $Q^{\pm}(t,x)$ lassen sich die Sätze des letzten Abschnittes nicht ohne weiteres anwenden, denn x ist eine Funktion von t. In solchen Situationen hilft oft folgende Methode. Wir gehen aus von der Orthogonalitätsrelation

$$\int_0^1 e(\alpha h)d\alpha = 0 \quad (h \in \mathbb{Z},\, h \neq 0). \tag{4.40}$$

Für $2 \le t \le T$ ist $x \le \sqrt{T}$. Setzen wir

$$K(t,\alpha) = \sum_{m \le \sqrt{t/(2\pi)}} e(-m\alpha),$$

dann kommt wegen (4.40)

$$Q^-(t,x(t)) = \int_0^1 \sum_{n \le \sqrt{T}} n^{-\frac{1}{2}-it} e(n\alpha) K(t,\alpha)\,d\alpha.$$

Multiplizieren wir zwei solche Integrale zusammen, ergibt sich

$$Q^-(t,x)^2 = \int_0^1 \int_0^1 \Big(\sum_{k \le T} a_k k^{-it}\Big) K(t,\alpha)K(t,\beta)\,d\alpha\,d\beta \tag{4.41}$$

mit

$$a_k = a_k(\alpha,\beta) = k^{-1/2} \sum_{\substack{nm=k \\ n\le\sqrt{T},\, m \le \sqrt{T}}} e(n\alpha)e(m\beta).$$

Die Summe $K(t,\alpha)$ ist eine geometrische Summe, läßt sich also explizit auswerten. Das zeigt

$$|K(t,\alpha)| \le 2|1-e(\alpha)|^{-1}$$

Bezeichnet $\|\alpha\|$ den Abstand von α zur nächsten ganzen Zahl, dann können wir weiter

$$|K(t,\alpha)| \ll \min(\sqrt{t}, \|\alpha\|^{-1})$$

schließen, was wiederum

$$\int_0^1 |K(t,\alpha)|\,d\alpha \ll \log t$$

zur Folge hat. In (4.41) wenden wir deshalb die Schwarzsche Ungleichung an und finden dann

$$|Q^-(t,x(t))|^4 \le (\log t)^2 \int_0^1 \int_0^1 \Big|\sum_{k\le T} a_k(\alpha,\beta)k^{-it}\Big|^2 |K(t,\alpha)K(t,\beta)|\,d\alpha\,d\beta.$$

Für $t \leq T$ können wir $K(t,\alpha) \ll \min(T, ||\alpha||^{-1})$ benutzen und anschließend über t integrieren. Das zeigt

$$\int_0^T |Q^-(t,x)|^4 \, dt \leq (\log T)^2 \int_0^1 \int_0^1 \int_0^T \Big| \sum_{k \leq T} a_k(\alpha,\beta) k^{-it} \Big|^2 dt$$
$$\min(T, ||\alpha||^{-1}) \min(T, ||\beta||^{-1}) \, d\alpha \, d\beta. \quad (4.42)$$

Das innere Integral kann nun doch mit Satz 4.4.3 abgeschätzt werden. Wir haben $a_k \leq k^{-1/2} d(k)$ unabhängig von α und β. Satz 4.4.3 liefert

$$\int_0^T \Big| \sum_{k \leq T} a_k(\alpha,\beta) k^{-it} \Big|^2 dt \ll T \sum_{k \leq T} k^{-1} d(k)^2 + \sum_{k \leq T} d(k)^2. \quad (4.43)$$

Es gelten aber die Abschätzungen

$$\sum_{k \leq T} d(k)^2 = O(T(\log T)^3), \quad (4.44)$$

$$\sum_{k \leq T} \frac{d(k)^2}{k} = O((\log T)^4). \quad (4.45)$$

Hier ist nur (4.44) zu begründen, denn (4.45) folgt aus (4.44) mit partieller Summation. Wir schreiben

$$d(k)^2 = \sum_{d|k} g(d).$$

Nach den Möbiusschen Umkehrformeln ist durch diese Identität eine multiplikative Funktion $g(d)$ definiert; es gilt $g(p^l) = 2l + 1$ für jede Primzahl p. Nun haben wir

$$\sum_{k \leq T} d(k)^2 \leq T \sum_{d \leq T} g(d) d^{-1} \leq T \prod_{p \leq T} \sum_{l=0}^{\infty} \frac{2l+1}{p^l} \ll T(\log T)^3$$

wie behauptet. Aus (4.42), (4.43), (4.44) und (4.45) ergibt sich schließlich

$$\int_0^T |Q^-(t,x(t))|^4 \, dt \ll T(\log T)^6 \int_0^1 \int_0^1 \min(T, ||\alpha||^{-1}) \min(T, ||\beta||^{-1}) \, d\alpha \, d\beta$$
$$\ll T(\log T)^8$$

Dieselbe Abschätzung gilt offenbar auch für Q^+. Aus (4.39) folgt nun sofort der

Satz 4.5.2. *Es gilt*

$$\int_0^T |\zeta(\tfrac{1}{2} + it)|^4 \, dt = O(T(\log T)^8).$$

Wird anstelle des kontinuierlichen Mittelwertsatzes 4.4.3 das diskrete Analogon 4.4.4 in obigem Argument benutzt, dann ergibt sich die Abschätzung

$$\sum_{r=1}^{R} |\zeta(\tfrac{1}{2} + \mathrm{i}t_r)|^4 = O(T(\log T)^9), \tag{4.46}$$

wenn t_r reelle Zahlen mit $1 \leq t_r \leq T$ und $t_{r+1} - t_r \geq 1$ für alle $r \leq R$ sind.

Diese Resultate sind nicht optimal, reichen für alle späteren Anwendungen aber völlig aus. Schon Ingham hat 1926 für das vierte Moment die asymptotische Formel

$$\int_0^T |\zeta(\tfrac{1}{2} + \mathrm{i}t)|^4 \, dt = \frac{T(\log T)^4}{2\pi^2} + O(T(\log T)^3)$$

gefunden, die erst 1979 von Heath-Brown zu

$$\int_0^T |\zeta(\tfrac{1}{2} + \mathrm{i}t)|^4 \, dt = TP(\log T) + O(T^{7/8+\epsilon})$$

mit einem Polynom P vierten Grades verbessert wurde. Seither ist das Restglied weiter verbessert worden, doch kann auf Einzelheiten hier nicht eingegangen werden. Über das vierte Moment hinaus sind die Potenzmomente (4.16) nicht in der für die Lindelöf-Vermutung benötigten Qualität verstanden. Von Heath-Brown (1978) stammt die Abschätzung

$$\int_0^T |\zeta(\sigma + \mathrm{i}t)|^{12} \, dt \ll T^{2+\epsilon}.$$

Für $k > 12$ hat man bis heute keine bessere Methode gefunden, als das gerade angegebene zwölfte Moment mit der Abschätzung $|\zeta(\frac{1}{2} + \mathrm{i}t)| \ll t^{\mu(1/2)+\epsilon}$ zu kombinieren. Von einem Beweis der Lindelöf-Vermutung scheinen wir also noch weit entfernt zu sein.

Aufgaben

1. Finde eine asymptotische Formel für

$$\int_0^T |L(\tfrac{1}{2} + \mathrm{i}t, \chi)|^2 \, dt.$$

2. Sei F der $\mathbb{C}$-Vektorraum aller in $\operatorname{Re} s > 0$ absolut konvergenten Dirichletreihen. Zeige: Für jedes $\sigma > 0$ ist durch

$$(f, g) \to \lim_{T\to\infty} \int_{-T}^{T} f(\sigma + \mathrm{i}t)\overline{g(\sigma + \mathrm{i}t)} \, dt$$

ein Skalarprodukt auf F erklärt. Sind $f = \sum a_n n^{-s}$ und $g = \sum b_n n^{-s}$, zeige weiter

$$(f, g) = \sum_{n=1}^{\infty} a_n \bar{b}_n n^{-2\sigma}.$$

3. Für $k \in \mathbb{N}$, $k \geq 3$ und $\sigma > 1 - \frac{1}{k}$ zeige

$$\int_0^T |\zeta(\sigma + it)|^{2k} \, dt = T \sum_{n=1}^{\infty} d_k(n)^2 n^{-2\sigma} + O(T^{1-\epsilon})$$

mit geeignetem $\epsilon > 0$.

5. Das große Sieb

5.1 Eine erste Version des großen Siebs

Das große Sieb ist in seiner modernen Formulierung kein Siebverfahren im zahlentheoretischen Sinne, sondern eine Ungleichung zwischen verschiedenen Mittelwerten eines *trigonometrischen Polynoms.* Ein trigonometrisches Polynom ist eine "endliche Fourier-Reihe", also etwa[1]

$$S(\alpha) = \sum_{M<n\leq M+N} a_n e(\alpha n) \tag{5.1}$$

mit gegebenen Koeffizienten $a_n \in \mathbb{C}$ und gegebenen $M \in \mathbb{Z}$, $N \in \mathbb{N}$. Die Funktion $S(\alpha)$ hat Periode 1. Wir können das "kontinuierliche quadratische Mittel" von S betrachten, also

$$\int_0^1 |S(\alpha)|^2 \, d\alpha = \sum_{M<n\leq M+N} |a_n|^2, \tag{5.2}$$

aber auch zu gegebenen reellen Zahlen $\alpha_1, \alpha_2, \ldots, \alpha_R$ das "diskrete" Mittel

$$\sum_{r=1}^{R} |S(\alpha_r)|^2$$

bilden. Das große Sieb vergleicht diese beiden Mittelwerte. Gesucht ist eine Ungleichung des Typs

$$\sum_{r=1}^{R} |S(\alpha_r)|^2 \leq \Delta(N; \alpha_1, \ldots, \alpha_R) \sum_{M<n\leq M+N} |a_n|^2 \tag{5.3}$$

für eine geeignete Funktion Δ, die nur von der "Länge" N des trigonometrischen Polynoms und den zur Mittelbildung benutzten Daten α_r abhängt, nicht aber von den a_n und M.

Zunächst ist durchaus nicht klar, daß eine Ungleichung dieses Typs überhaupt richtig ist. Man überlegt sich aber leicht, daß es auf den Wert

[1] Zumindest für $M \geq 0$ läßt sich die Sprechweise erklären, denn mit der Substitution $z = e(\alpha)$ entsteht aus dem Polynom $\sum a_n z^n$ die Summe $S(\alpha)$ aus (5.1).

von M tatsächlich nicht ankommt. Ist die Ungleichung (5.3) nämlich für a_n, α_r und N, aber nur für ein festes M, etwa M_0, bekannt, dann betrachten wir für beliebiges M und $K = M_0 - M$ die Summe

$$T(\alpha) = \sum_{M_0 < n \leq M_0 + N} a_{n-K} e(\alpha n) = e(K\alpha) S(\alpha).$$

Auf $T(\alpha)$ können wir die bereits bekannte Ungleichung (5.3) anwenden; wegen $|T(\alpha)| = |S(\alpha)|$ erhalten wir (5.3) für alle M wie behauptet.

Wir wollen die Situation noch etwas vereinfachen. Wegen $e(\alpha) = e(\alpha + 1)$ nehmen wir noch an, daß die α_r modulo 1 alle verschieden sind (d.h. $\alpha_i - \alpha_j \notin \mathbb{Z}$ für $i \neq j$). Dann ist

$$\delta = \min_{i \neq j} ||\alpha_i - \alpha_j|| \tag{5.4}$$

stets positiv. Beachte, daß durch $||x - y||$ eine Metrik auf $\mathbb{R}/\mathbb{Z}$ definiert ist; δ gibt den minimalen Abstand zwischen den α_r in dieser Metrik an. Gesucht ist (5.3) mit einer Funktion Δ, die nur von N und δ abhängt. Mit recht einfachen Hilfsmitteln kann eine erste Version des großen Siebs hergeleitet werden.

Satz 5.1.1. *Sei $S(\alpha)$ durch (5.1) gegeben. Seien $\alpha_1, \alpha_2, \ldots, \alpha_R$ wie oben. Dann gilt die Ungleichung*

$$\sum_{r=1}^{R} |S(\alpha_r)|^2 \leq \Delta(N, \delta) \sum_{M < n \leq M+N} |a_n|^2 \tag{5.5}$$

mit $\Delta = \pi N + \delta^{-1}$, wenn δ durch (5.4) definiert ist.

Vor dem Beweis soll noch gezeigt werden, daß die Abhängigkeit von den Parametern N und δ schon beinahe optimal ist. Mit $R = 1$ und $a_n = e(-n\alpha_1)$ für alle n haben wir $S(\alpha_1) = N$ und $\sum_{M<n\leq M+N} |a_n|^2 = N$. Deshalb muß in (5.3) notwendig $\Delta \geq N$ gelten. Aber auch die Abhängigkeit von δ^{-1} ist notwendig. Um das einzusehen, wählen wir R beliebig und $\alpha_r = \frac{r}{R}$ für $1 \leq r \leq R$. Dann ist $\delta = R^{-1}$. Nun gilt

$$\int_0^1 \sum_{r=1}^{R} |S(\alpha + \alpha_r)|^2 \, d\alpha = R \int_0^1 |S(\alpha)|^2 \, d\alpha = R \sum_{M<n\leq M+N} |a_n|^2.$$

Es gibt also mindestens ein $\alpha \in [0, 1]$ mit

$$\sum_{r=1}^{R} |S(\alpha + \alpha_r)|^2 \geq R \sum_{M<n\leq M+N} |a_n|^2$$

Auch für die Punkte $\alpha_r' = \alpha + \alpha_r$ ist $\delta = R^{-1}$; die Ungleichung (5.3) kann also nur mit $\Delta \geq [\delta^{-1}]$ gelten.

Die beiden Beispiele lassen sich vermischen. Dies mündet in folgende Bemerkung.

Für die Gültigkeit der Ungleichung (5.3) *ist notwendig* $\Delta \geq N - 1 + \delta^{-1}$.

Zur Begründung seien N, R mit $R|N-1$ gegeben. Wir wählen $\alpha_r = \frac{r}{R}$ und

$$a_n = \begin{cases} 1 & \text{falls } R|n, \\ 0 & \text{sonst.} \end{cases}$$

Ferner sei $M = -1$, also $S(\alpha) = \sum_{n=0}^{N-1} a_n e(n\alpha)$. Es gilt dann

$$\sum_{n=0}^{N-1} |a_n|^2 = \sum_{\substack{n=0 \\ R|n}}^{N-1} 1 = \frac{N-1}{R} + 1.$$

Die linke Seite in (5.3) läßt sich explizit berechnen. Es ergibt sich

$$\begin{aligned} \sum_{r=1}^{R} \Bigl| \sum_{n=0}^{N-1} a_n e\left(\frac{nr}{R}\right) \Bigr|^2 &= \sum_{r=1}^{R} \Bigl| \sum_{m=0}^{(N-1)/R} e(mr) \Bigr|^2 \\ &= R\left(\frac{N-1}{R} + 1\right)^2 = (N - 1 + \delta^{-1}) \sum_{n=0}^{N-1} |a_n|^2, \end{aligned}$$

denn wie im vorigen Beispiel ist $\delta = R^{-1}$.

Im nächsten Abschnitt wird gezeigt, daß sogar $\Delta = N - 1 + \delta^{-1}$ in Satz 5.1.1 zulässig ist, womit wir ein scharfes Ergebnis erhalten. Der Beweis von Satz 5.1.1 in obiger Form benutzt jedoch eine sehr flexible und verallgemeinerungsfähige Methode, deren Kenntnis sich in jedem Falle lohnt. Das kontinuierliche Mittel (5.2) eines trigonometrischen Polynoms ist leicht zu berechnen. Deshalb versuchen wir, den Beweis des Satzes 4.4.4 zu imitieren, wo wir kontinuierliche und diskrete Mittel von Dirichlet-Polynomen verglichen haben.

Ist f auf dem Intervall $[\alpha - \frac{1}{2}\delta, \alpha + \frac{1}{2}\delta]$ definiert und stetig differenzierbar, dann folgt aus Lemma 4.4.1 durch Variablensubstitution

$$|f(\alpha)| \leq \delta^{-1} \int_{\alpha - \frac{1}{2}\delta}^{\alpha + \frac{1}{2}\delta} |f(\beta)| \, d\beta + \frac{1}{2} \int_{\alpha - \frac{1}{2}\delta}^{\alpha + \frac{1}{2}\delta} |f'(\beta)| \, d\beta.$$

Hier setzen wir $f = S^2$ mit S wie in (5.1) ein und erhalten die Ungleichung

$$|S(\alpha_r)|^2 \leq \delta^{-1} \int_{\alpha_r - \frac{1}{2}\delta}^{\alpha_r + \frac{1}{2}\delta} |S(\beta)|^2 \, d\beta + \int_{\alpha_r - \frac{1}{2}\delta}^{\alpha_r + \frac{1}{2}\delta} |S(\beta) S'(\beta)| \, d\beta.$$

Ist δ durch (5.4) gegeben, dann sind die Integrationsintervalle alle disjunkt modulo 1. Wir summieren über r und beachten, daß die Integranden positiv sind. So folgt

$$\sum_{r=1}^{R} |S(\alpha_r)|^2 \leq \delta^{-1} \int_0^1 |S(\beta)|^2 \, d\beta + \int_0^1 |S(\beta)S'(\beta)| \, d\beta.$$

Wir wenden die Cauchy-Schwarzsche Ungleichung auf das zweite Integral an und beachten $S'(\beta) = \sum_n 2\pi i n a_n e(\beta n)$. Benutzen wir (5.2) mit a_n und mit $2\pi i n a_n$ für a_n, dann kommt

$$\begin{aligned} \sum_{r=1}^{R} |S(\alpha_r)|^2 &\leq \delta^{-1} \sum_n |a_n|^2 + \Big(\int_0^1 |S(\beta)|^2 \, d\beta \Big)^{\frac{1}{2}} \Big(\int_0^1 |S'(\beta)|^2 \, d\beta \Big)^{\frac{1}{2}} \\ &\leq \delta^{-1} \sum_n |a_n|^2 + 2\pi \Big(\sum_n |a_n|^2 \Big)^{\frac{1}{2}} \Big(\sum_n n^2 |a_n|^2 \Big)^{\frac{1}{2}}, \end{aligned}$$

wobei alle Summen über $M < n \leq M + N$ zu nehmen sind. Jetzt nutzen wir aus, daß es nach einer früheren Bemerkung genügt, den Satz für ein M zu verifizieren. Wir nehmen deshalb $M = [-\frac{1}{2}N]$. Für $M < n \leq M + N$ ist dann $n^2 \leq \frac{1}{4}N^2$, und Satz 5.1.1 folgt aus der letzten Ungleichung.

Aufgaben

1. Gegeben seien reelle Zahlen α_r, $1 \leq r \leq R$ und ein trigonometrisches Polynom (5.1). Für $\delta > 0$ und reelles α bezeichne $N_\delta(\alpha)$ die Anzahl alle α_r mit $\|\alpha - \alpha_r\| < \delta$. Zeige
$$\sum_{r \leq R} N_\delta(\alpha_r)^{-1} |S(\alpha)|^2 \leq (\pi N + \delta) \sum_n |a_n|^2.$$
Folgere daraus Satz 5.1.1
2. Voraussetzungen und Bezeichnungen wie in Satz 5.1.1. Zeige: Zu jedem reellen $q \geq 2$ gibt es eine Konstante C_q, so daß gilt
$$\sum_{r \leq R} |S(\alpha_r)|^q \leq C_q(N + \delta^{-1}) \sum_n |a_n|^q (|n| + 1)^{q-2}.$$
3. Sei $\mathcal{Q} \subset \mathbb{N} \cap [1, Q]$. Ist $S(\alpha)$ durch (5.1) gegeben, so zeige
$$\sum_{q \in \mathcal{Q}} \sum_{\substack{a=1 \\ (a,q)=1}}^{q} |S(a/q)| \leq C \left((NQ\#\mathcal{Q} + (Q\#\mathcal{Q})^2) \sum_n |a_n|^2 \right)^{1/2}.$$
Anleitung. Benutze Aufgabe 1. Mit $\delta = (Q\#\mathcal{Q})^{-1}$ zeige zuerst
$$\sum_{q \in \mathcal{Q}} \sum_{\substack{a=1 \\ (a,q)=1}}^{q} N_\delta(a/q) \ll Q\#\mathcal{Q}.$$

5.2 Das Dualitätsprinzip

In diesem Abschnitt stellen wir einen weiteren Zugang zum großen Sieb vor, der noch schärfere Resultate liefert. Es stellt sich heraus, daß $\Delta = N - 1 + \delta^{-1}$

in Satz 5.1.1 gewählt werden kann. Zur Vorbereitung benötigen wir ein Lemma. In der Funktionalanalysis wird der Begriff der Norm einer linearen Abbildung zwischen normierten Vektorräumen erklärt. Nach einem allgemeinen Satz stimmt die Norm einer stetigen linearen Abbildung zwischen Banachräumen mit der Norm der dualen Abbildung überein. Der folgende Hilfssatz formuliert diese Tatsache in elementarer Weise für endlichdimensionale $\mathbb{C}$-Vektorräume. Für $\mathbf{x} = (x_1, \ldots, x_K) \in \mathbb{C}^K$ schreiben wir $|\mathbf{x}|_K = (\sum |x_i|^2)^{1/2}$.

Lemma 5.2.1 (Dualitätsprinzip). *Seien $f_{r,n}$ $(1 \leq r \leq R,\ 1 \leq n \leq N)$ komplexe Zahlen und $F = (f_{r,n})$ die daraus gebildete $R \times N$-Matrix. Sei $D \geq 0$ reell. Dann sind folgende Aussagen äquivalent:*

(i) *Für alle $\mathbf{x} \in \mathbb{C}^N$ gilt $|F\mathbf{x}|_R \leq D|\mathbf{x}|_N$.*

(ii) *Für alle $\mathbf{x} \in \mathbb{C}^N$, $\mathbf{y} \in \mathbb{C}^R$ gilt $|{}^t\mathbf{y}F\mathbf{x}| \leq D|\mathbf{x}|_N|\mathbf{y}|_R$.*

(iii) *Für alle $\mathbf{y} \in \mathbb{C}^R$ gilt $|{}^tF\mathbf{y}|_N \leq D|\mathbf{y}|_R$.*

Beweis. Aus Symmetriegründen genügt es, die Äquivalenz von (i) und (ii) zu zeigen.

(i) impliziert (ii). Es gilt

$$\begin{aligned} |{}^t\mathbf{y}F\mathbf{x}| &= \Big|\sum_{r=1}^{R} y_r \sum_{n=1}^{N} f_{r,n}x_n\Big| \\ &\leq \Big(\sum_{r=1}^{R} |y_r|^2\Big)^{\frac{1}{2}} \Big(\sum_{r=1}^{R}\Big|\sum_{n=1}^{N} f_{r,n}x_n\Big|^2\Big)^{\frac{1}{2}} = |\mathbf{y}|_R|F\mathbf{x}|_R. \end{aligned}$$

Zur Begründung ist die Cauchysche Ungleichung auf die Summe über r anzuwenden. Schätzt man nun $|F\mathbf{x}|_R$ durch (i) ab, ergibt sich (ii).

(ii) impliziert (i). In (ii) wählen wir für $\mathbf{y}$ den durch $\bar{y}_r = \sum_n f_{r,n}x_n$ gegebenen Vektor. Dann folgt sofort $|F\mathbf{x}|_R = |\mathbf{y}|_R$. Andererseits gilt

$$|F\mathbf{x}|_R^2 = \sum_{r=1}^{R}\Big|\sum_{n=1}^{N} f_{r,n}x_n\Big|^2 = \sum_{r=1}^{R} y_r \sum_{n=1}^{N} f_{r,n}x_n = {}^t\mathbf{y}F\mathbf{x}.$$

Benutzen wir jetzt (ii), ergibt sich

$$|F\mathbf{x}|_R^2 \leq D|\mathbf{x}|_N|\mathbf{y}|_R = D|\mathbf{x}|_N|F\mathbf{x}|_R,$$

was sofort (i) zur Folge hat.

Wir kommen nun zur Diskussion des großen Siebs zurück. Sei $S(\alpha)$ durch (5.1) gegeben. Der naivste Zugang zu einer Ungleichung des Typs (5.3) bestünde im Ausmultiplizieren des Quadrats $|S(\alpha_r)|^2$. Dies führt auf

$$\sum_{r=1}^{R} |S(\alpha_r)|^2 = \sum_{M<n,m\leq M+N} a_n\bar{a}_m \sum_{r=1}^{R} e((n-m)\alpha_r).$$

Hier läßt sich die innere Summe nicht weiter abschätzen oder gar auswerten, wenn nicht unerwünschte weitere Annahmen über die α_r gemacht werden. Benutzen wir hingegen Lemma 5.2.1 mit $f_{r,n} = e(n\alpha_r)$, dann sehen wir: die Ungleichung

$$\sum_{r\le R} |S(\alpha_r)|^2 = \sum_{r\le R} \Big| \sum_{M<n\le M+N} a_n e(n\alpha_r) \Big|^2 \le \Delta \sum_{M<n\le M+N} |a_n|^2 \qquad (5.6)$$

gilt genau dann für alle $a_n \in \mathbb{C}$, wenn für alle $b_r \in \mathbb{C}$ gilt

$$\sum_{M<n\le M+N} \Big| \sum_{r\le R} b_r e(n\alpha_r) \Big|^2 \le \Delta \sum_{r\le R} |b_r|^2. \qquad (5.7)$$

Es reicht also, die linke Seite in (5.7) abzuschätzen. Hier erhält man durch Ausmultiplizieren

$$\sum_{M<n\le M+N} \Big| \sum_{r\le R} b_r e(n\alpha_r) \Big|^2 = \sum_{1\le r,s\le R} b_r \bar{b}_s \sum_{M<n\le M+N} e(n(\alpha_r - \alpha_s)).$$

Für $r = s$ ist die innere Summe trivial und liefert N. Ist $r \ne s$, dann ist $\alpha_r - \alpha_s \notin \mathbb{Z}$ nach unseren generellen Voraussetzungen; die Summe über n wird zu einer geometrischen Summe, die explizit bestimmt werden kann. So folgt

$$\sum_{M<n\le M+N} \Big| \sum_{r\le R} b_r e(n\alpha_r) \Big|^2 = N \sum_{r} |b_r|^2 + \sum_{r\ne s} u_r \bar{u}_s \frac{\sin \pi N(\alpha_r - \alpha_s)}{\sin \pi(\alpha_r - \alpha_s)},$$

wobei zur Abkürzung $u_r = b_r e((M + \frac{N}{2} + \frac{1}{2})\alpha_r)$ gesetzt wurde. Wegen $|b_r| = |u_r|$ haben wir gezeigt: *gibt es* $C \ge 0$, *so daß für alle komplexen Zahlen* $u_1, \ldots, u_R$ *die Ungleichung*

$$\Big| \sum_{\substack{1\le r,s\le R\\ r\ne s}} u_r \bar{u}_s \frac{\sin \pi N(\alpha_r - \alpha_s)}{\sin \pi(\alpha_r - \alpha_s)} \Big| \le C \sum_{r\le R} |u_r|^2 \qquad (5.8)$$

gültig ist, dann gilt (5.7) *mit* $\Delta = N + C$.

Damit haben wir das große Sieb auf die Abschätzung der quadratischen Form auf der linken Seite von (5.8) zurückgeführt. Die benötigte Ungleichung in (5.8) erinnert an die verallgemeinerte Hilbertsche Ungleichung Satz 4.4.1. Es gilt tatsächlich ein zu 4.4.1 analoger Satz, wenn wir den Abstand nicht in $\mathbb{R}$, sondern in gewissem Sinne in $\mathbb{R}/\mathbb{Z}$ messen.

Satz 5.2.1. *Seien* $\alpha_1, \ldots, \alpha_R$ *reelle, modulo* 1 *verschiedene Zahlen. Setze* $\delta_r = \min_{s:\, s\ne r} \|\alpha_r - \alpha_s\|$ *und* $\delta = \min \delta_r$. *Dann gelten für alle komplexen Zahlen* $w_1, \ldots, w_R$ *die Ungleichungen*

$$\Big|\sum_{\substack{1\le r,s\le R\\ r\ne s}} \frac{w_r\bar{w}_s}{\sin\pi(\alpha_r-\alpha_s)}\Big| \le \delta^{-1}\sum_{r\le R}|w_r|^2 \tag{5.9}$$

und

$$\Big|\sum_{\substack{1\le r,s\le R\\ r\ne s}} \frac{w_r\bar{w}_s}{\sin\pi(\alpha_r-\alpha_s)}\Big| \le \frac{3}{2}\sum_{r\le R}|w_r|^2\delta_r^{-1}. \tag{5.10}$$

Aus (5.9) mit $w_r = u_r e(\pm\frac{1}{2}N\alpha_r)$ erhalten wir (5.8) mit $C=\delta^{-1}$. Also gelten die Ungleichungen (5.6) und (5.7) jeweils mit $\Delta = N+\delta^{-1}$. Das ist bereits eine deutliche Verschärfung von Satz 5.1.1. Mit Hilfe eines einfachen Tricks können wir dies noch zur optimalen Schranke $\Delta = N-1+\delta^{-1}$ verbessern. Es gilt also der

Satz 5.2.2 (Großes Sieb). *Seien $a_n\in\mathbb{C}$ und $\alpha_1,\dots\alpha_R$ reelle Zahlen wie in Satz* 5.1.1. *Sei*

$$S(\alpha) = \sum_{M<n\le M+N} a_n e(n\alpha).$$

Dann gilt

$$\sum_{r\le R}|S(\alpha_r)|^2 \le (N-1+\delta^{-1})\sum_{M<n\le M+N}|a_n|^2.$$

Beweis. Wir benutzen unsere Standardnotation und die soeben bewiesene Ungleichung (5.6) mit $\Delta = N+\delta^{-1}$. Sei $K\in\mathbb{N}$. Wir betrachten $T(\alpha) = S(K\alpha)$. Dann haben wir

$$T(\alpha) = \sum_{M<n\le M+N} a_n e(nK\alpha) = \sum_{(M+1)K\le m\le K(M+N)} t_m e(\alpha m)$$

mit $t_m = a_{m/K}$, wenn $K|m$, und $t_m = 0$ sonst. Wir wollen auf T das große Sieb in der schon bekannten Form anwenden. Dazu beachten wir die Identität

$$K\sum_{r\le R}|S(\alpha_r)|^2 = \sum_{r\le R}\sum_{k\le K}|S(\alpha_r+k)|^2 = \sum_{r\le R}\sum_{k\le K}\Big|T\Big(\frac{\alpha_r+k}{K}\Big)\Big|^2.$$

Die "Länge" des trigonometrischen Polynoms T ist $K(N-1)+1$; wenn wir $\|\alpha_r-\alpha_s\|\ge\delta$ für $r\ne s$ annehmen, dann haben wir für die Punkte $K^{-1}(\alpha_r+k)$ zumindest

$$\Big\|\frac{\alpha_r+k}{K}-\frac{\alpha_s+l}{K}\Big\| \ge \frac{\delta}{K}$$

für $(r,k)\ne(s,l)$. Also folgt

$$K\sum_{r\le R}|S(\alpha_r)|^2 \le (K(N-1)+1+K\delta^{-1})\sum_{M<n\le M+N}|a_n|^2,$$

denn es gilt offenbar $\sum_m |t_m|^2 = \sum_n |a_n|^2$. Wird nun durch K dividiert, folgt die Behauptung mit $K \to \infty$.

Dieser Zugang zum großen Sieb hat eine ganze Reihe von Vorteilen gegenüber dem einfacheren aus dem vorigen Abschnitt. Über das bessere Ergebnis hinaus lassen sich auf diesem Wege auch verfeinerte Versionen des großen Siebs herleiten, die sensibler von den α_r abhängen. Dazu muß nach obigen Überlegungen allein die quadratische Form in (5.8) genauer untersucht werden. Wir hatten (5.8) mit $C = \delta^{-1}$ aus (5.9) erhalten. Benutzen wir stattdessen (5.10), bekommen wir für alle komplexen Zahlen $u_1, \ldots, u_r$ die Ungleichung

$$\Big| \sum_{\substack{1 \le r,s \le R \\ r \ne s}} u_r \bar{u}_s \frac{\sin \pi N(\alpha_r - \alpha_s)}{\sin \pi(\alpha_r - \alpha_s)} \Big| \le \frac{3}{2} \sum_{r \le R} |u_r|^2 \delta_r^{-1}.$$

Dies liefert dann eine Variante von (5.7), die wir mit Lemma 5.2.1 dualisieren können. Das Resultat notieren wir als Satz.

Satz 5.2.3. *Bezeichnungen wie in den Sätzen* 5.2.1 *und* 5.2.2. *Dann gilt*

$$\sum_{r \le R} (N + \tfrac{3}{2}\delta_r^{-1})^{-1} |S(\alpha_r)|^2 \le \sum_{M < n \le M+N} |a_n|^2.$$

Wegen des störenden Faktors 3/2 ist Satz 5.2.2 nicht in Satz 5.2.3 enthalten. Fällt jedoch δ_r häufig deutlich kleiner als δ aus, ergeben sich aus den letzten Ergebnissen bessere Resultate. In dem für unsere Zwecke wichtigsten Spezialfall, wo die α_r gerade die rationalen Punkte mit Nennern bis zu einer gegebenen Schranke Q sind, kommt dieser Effekt zum Tragen.

Wir untersuchen den soeben angesprochenen Fall genauer. Sei $Q \ge 1$ gegeben. Unter den *Farey-Brüchen der Ordnung* Q versteht man die rationalen Punkte a/q mit $1 \le a \le q \le Q$ und $(a, q) = 1$. Sind $a/q \ne a'/q'$ zwei solche Punkte, dann haben wir

$$\Big\| \frac{a}{q} - \frac{a'}{q'} \Big\| \ge \frac{1}{qq'} \ge \frac{1}{qQ} \ge \frac{1}{Q^2}.$$

Wählen wir für die α_r die Farey-Brüche der Ordnung Q, dann zeigt die letzte Ungleichung $\delta \ge Q^{-2}$, aber $\delta_{a,q} \ge (qQ)^{-1}$ (mit δ wie in (5.4) und δ_r wie in Satz 5.2.1). Als Folgerung aus den Sätzen 5.2.2 und 5.2.3 erhalten wir

Satz 5.2.4. *Seien* $a_n \in \mathbb{C}$, *seien* $N \in \mathbb{N}$, $M \in \mathbb{Z}$. *Sei*

$$S(\alpha) = \sum_{M < n \le M+N} a_n e(n\alpha).$$

Dann gelten die Ungleichungen

$$\sum_{q\le Q}\sum_{\substack{a=1\\(a,q)=1}}^{q}|S(a/q)|^2\le(N+Q^2)\sum_n|a_n|^2 \tag{5.11}$$

und

$$\sum_{q\le Q}(N+\tfrac{3}{2}qQ)^{-1}\sum_{\substack{a=1\\(a,q)=1}}^{q}|S(a/q)|^2\le\sum_n|a_n|^2. \tag{5.12}$$

Für manche Anwendungen sind zwei Varianten nützlich. Sei $1\le R\le Q$. Dann gelten

$$\sum_{R<q\le Q}\frac{1}{q}\sum_{\substack{a=1\\(a,q)=1}}^{q}|S(a/q)|^2\ll(NR^{-1}+Q)\sum_n|a_n|^2 \tag{5.13}$$

$$\sum_{R<q\le Q}\frac{1}{q}\log(3Q/q)\sum_{\substack{a=1\\(a,q)=1}}^{q}|S(a/q)|^2\ll(NR^{-1}\log Q+Q)\sum_n|a_n|^2, \tag{5.14}$$

wobei die impliziten Konstanten unabhängig von allen Parametern sind. Zur Begründung genügt es, (5.11) mit Lemma 1.1.3 und $g(t)=1/t$ bzw. $g(t)=\frac{1}{t}\log\frac{3Q}{t}$ partiell zu summieren.

Zum Schluß dieses Abschnitts müssen wir noch den Beweis des Satzes 5.2.1 nachholen. Dazu schreiben wir die verallgemeinerte Hilbertsche Ungleichung (Satz 4.4.1, (4.23)) im $\mathbb{C}^{RJ}$ in der Form

$$\Bigg|\sum_{\substack{1\le r,s\le R\\1\le m,n\le J\\(r,m)\ne(s,n)}}\frac{u_{r,m}\bar{u}_{s,n}}{\lambda_{r,m}-\lambda_{s,n}}\Bigg|\le\pi\Big(\min_{(r,m)\ne(s,n)}|\lambda_{r,m}-\lambda_{s,n}|\Big)^{-1}\sum_{\substack{1\le r\le R\\1\le m\le J}}|u_{r,m}|^2.$$

Hier bezeichnen $\lambda_{r,m}$ gegebene, paarweise verschiedene reelle Zahlen und $u_{r,m}$ beliebige komplexe Zahlen. Wir benötigen nur einen Spezialfall. Ist $\mathbf{w}=(w_1,\ldots,w_R)\in\mathbb{C}^R$, und sind die α_r wie in Satz 5.2.1 gegeben, dann kommt aus der letzten Ungleichung mit $u_{r,m}=(-1)^m w_r$ und $\lambda_{r,m}=\alpha_r+m$

$$\Bigg|\sum_{(r,m)\ne(s,n)}(-1)^{m+n}\frac{w_r\bar{w}_s}{\alpha_r-\alpha_s+m-n}\Bigg|\le J\pi\delta^{-1}\sum_{r\le R}|w_r|^2, \tag{5.15}$$

denn nach den Voraussetzungen in Satz 5.2.1 gilt $|\lambda_{r,m}-\lambda_{s,n}|\ge\|\alpha_r-\alpha_s\|\ge\delta$ für $r\ne s$, und für $r=s$, $m\ne n$ haben wir sogar $|\lambda_{r,m}-\lambda_{s,n}|\ge1$.

In der Summe links in (5.15) kann die Summationsbedingung zu $r\ne s$ vereinfacht werden. Fügen wir nämlich zur linken Seite in (5.15) die Terme mit $r=s$, $m\ne n$ hinzu, so ändert sich der Wert der linken Seite um

$$\sum_{\substack{1\le m,n\le J\\ m\neq n}} \sum_{r\le R} (-1)^{m+n} \frac{|w_r|^2}{m-n} = \sum_{r\le R} |w_r|^2 \sum_{\substack{1\le m,n\le J\\ m\neq n}} \frac{(-1)^{m-n}}{m-n} = 0.$$

Nach dieser Modifikation setzen wir in (5.15) noch $k = m - n$ und summieren über k, n anstelle von m, n. Wir haben nun die Ungleichung

$$\Big| \sum_{|k|\le J} \sum_{\substack{1\le n\le J\\ 1\le n+k\le J}} (-1)^k \sum_{\substack{1\le r,s\le R\\ r\neq s}} \frac{w_r \bar{w}_s}{\alpha_r - \alpha_s + k} \Big| \le J\pi\delta^{-1} \sum_{r\le R} |w_r|^2.$$

Hier ist die Summe über n trivial. Nach Division durch J ergibt sich

$$\Big| \sum_{\substack{1\le r,s\le R\\ r\neq s}} \sum_{|k|\le J} \Big(1 - \frac{|k|}{J}\Big)(-1)^k \frac{w_r \bar{w}_s}{\alpha_r - \alpha_s + k} \Big| \le \pi\delta^{-1} \sum_{r\le R} |w_r|^2. \tag{5.16}$$

Die Partialbruchentwicklung von $1/\sin x$ erinnern wir hier in der Form

$$\frac{\pi}{\sin \pi\alpha} = \lim_{K\to\infty} \sum_{|k|\le K} \frac{(-1)^k}{\alpha + k},$$

die für $\alpha \notin \mathbb{Z}$ gilt. Fassen wir die Partialsummen rechts als mit K indizierte Folge auf und bilden davon die arithmetischen Mittel, so konvergieren diese gegen denselben Grenzwert. Es folgt also

$$\frac{\pi}{\sin \pi\alpha} = \lim_{J\to\infty} \sum_{|k|\le J} \Big(1 - \frac{|k|}{J}\Big) \frac{(-1)^k}{\alpha + k}.$$

Wird dies in (5.16) benutzt, folgt (5.9) durch Grenzübergang $J \to \infty$. Der Beweis von (5.10) kann genauso geführt werden, wenn (4.24) anstelle von (4.23) zugrunde gelegt wird. Man findet dann (5.10) mit dem Faktor $\pi^{-1}\sqrt{22}$ statt des Faktors $\frac{3}{2}$. Zur Vereinfachung späterer Rechnungen haben wir hier mit $\sqrt{22} < \frac{3}{2}\pi$ etwas vergröbert.

Aufgaben

1. Unter der Annahme, daß die Ungleichung (5.9) bekannt sei, folgere (4.23). Die Sätze 4.4.1 und 5.2.1 sind also äquivalent.
   Anleitung. Betrachte $\lim_{\epsilon\to 0} \epsilon(\sin \epsilon x)^{-1}$.
2. Voraussetzungen und Bezeichnungen wie in Satz 5.2.1. Zeige

$$\Big| \sum_{r\neq s} u_r \bar{u}_s \cot \pi(\alpha_r - \alpha_s) \Big| \le \delta^{-1} \sum_{r\le R} |u_r|^2.$$

   Folgere umgekehrt (5.9) aus dieser Ungleichung.

3. Für $Q \geq 1$, $M \in \mathbb{Z}$, $N \in \mathbb{N}$ und beliebige $\lambda_{a,q} \in \mathbb{C}$ zeige

$$\sum_{M<n\leq N+M} \left| \sum_{q\leq Q} \sum_{\substack{a=1 \\ (a,q)=1}}^{q} \lambda_{a,q} e(an/q) \right|^2 \leq (N+Q^2) \sum_{q\leq Q} \sum_{\substack{a=1 \\ (a,q)=1}}^{q} |\lambda_{a,q}|^2.$$

4. Gegeben seien $\delta_j > 0$ $(j = 0, \ldots, l)$ und eine Menge Γ von Punkten $\gamma \in \mathbb{R}^l$, so daß die offenen Mengen

$$\mathcal{U}(\gamma) = \{\beta \in \mathbb{R}^l : \|\beta_j - \gamma_j\| < \delta_j, \, 0 \leq \beta_j < 1 \; (1 \leq j \leq l)\},$$

paarweise disjunkt sind. Ferner seien natürliche Zahlen $N_1, \ldots, N_l$ und eine Menge $\mathcal{N} \subset \mathbb{N}^l$ gegeben, so daß für jedes $n \in \mathcal{N}$ gilt $1 \leq n_j \leq N_j$ $(1 \leq j \leq l)$. Für beliebige komplexe Koeffizienten a_n betrachte die Summe

$$S(\beta) = \sum_{n\in\mathcal{N}} a_n e(\beta_1 n_1 + \ldots + \beta_l n_l)$$

und zeige

$$\sum_{\gamma\in\Gamma} |S(\gamma)|^2 \ll \left(\prod_{j=1}^{l} (N_j + \delta_j^{-1}) \right) \sum_{n\in\mathcal{N}} |a_n|^2.$$

5.3 Ist das große Sieb ein Sieb?

Um diese Frage positiv beantworten zu können, muß zunächst der Begriff des Siebs präzisiert werden. Der Urahn aller Siebverfahren ist das *Sieb des Eratosthenes*, das auf einer einfachen Beobachtung basiert. Ist n keine Primzahl, dann hat n einen Primteiler $\leq \sqrt{n}$. Nun kann man sich leicht eine Tabelle aller Primzahlen $\leq x$ verschaffen. Sind die Primzahlen p mit $p \leq \sqrt{x}$ schon bekannt, so sind aus einer Tabelle aller ganzen Zahlen $\leq x$ alle Zahlen zu streichen ("sieben"), die durch eine Primzahl $p \leq \sqrt{x}$ teilbar sind. Offenbar bleiben dann genau die Primzahlen im Intervall $(\sqrt{x}, x]$ übrig. Ist x nicht zu groß, dann ist das Verfahren durchaus praktisch anwendbar.

Die zugrunde liegende Idee läßt sich leicht formalisieren. Gegeben seien eine endliche Menge $\mathfrak{N} \subset \mathbb{N}$, eine Menge von Primzahlen $\mathfrak{P}$, und zu jedem $p \in \mathfrak{P}$ eine Menge Ω_p von Restklassen modulo p. Das Tripel $(\mathfrak{N}, \mathfrak{P}, \Omega_p)$ nennen wir ein *Sieb* und ordnen diesem Tripel die *gesiebte Menge*

$$\mathfrak{N}^* = \{n \in \mathfrak{N} : \; n \bmod p \notin \Omega_p \, \text{für alle} \, p \in \mathfrak{P}\}$$

zu.

Das Sieb des Eratosthenes ist ein Sieb in diesem Sinne, man wähle $\mathfrak{N} = \{2, 3, 4, \ldots, [x]\}$, $\mathfrak{P} = \{p : p \leq \sqrt{x}\}$ und $\Omega_p = \{0\}$ für alle p. Als zweites Beispiel wählen wir $\mathfrak{P}$ genauso, für $\mathfrak{N}$ nehmen wir die ganzen Zahlen im Intervall $(\sqrt{x}, x]$ und wählen noch $\Omega_p = \{0, 2\}$ für alle p. Dann besteht $\mathfrak{N}^*$ genau aus allen Primzahlen $p' \in (\sqrt{x}, x]$, für die auch $p' - 2$ eine Primzahl ist. Solche p' heißen *Primzahlzwillinge*. Ein weiteres interessantes Beispiel ergibt sich, wenn wir $\mathfrak{N}$ und $\mathfrak{P}$ genauso, aber

$$\Omega_p = \left\{ h : 1 \le h \le p, \left(\frac{h}{p}\right) = -1 \right\}$$

wählen. In diesem Falle enthält $\mathfrak{N}^*$ zumindest alle Quadrate aus $\mathfrak{N}$. Der Leser überlege, ob $\mathfrak{N}^*$ genau aus den Quadraten in $\mathfrak{N}$ besteht.

Das Ziel einer Siebtheorie sind möglichst genaue Aussagen über die Menge $\mathfrak{N}^*$. Wie bereits die drei Beispiele zeigen, hängt das Ergebnis des Siebprozesses empfindlich von der Wahl der Ω_p ab. Noch deutlicher wird dieser Effekt, wenn etwa $\mathfrak{P} = \{2\}$ gewählt wird. Besteht $\mathfrak{N}$ nur aus geraden Zahlen, dann ist $\mathfrak{N}^*$ leer, wenn $\Omega_2 = \{0\}$ ist, bleibt aber unberührt, wenn $\Omega_2 = \{1\}$ ist. Demnach können gute Resultate nicht allein von

$$\omega(p) = \#\Omega_p$$

abhängen. Dennoch ist $\omega(p)$ ein wichtiger Parameter. Deshalb nennen wir ein Sieb *klein*, wenn $\omega(p)$ für alle $p \in \mathfrak{P}$ beschränkt bleibt, und *groß*, wenn $\omega(p) \gg p$ für $p \in \mathfrak{P}$ gilt. Das Sieb des Eratosthenes und das Zwillingssieb sind kleine Siebe. Im dritten Beispiel gilt $\omega(p) = \frac{1}{2}(p-1)$, hier handelt es sich also um ein großes Sieb.

Wir wollen jetzt zeigen, daß das große Sieb in der Form des Satzes 5.2.4 eine Möglichkeit eröffnet, die Anzahl der Elemente in $\mathfrak{N}^*$ nach oben abzuschätzen. Dazu betrachten wir folgende allgemeine Situation. Gegeben seien $M \in \mathbb{Z}$, $N \in \mathbb{N}$ und $a_n \in \mathbb{C}$ für $M < n \le M + N$. Zur Vereinfachung setzen wir noch $a_n = 0$ für $n \notin (M, M+N]$. Wie in den vorigen Abschnitten sei

$$S(\alpha) = \sum_n a_n e(n\alpha).$$

In Analogie zur Notation im Kontext des Siebs setzen wir

$$\omega'(p) = \#\{h \bmod p : \ a_n = 0 \text{ für alle } n \equiv h \bmod p\}.$$

Ferner sei die multiplikative Funktion g' durch

$$g'(q) = \mu(q)^2 \prod_{p|q} \frac{\omega'(p)}{p - \omega'(p)} \tag{5.17}$$

erklärt. Wir wollen stets $\omega'(p) < p$ annehmen, denn $\omega'(p) = p$ für ein p impliziert $a_n = 0$ für alle n. Den Zusammenhang zwischen dem Siebproblem und den Ungleichungen des vorigen Abschnitts stellt das folgende Lemma her.

Lemma 5.3.1. *In obiger Notation gilt*

$$g'(q) \Big| \sum_n a_n \Big|^2 \le \sum_{\substack{a=1 \\ (a,q)=1}}^{q} |S(a/q)|^2.$$

Dieses Resultat können wir über q summieren. Aus Satz 5.2.4 folgt dann

Satz 5.3.1. *In obiger Notation gelten für* $Q \geq 1$

$$\Big|\sum_n a_n\Big|^2 \leq \Big(\sum_{q\leq Q} g'(q)(N+\tfrac{3}{2}qQ)^{-1}\Big)^{-1}\sum_n |a_n|^2$$

und

$$\Big|\sum_n a_n\Big|^2 \leq (N+Q^2)\Big(\sum_{q\leq Q} g'(q)\Big)^{-1}\sum_n |a_n|^2.$$

Dieser Satz enthält eine obere Abschätzung für das allgemeine Siebproblem. Sei $(\mathfrak{N}, \mathfrak{P}, \Omega_p)$ ein Sieb. Durch geeignete Wahl von M, N wird $\mathfrak{N} \subset (M, M+N]$ erreicht. Wir setzen

$$a_n = \begin{cases} 1 & \text{für } n \in \mathfrak{N}^*, \\ 0 & \text{sonst.} \end{cases}$$

Dann gilt $\omega(p) \leq \omega'(p)$ für $p \in \mathfrak{P}$. Setzen wir noch $\omega(p) = 0$ für $p \notin \mathfrak{P}$ (dies ist konsistent mit der Idee des Siebs, keine Restklasse modulo p wird herausgesiebt), dann gilt $\omega(p) \leq \omega'(p)$ für alle p. Beachten wir noch

$$\sum_n a_n = \sum_n |a_n|^2 = \#\mathfrak{N}^*,$$

dann ergibt sich aus dem letzten Satz folgendes Korollar.

Satz 5.3.2 (Montgomerys Sieb). *Sei* $(\mathfrak{N}, \mathfrak{P}, \Omega_p)$ *ein Sieb,* $\mathfrak{N} \subset (M, M+N]$. *Sei* $\omega(p) = \#\Omega_p$ *für* $p \in \mathfrak{P}$ *und* $\omega(p) = 0$ *sonst. Wird*

$$g(q) = \mu(q)^2 \prod_{p|q} \frac{\omega(p)}{p-\omega(p)}$$

gesetzt, dann gelten die Abschätzungen

$$\#\mathfrak{N}^* \leq \Big(\sum_{q\leq Q} g(q)(N+\tfrac{3}{2}qQ)^{-1}\Big)^{-1}$$

und

$$\#\mathfrak{N}^* \leq (N+Q^2)\Big(\sum_{q\leq Q} g(q)\Big)^{-1}.$$

Es ist bemerkenswert, daß die Abschätzung für $\#\mathfrak{N}^*$ nur von N, aber sonst nicht von $\mathfrak{N}$ abhängt. Bevor wir diese *arithmetische Form des großen Siebs* genauer diskutieren und einige Anwendungen besprechen wollen, soll zuerst Lemma 5.3.1 bewiesen werden.

Beweis für Lemma 5.3.1. Wir beachten $\sum_n a_n = S(0)$. Die behauptete Ungleichung lautet damit

$$g'(q)|S(0)|^2 \leq \sum_{\substack{a=1\\(a,q)=1}}^{q} \left|S\left(\frac{a}{q}\right)\right|^2. \tag{5.18}$$

Sei $\beta \in \mathbb{R}$ beliebig. Ersetzen wir in der ursprünglichen Definition von $S(\alpha)$ die a_n durch $a_n e(n\beta)$, so ändert sich $\omega'(p)$ nicht. Also gilt (5.18) genau dann, wenn für alle $\beta \in \mathbb{R}$ gilt

$$|S(\beta)|^2 g'(q) \leq \sum_{\substack{a=1\\(a,q)=1}}^{q} \left|S\left(\frac{a}{q}+\beta\right)\right|^2. \tag{5.19}$$

Nehmen wir an, die Ungleichung (5.18) sei für q und q' mit $(q,q')=1$ bekannt. Dann sehen wir wegen der Äquivalenz von (5.18) und (5.19), daß (5.18) auch für qq' gilt, denn es gilt

$$\begin{aligned}\sum_{\substack{c=1\\(c,qq')=1}}^{qq'} \left|S\left(\frac{c}{qq'}\right)\right|^2 &= \sum_{\substack{a=1\\(a,q)=1}}^{q} \sum_{\substack{b=1\\(b,q')=1}}^{q'} \left|S\left(\frac{a}{q}+\frac{b}{q'}\right)\right|^2 \\ &\geq g'(q') \sum_{\substack{a=1\\(a,q)=1}}^{q} \left|S\left(\frac{a}{q}\right)\right|^2 \geq g'(q'q)|S(0)|^2.\end{aligned}$$

Hier haben wir (5.19) mit q' und $\beta = a/q$, dann (5.18) und schließlich die Multiplikativität von g' benutzt.

Nach diesen Überlegungen genügt es, (5.18) für $q = p^l$ nachzuweisen. Für $l \geq 2$ ist $g'(p^l) = \mu(p^l)^2 = 0$ und somit (5.18) sicherlich richtig. Damit ist (5.18) nur noch für Primzahlen $q = p$ zu zeigen.

Dazu betrachten wir

$$Z(p,h) = \sum_{n \equiv h \bmod p} a_n; \quad Z = \sum_n a_n = S(0). \tag{5.20}$$

Es gilt

$$\begin{aligned}\sum_{a=1}^{p} |S(a/p)|^2 &= \sum_{a=1}^{p} \sum_{n,m} a_n \bar{a}_m e\left(\frac{a}{p}(n-m)\right) \\ &= p \sum_{n \equiv m \bmod p} a_n \bar{a}_m = p \sum_{h=1}^{p} |Z(p,h)|^2;\end{aligned}$$

hier subtrahieren wir $|S(0)|^2 = |Z|^2$ und erhalten

$$\sum_{a=1}^{p-1} |S(a/p)|^2 = p \sum_{h=1}^{p} |Z(p,h)|^2 - |Z|^2. \tag{5.21}$$

Jetzt benutzen wir die offensichtliche Beziehung

$$Z = \sum_{h=1}^{p} Z(p,h) \tag{5.22}$$

und beachten, daß für alle Restklassen h mod p, die von $\omega'(p)$ gezählt werden, $Z(p,h) = 0$ gilt. Mit der Cauchyschen Ungleichung folgt deshalb

$$\begin{aligned} |Z|^2 &= \Big|\sum_{h=1}^{p} Z(p,h)\Big|^2 \leq \Big(\sum_{\substack{h=1 \\ Z(p,h)\neq 0}}^{p} 1\Big)\Big(\sum_{h=1}^{p} |Z(p,h)|^2\Big) \\ &\leq (p-\omega'(p)) \sum_{h=1}^{p} |Z(p,h)|^2. \end{aligned}$$

Setzen wir dies in (5.21) ein, kommt

$$\sum_{a=1}^{p-1} |S(a/p)|^2 \geq \Big(\frac{p}{p-\omega'(p)} - 1\Big)|Z|^2 = \frac{\omega'(p)}{p-\omega'(p)}|S(0)|^2$$

wie behauptet. Damit ist Lemma 5.3.1 bewiesen.

Die Gleichung (5.21) hat noch eine weitere wichtige Anwendung. Es gilt nämlich

$$\sum_{h=1}^{p} \Big|Z(p,h) - \frac{Z}{p}\Big|^2 = \sum_{h=1}^{p} |Z(p,h)|^2 - \frac{1}{p}|Z|^2.$$

Die linke Seite mißt im quadratischen Mittel, wie die Verteilung der a_n in arithmetischen Progressionen mod p vom "Erwartungswert" Z/p abweicht, kann also als Varianz interpretiert werden. Setzen wir diese Gleichung in (5.21) ein und summieren noch über p auf, folgt für beliebiges Q

$$\sum_{p\leq Q} p \sum_{h=1}^{p} \Big|Z(p,h) - \frac{Z}{p}\Big|^2 \leq \sum_{p\leq Q} \sum_{a=1}^{p-1} |S(a/p)|^2,$$

und auf die rechte Seite kann Satz 5.2.4 angewendet werden. Wir haben gezeigt:

Satz 5.3.3. *Bezeichnungen wie in Lemma* 5.3.1 *und* (5.20). *Dann gilt*

$$\sum_{p\leq Q} p \sum_{h=1}^{p} \Big|Z(p,h) - \frac{Z}{p}\Big|^2 \leq (N+Q^2) \sum_{n} |a_n|^2.$$

Wir wollen uns nun einigen Anwendungen der arithmetischen Form des großen Siebs zuwenden. Dazu verifizieren wir zunächst ein simples Korollar von Satz 5.3.2, das die Terminologie großes Sieb rechtfertigt.

Lemma 5.3.2. *Sei* $(\mathfrak{N}, \mathfrak{P}, \Omega_p)$ *ein Sieb mit* $\mathfrak{N} \subset [1, N]$ *und* $\mathfrak{P} \subset [2, \sqrt{N}]$. *Für* $0 < \tau < 1$ *gilt dann*

$$\#\mathfrak{N}^* \leq \frac{2(1-\tau)N}{\tau\#\{p \in \mathfrak{P} : \omega(p) > \tau p\}}.$$

Beweis. In Satz 5.3.2 wähle $Q = \sqrt{N}$. Nach Definition ist $g(q) \geq 0$, zum Beweis des Lemmas genügt es also,

$$\sum_{p \leq \sqrt{N}} \frac{\omega(p)}{p - \omega(p)} \geq \frac{\tau}{1-\tau} \sum_{p:\, \omega(p) > \tau p} 1$$

zu zeigen. Aus $\omega(p) > \tau p$ folgt aber

$$\frac{\omega(p)}{p - \omega(p)} > \frac{\tau p}{p - \omega(p)} = \tau + \tau \frac{\omega(p)}{p - \omega(p)}.$$

was wir zu $\omega(p)(p - \omega(p))^{-1} > \tau(1-\tau)^{-1}$ umformen können. Die Behauptung folgt sofort.

Lemma 5.3.2 ist von Linnik 1941 in abgeschwächter Form auf direktem Wege hergeleitet worden; er hatte anstelle des Faktors $2\tau^{-1}(1-\tau)$ nur $C\tau^{-2}$ mit einer Konstante $C > 0$ auf der rechten Seite im Lemma erhalten. Linniks Satz war die erste effektive Abschätzung für ein großes Sieb. Implizit hat Linnik ähnlich wie in Satz 5.3.3 eine Varianz abgeschätzt und daraus seinen Satz erhalten. Später hat Renyi eine erste Version von Satz 5.3.3 direkt bewiesen und daraus eine Abschätzung für ein großes Sieb gewonnen. Die Methoden wurden von Roth und Bombieri verfeinert. Erst Davenport und Halberstam haben 1966 bemerkt, daß sich das große Sieb auf Ungleichungen für trigonometrische Polynome zurückführen läßt. Die arithmetische Form des großen Siebs in Satz 5.3.2 geht auf Montgomery zurück, die hier angegebene scharfe Form stammt von Montgomery und Vaughan (1974).

5.4 Einige Anwendungen des großen Siebs

Da Linniks Version des großen Siebs den Ausgangspunkt für die Entwicklung der in diesem Kapitel vorgestellten Methoden darstellt, wollen wir Linniks Anwendung zuerst besprechen. Er behandelte mit seinem Sieb ein Problem über kleine quadratische Nichtreste. Nach einer Vinogradov zugeschriebenen Vermutung soll es zu jedem $\epsilon > 0$ und jeder Primzahl $p > p_0(\epsilon)$ einen quadratischen Nichtrest n modulo p mit $n < p^\epsilon$ geben. Mit Hilfe von Lemma 5.3.2 zeigt man leicht, daß Ausnahmen zu dieser Vermutung extrem selten vorkommen können.

Satz 5.4.1 (Linnik). *Sei $\epsilon > 0$ gegeben.*

(i) *Die Anzahl aller Primzahlen $p \leq N$, für die der kleinste quadratische Nichtrest modulo p größer als N^ϵ ausfällt, ist durch eine Konstante $C(\epsilon)$ beschränkt.*

(ii) *Sei $U(x)$ die Anzahl aller Primzahlen $p \leq x$, für die der kleinste quadratische Nichtrest modulo p größer als p^ϵ ist. Dann gilt $U(x) \ll_\epsilon \log\log x$.*

Beweis. Es ist leicht einzusehen, daß (ii) aus (i) folgt. Sei $\epsilon > 0$ fest. Sei

$$V(N) = \#\{p \in (\sqrt{N}, N] : \text{der kleinste Nichtrest mod } p \text{ ist } \geq N^{\epsilon/2}\}.$$

Dann gilt offenbar

$$U(x) \leq \sum_{j=0}^{\infty} V(x^{2^{-j}}).$$

Ist nun (i) bekannt, haben wir $V(N) \leq C(\epsilon/2)$ für jedes N. Für $x^{2^{-j}} < 2$ muß $V(x^{2^{-j}}) = 0$ sein, also enthält die unendliche Reihe der letzten Abschätzung nur $O(\log\log x)$ Terme. Das zeigt (ii).

Zum Beweis von (i) betrachten wir das Sieb $(\mathfrak{N}, \mathfrak{P}, \Omega_p)$ mit

$$\begin{aligned} \mathfrak{N} &= \{1, 2, \ldots, N\}, \\ \mathfrak{P} &= \{3 \leq p \leq \sqrt{N} : \text{ alle } b \leq N^\epsilon \text{ sind quadratische Reste mod } p\}, \\ \Omega_p &= \left\{h \bmod p : \left(\frac{h}{p}\right) = -1\right\}. \end{aligned}$$

Es reicht nun, die Ungleichung $\#\mathfrak{P} \leq C(\epsilon)$ zu verifizieren. Dazu führen wir die Menge

$$\mathcal{A}(X, Y) = \{x \in \mathbb{N} : x \leq X, \ p|x \Rightarrow p \leq Y\}$$

ein. Ist $n \in \mathcal{A}(N, N^\epsilon)$ und $p \in \mathfrak{P}$, dann gilt nach Definition von $\mathfrak{P}$ für $\epsilon \leq 1/2$

$$\left(\frac{n}{p}\right) = \prod_{\tilde{p}^\gamma \| n} \left(\frac{\tilde{p}}{p}\right)^\gamma = 1,$$

denn $\gamma \geq 1$ impliziert $\tilde{p} \leq N^\epsilon$. Das zeigt aber $\mathcal{A}(N, N^\epsilon) \subset \mathfrak{N}^*$. Da genau die Hälfte aller primen Reste mod p quadratische Reste sind, haben wir weiter $\omega(p) = \frac{p-1}{2} \geq \frac{p}{3}$. Deshalb können wir das große Sieb in der Linnikschen Form (Lemma 5.3.2 mit $\tau = \frac{1}{3}$) benutzen und erhalten dann

$$\#\mathcal{A}(N, N^\epsilon) \leq \#\mathfrak{N}^* \leq 4N(\#\mathfrak{P})^{-1}. \tag{5.23}$$

Die bisherigen Beweisüberlegungen werden vervollständigt durch folgendes

Lemma 5.4.1. *Es gibt genau eine stetige Funktion* $\rho : (0,\infty) \to \mathbb{R}$, *die auf* $(1,\infty)$ *differenzierbar ist und den Bedingungen*

$$\rho(u) = 1 \ \text{für } 0 < u \leq 1, \quad u\rho'(u) = -\rho(u-1) \ \text{für } u > 1 \tag{5.24}$$

genügt. Es gilt $0 < \rho(u) < 1$ *für* $u > 1$, *dort ist* ρ *auch streng monoton fallend.*

Ist ein reelles c *mit* $0 < c < 1$ *vorgegeben, dann gilt für* $x \geq 2$ *und* $y \geq x^c$ *die asymptotische Formel*

$$\#\mathcal{A}(x,y) = x\rho\Big(\frac{\log x}{\log y}\Big) + O\Big(\frac{x}{\log x}\Big). \tag{5.25}$$

Der letzte Schritt im Beweis des Satzes 5.4.1 ist evident, denn wegen (5.25) ist $\#\mathcal{A}(N, N^\epsilon) = \rho(1/\epsilon)N + o(N)$. Aus (5.23) können wir nun $\#\mathfrak{P} \leq C(\epsilon)$ für eine geeignete Konstante $C(\epsilon)$ entnehmen. Das war zu zeigen.

Die Bedingungen (5.24) sind ein einfaches Beispiel für eine *Differenzen-Differentialgleichung.* Die Lösung ρ ist auf $(0,1]$ vorgegeben und kann dann sukzessive im Intervall $k < u \leq k+1$ $(k \in \mathbb{N})$ durch

$$\rho(u) = \rho(k) - \int_k^u \frac{\rho(t-1)}{t}\, dt$$

erklärt werden, denn auf der rechten Seite kommen nur Werte von ρ auf dem Intervall $[k-1, k]$ vor. Die Bedingungen (5.24) sind erfüllt, die Eindeutigkeit von ρ ist offensichtlich.

Es genügt nun, die asymptotische Formel (5.25) zu verifizieren. Ist diese nämlich bekannt, folgt wegen $0 \leq \#\mathcal{A}(x,y) \leq x$ für alle $x \geq 2$, $y \geq 2$ sofort $0 \leq \rho(u) \leq 1$ für alle $u > 0$. Aus (5.24) sehen wir jetzt, daß ρ für $u > 1$ streng monoton fällt. Da $\rho(u) \geq 0$ schon bekannt ist, kann ρ auch nirgends verschwinden, so daß auch $0 < \rho(u) < 1$ für $u > 1$ bestätigt ist.

Zum Beweis von (5.25) führen wir noch die Bezeichnung

$$\Psi(x,y) = \#\mathcal{A}(x,y)$$

ein. Wir beginnen mit der für alle $x \geq 2$, $z \geq y \geq 2$ gültigen Gleichung

$$\Psi(x,y) = \Psi(x,z) - \sum_{y<p\leq z} \Psi(x/p, p). \tag{5.26}$$

Zur Begründung dürfen wir annehmen, daß y und z Primzahlen sind, denn $\Psi(x,y)$ ändert sich nicht, wenn y durch die größte Primzahl, die noch kleiner als y ist, ersetzt wird. Ferner genügt es, den Fall zu betrachten, wo das Intervall $[y,z]$ außer y und z keine weitere Primzahl enthält; der allgemeine Fall folgt aus diesem Spezialfall durch sukzessive Anwendung. Zum Beweis des Spezialfalles schreiben wir aus Gründen der Übersichtlichkeit $z = p$. Dann bezeichnet jetzt p die kleinste Primzahl, die größer als y ist. Zu zeigen ist noch die Gleichung

$$\Psi(x,p) - \Psi(x,y) = \Psi(x/p,p). \tag{5.27}$$

Wir beachten $\Psi(x,p) - \Psi(x,y) = \#(\mathcal{A}(x,p) \setminus \mathcal{A}(x,y))$; jedes $n \in \mathcal{A}(x,p) \setminus \mathcal{A}(x,y)$ hat aber genau eine Darstellung $n = pm$ mit $m \in \mathcal{A}(x/p,p)$. Damit ist (5.27) schon bewiesen.

Wir schreiben jetzt

$$u = \frac{\log x}{\log y}$$

und beweisen (5.25) mit Induktion über $k \in \mathbb{N}$ für $u \leq k$. Der Fall $k = 1$ ist trivial, denn $u \leq 1$ ist gleichbedeutend mit $y \geq x$, und dies hat $\Psi(x,y) = [x] = x + O(1)$ zur Folge.

Sei nun (5.25) für $u \leq k$, also $y \geq x^{1/k}$ schon bekannt. Für $k < u \leq k+1$ erhalten wir aus (5.26)

$$\Psi(x,y) = \Psi(x, x^{1/k}) - \sum_{y<p\leq x^{1/k}} \Psi(x/p,p). \tag{5.28}$$

Wegen $\frac{\log(x/p)}{\log p} = \frac{\log x}{\log p} - 1 \leq k$ für $p > y \geq x^{1/(k+1)}$ kann auf alle Terme der rechten Seite die Induktionsvoraussetzung angewendet werden. Im Falle $k = 1$ ist $\Psi(x/p,p) = [\frac{x}{p}]$ für $x^{1/2} < p \leq x$; es folgt

$$\begin{aligned}\Psi(x,y) &= x\Big(1 - \sum_{y<p\leq x} \frac{1}{p}\Big) + O\Big(\frac{x}{\log x}\Big) \\ &= x(1 - \log u) + O\Big(\frac{x}{\log x}\Big),\end{aligned}$$

denn aus Satz 1.1.5 ist

$$\sum_{v<p\leq w} \frac{1}{p} = \log\log w - \log\log v + O\Big(\frac{1}{\log v}\Big) \tag{5.29}$$

für $2 \leq v \leq w$ bekannt. Für $1 < u \leq 2$ kann $\rho(u) = 1 - \log u$ aus (5.24) abgelesen werden.

Wir können uns nun auf den Fall $k \geq 2$ konzentrieren. Für $p \leq x^{1/k}$ haben wir dann $\log(x/p) \gg \log x$. Aus (5.28) und (5.29) erhalten wir deshalb mit der Induktionsvoraussetzung

$$\begin{aligned}\Psi(x,y) &= \rho(k)x - \sum_{y<p\leq x^{1/k}} \Big(\rho\Big(\frac{\log x}{\log p} - 1\Big)\frac{x}{p} + O\Big(\frac{x/p}{\log \frac{x}{p}}\Big)\Big) + O\Big(\frac{x}{\log x}\Big) \\ &= x\Big(\rho(k) - \sum_{y<p\leq x^{1/k}} \frac{1}{p}\rho\Big(\frac{\log x}{\log p} - 1\Big)\Big) + O\Big(\frac{x}{\log x}\Big).\end{aligned} \tag{5.30}$$

Die impliziten Konstanten können hier natürlich von k abhängen. Die verbliebene Summe über p wird mit Lemma 1.1.3 partiell summiert; im entstehenden Integral ist anschließend $\frac{\log x}{\log \xi} = t$ zu substituieren, um die Gleichung

$$\begin{aligned}
&\sum_{y<p\le x^{1/k}} \frac{1}{p}\rho\Big(\frac{\log x}{\log p}-1\Big) \\
&= \rho(k-1) \sum_{y<p\le x^{1/k}} \frac{1}{p} - \int_y^{x^{1/k}} \Big(\sum_{y<p\le\xi} \frac{1}{p}\Big)\rho'\Big(\frac{\log x}{\log \xi}-1\Big)\frac{d}{d\xi}\frac{\log x}{\log\xi}\,d\xi \\
&= \rho(k-1) \sum_{y<p\le x^{1/k}} \frac{1}{p} + \int_k^u \Big(\sum_{x^{1/u}<p\le x^{1/t}} \frac{1}{p}\Big)\rho'(t-1)\,dt
\end{aligned}$$

zu bestätigen. Nun sind wegen (5.24) sowohl ρ als auch ρ' beschränkte Funktionen, womit aus (5.29) jetzt

$$\sum_{y<p\le x^{1/k}} \frac{1}{p}\rho\Big(\frac{\log x}{\log p}-1\Big) = \rho(k-1)\log\frac{u}{k} + \int_k^u \log\frac{u}{t}\rho'(t-1)\,dt + O\Big(\frac{1}{\log x}\Big)$$

kommt. Für das verbleibende Integral liefert eine partielle Integration nach Ausnutzung von (5.24) die Formel

$$\begin{aligned}
\int_k^u \log\Big(\frac{u}{t}\Big)\rho'(t-1)\,dt &= -\rho(k-1)\log\Big(\frac{u}{k}\Big) + \int_k^u \frac{\rho(t-1)}{t}\,dt \\
&= -\rho(k-1)\log\Big(\frac{u}{k}\Big) + \rho(k) - \rho(u).
\end{aligned}$$

Aus (5.30) sehen wir wie erwartet $\Psi(x,y) = \rho(u)x + O(x/\log x)$. Die Gleichmäßigkeit in y ergibt sich aus der Bemerkung, daß für $y > x^c$ im obigen Argument nur die k mit $k \le 1/c$ zu betrachten sind. Dann können die impliziten Konstanten von k unabhängig gewählt werden. Der Beweis des Lemmas ist damit abgeschlossen.

Die Funktion $\Psi(x,y)$ ist in vielen Fragen der Primzahlverteilung, aber auch bei anderen Fragen der Zahlentheorie ein wichtiges Hilfsmittel und zur Zeit Gegenstand intensiver Forschung[2]. Besonderes Interesse kommt dabei dem Fall zu, wo y schwächer als Potenzen von x wächst. Dieses Problem soll hier aber nicht weiter verfolgt werden.

Mit dem nächsten Beispiel soll gezeigt werden, daß Satz 5.3.2 auch in der Situation eines kleinen Siebs nichttriviale Ergebnisse liefert. Wir beweisen eine Version der *Brun-Titchmarsh-Ungleichung.*

Satz 5.4.2. *Seien k,l teilerfremde natürliche Zahlen, $x,y > 0$ reell. Dann gilt für $y > ck$, wobei c eine absolute Konstante bezeichnet, die Ungleichung*

$$\pi(x+y;k,l) - \pi(x;k,l) < \frac{2y}{\varphi(k)(\frac{5}{6}+\log\frac{y}{k})}.$$

[2] Fouvry und Tenenbaum (1991) ist ein wichtiges Beispiel.

Diese obere Abschätzung für die Anzahl der Primzahlen in einer arithmetischen Progression ist überraschend stark. Selbst für $k = 1$ ergibt sich die nichttriviale Ungleichung

$$\pi(x+y) - \pi(x) \le 2\frac{y}{\log y}$$

für genügend großes y. Zwar würde man nach dem Primzahlsatz für diese Differenz asymptotisch $y/(\log x)$ erwarten, dies folgt aber selbst unter Annahme der Riemannschen Vermutung nur für $y \gg \sqrt{x}$ und ist für sehr kleine y auch nicht mehr richtig. Die Brun-Titchmarsh-Ungleichung zeigt aber, daß auch kurze Intervalle niemals exzessiv viele Primzahlen enthalten können. Eine tieferliegende Anwendung besprechen wir in 6.3. Mit etwas mehr Rechenaufwand läßt sich die Gültigkeit der Brun-Titchmarsh-Ungleichung auf den Bereich $y > k$ ausdehnen, wenn eine etwas schwächere Aussage in Kauf genommen wird. Unter dieser Voraussetzung $y > k$ läßt sich noch

$$\pi(x+y;k,l) - \pi(x;k,l) < \frac{2y}{\varphi(k)\log\frac{y}{k}}$$

zeigen (siehe Montgomery und Vaughan (1973)).

Zum Beweis betrachten wir das Sieb

$$\begin{aligned} \mathfrak{N} &= \left(\frac{x-l}{k}, \frac{x+y-l}{k}\right] \cap \mathbb{Z}, \\ \mathfrak{P} &= \{p:\ p \nmid k,\ p \le Q\}, \\ \Omega_p &= \{-l\bar{k}\}, \end{aligned}$$

wobei $\bar{k}$ die modulo p eindeutig bestimmte Lösung von $k\bar{k} \equiv 1 \bmod p$ bezeichnet und Q ein noch zu fixierender Parameter ist. Sei nun $\tilde{p}$ eine Primzahl mit $x < \tilde{p} \le x+y$ und $\tilde{p} \equiv l \bmod k$; deren Anzahl ist abzuschätzen. Ein solches $\tilde{p}$ hat genau eine Darstellung $\tilde{p} = kn + l$ mit $n \in \mathfrak{N}$. Ist $\tilde{p} > Q$, dann ist sicher $kn \not\equiv -l \bmod p$ für alle $p \in \mathfrak{P}$, also $n \in \mathfrak{N}^*$. Aus Satz 5.3.2 mit $N = y/k$ und $\omega(p) = 1$ für $p \in \mathfrak{P}$ folgt also

$$\pi(x+y;k,l) - \pi(x;k,l) \le \pi(Q) + \#\mathfrak{N}^* \le Q + T^{-1} \tag{5.31}$$

mit

$$T = \sum_{\substack{q \le Q \\ (q,k)=1}} \left(\frac{y}{k} + \frac{3}{2}qQ\right)^{-1} \frac{\mu(q)^2}{\varphi(q)},$$

so daß nur noch eine untere Schranke für T gefunden werden muß. Dazu entfernen wir zuerst die Bedingung $(k,q) = 1$ mit einem einfachen Trick. Mit der für $v \ge 0$, $w \ge 0$ gültigen Ungleichung

$$\sum_{\substack{q \le w \\ (q,k)=1}} (1+vq)^{-1} \frac{\mu(q)^2}{\varphi(q)} \ge \frac{\varphi(k)}{k} \sum_{q \le w} (1+vq)^{-1} \frac{\mu(q)^2}{\varphi(q)}, \tag{5.32}$$

deren Beweis wir einen Moment zurückstellen, ergibt sich mit $Q = (\frac{2}{3}\frac{y}{k})^{1/2}$ die Abschätzung

$$T \geq \frac{\varphi(k)}{y} \sum_{q \leq Q} \left(1 + \frac{q}{Q}\right)^{-1} \frac{\mu(q)^2}{\varphi(q)}.$$

Wir zeigen gleich die asymptotische Formel

$$\sum_{q \leq Q} \left(1 + \frac{q}{Q}\right)^{-1} \frac{\mu(q)^2}{\varphi(q)} = \log Q + \gamma + \sum_p \frac{\log p}{p(p-1)} - \log 2 + o(1), \tag{5.33}$$

wobei γ die Eulersche Konstante bezeichnet. Setzen wir hier $Q = (\frac{2}{3}\frac{y}{k})^{1/2}$ ein, haben wir

$$T \geq \frac{\varphi(k)}{y} \left(\frac{1}{2} \log \frac{y}{k} + \gamma + \sum_p \frac{\log p}{p(p-1)} - \frac{1}{2} \log \frac{3}{2} - \log 2 + o(1)\right).$$

Die Eulersche Konstante und die hier auftretenden Logarithmen lassen sich ohne besondere Mühe abschätzen. Uns genügen hier die Ungleichungen $\gamma > 0,577$; $\log 2 < 0,694$; $\frac{1}{2} \log \frac{3}{2} < 0,203$. Ferner läßt sich

$$\sum_p \frac{\log p}{p(p-1)} > 0,737$$

zeigen (vgl. Rosser und Schoenfeld (1962)), so daß wir nun

$$T \geq \frac{\varphi(k)}{y} \left(\frac{1}{2} \log \frac{y}{k} + 0,417\right)$$

für $y \geq ck$ bei geeignetem festem c haben. Die Brun-Titchmarsh-Ungleichung folgt jetzt aus (5.31).

Wir haben noch den Beweis der Formeln (5.32) und (5.33) nachzuholen. Alle nun folgenden Betrachtungen basieren auf der einfachen, aber sehr wichtigen Identität

$$\frac{k}{\varphi(k)} = \prod_{p|k} \frac{p}{p-1} = \sum_{r|k} \frac{\mu(r)^2}{\varphi(r)}. \tag{5.34}$$

Diese Gleichungen sind leicht einzusehen, wenn man beachtet, daß die drei zu vergleichenden arithmetischen Funktionen in k multiplikativ sind und dann die Formeln für Primzahlpotenzen durch einfaches Nachrechnen bestätigt.

Der Beweis von (5.32) ist jetzt leicht. Mit (5.34) haben wir

$$\begin{aligned} \frac{k}{\varphi(k)} \sum_{\substack{q \leq w \\ (q,k)=1}} (1+vq)^{-1} \frac{\mu(q)^2}{\varphi(q)} &= \sum_{\substack{q \leq w \\ (q,k)=1}} \sum_{r|k} (1+vq)^{-1} \frac{\mu(rq)^2}{\varphi(rq)} \\ &\geq \sum_{n \leq w} (1+vn)^{-1} \frac{\mu(n)^2}{\varphi(n)} \end{aligned}$$

wie behauptet.

Der Beweis von (5.33) ist erheblich schwieriger. Im Hinblick auf spätere Anwendungen beweisen wir etwas mehr als unbedingt erforderlich. Die folgenden Überlegungen können als Modell für die Untersuchung verwandter Probleme dienen. Eine ganze Reihe von asymptotischen Formeln, die alle mit (5.33) zusammenhängen, sind im nächsten Lemma zusammengefaßt.

Lemma 5.4.2. *Sei γ die Eulersche Konstante, B eine geeignete reelle Zahl und $C = \prod_p (1 + (p(p-1))^{-1})$. Dann gelten die asymptotischen Formeln*

$$\sum_{n \le x} \frac{\mu(n)^2}{n} = \frac{\log x}{\zeta(2)} + \frac{\gamma}{\zeta(2)} - 2\frac{\zeta'(2)}{\zeta(2)^2} + O\Big(\frac{\log x}{\sqrt{x}}\Big), \tag{5.35}$$

$$\sum_{n \le x} \frac{n}{\varphi(n)} = Cx + O(\log x), \tag{5.36}$$

$$\sum_{n \le x} \frac{1}{\varphi(n)} = C \log x + B + O(x^{-1}\log x), \tag{5.37}$$

$$\sum_{n \le x} \frac{\mu(n)^2}{\varphi(n)} = \log x + \gamma + \sum_p \frac{\log p}{p(p-1)} + O(x^{-\frac{1}{2}}\log x). \tag{5.38}$$

In allen Fällen hängt der Erfolg unserer Methode davon ab, daß sich die zu summierende Funktion in geeigneter Weise als Faltung darstellen läßt. Wir beginnen mit (5.35). Hier lautet die benötigte Faltungsformel

$$\mu(n)^2 = \sum_{d^2 | n} \mu(d),$$

die durch durch Nachrechnen für Primzahlpotenzen unter Ausnutzung der Multiplikativität beider Seiten leicht zu bestätigen ist. Jetzt erkennen wir mit bereits vertrauten Rechnungen und (1.17)

$$\begin{aligned}\sum_{n \le x} \frac{\mu(n)^2}{n} &= \sum_{d \le \sqrt{x}} \frac{\mu(d)}{d^2} \sum_{r \le xd^{-2}} \frac{1}{r} = \sum_{d \le \sqrt{x}} \frac{\mu(d)}{d^2}\Big(\log\frac{x}{d^2} + \gamma + O\Big(\frac{d^2}{x}\Big)\Big) \\ &= (\gamma + \log x) \sum_{d \le \sqrt{x}} \frac{\mu(d)}{d^2} - 2 \sum_{d \le \sqrt{x}} \frac{\mu(d)}{d^2} \log d + O(x^{-1/2}).\end{aligned}$$

Die beiden Summen über d lassen sich zu unendlichen Reihen ergänzen, die dabei entstehenden Fehler sind von der Größenordnung $O(x^{-1/2})$ und $O(x^{-1/2}\log x)$. Die erste so entstehende Reihe ist $\zeta(2)^{-1}$, die $-\mu(n)\log n$ sind die Koeffizienten der Dirichletreihe $\frac{d}{ds}\frac{1}{\zeta(s)} = -\frac{\zeta'(s)}{\zeta(s)^2}$, womit (5.35) bewiesen ist.

Den Beweis von (5.36) können wir genauso führen, wenn (5.34) als Faltungsformel benutzt wird. Diesmal haben wir

$$\sum_{n\le x}\frac{n}{\varphi(n)}=\sum_{d\le x}\frac{\mu(d)^2}{\varphi(d)}\sum_{r\le x/d}1=x\sum_{d\le x}\frac{\mu(d)^2}{d\varphi(d)}+O(\log x),\tag{5.39}$$

denn es gilt die einfache Abschätzung

$$\sum_{d\le D}\frac{\mu(d)^2}{\varphi(d)}\le\prod_{p\le D}\Big(1+\frac{1}{p-1}\Big)\ll\log D.\tag{5.40}$$

Genauso einfach ergibt sich die Abschätzung

$$\sum_{d>D}\frac{\mu(d)^2}{d\varphi(d)}\ll\frac{\log D}{D};\tag{5.41}$$

zur Begründung kann zum Beispiel für die Summanden im Bereich $D<d\le D^2$ die schon bekannte Ungleichung (5.40) benutzt werden, für $d>D^2$ liefert die triviale Abschätzung $\varphi(d)d\gg d^{3/2}$ das Gewünschte. Mit (5.41) können wir in (5.39) die Summe zur Reihe ergänzen, es folgt

$$\sum_{n\le x}\frac{n}{\varphi(n)}=x\sum_{d=1}^{\infty}\frac{\mu(d)^2}{d\varphi(d)}+O(\log x).$$

Nach Satz 1.4.1 stimmt die unendliche Reihe mit C überein. Das zeigt (5.36).

Wenn wir dieselbe Methode auf die in (5.37) zu betrachtende Summe anwenden, erhalten wir aus (5.34), (5.40) und (5.41)

$$\begin{aligned}\sum_{n\le x}\frac{1}{\varphi(n)} &= \sum_{d\le x}\frac{\mu(d)^2}{d\varphi(d)}\sum_{r\le x/d}\frac{1}{r}=\sum_{d\le x}\frac{\mu(d)^2}{d\varphi(d)}\Big(\log\frac{x}{d}+\gamma+O\Big(\frac{d}{x}\Big)\Big)\\ &= (\gamma+\log x)\sum_{d\le x}\frac{\mu(d)^2}{d\varphi(d)}-\sum_{d\le x}\frac{\mu(d)^2}{d\varphi(d)}\log d+O\Big(\frac{\log x}{x}\Big)\\ &= C(\log x+\gamma)-\sum_{d=1}^{\infty}\frac{\mu(d)^2}{d\varphi(d)}\log d+O\Big(\frac{(\log x)^2}{x}\Big).\end{aligned}$$

Dies ist bereits eine Version von (5.37), allerdings mit einem etwas schwächeren Restglied. Einen alternativen Zugang zu (5.37) haben wir direkt aus (5.36) mit partieller Summation. Dazu setzen wir $\Xi(t)=\sum_{q\le t}\frac{q}{\varphi(q)}$ und schreiben (5.36) in der Form $\Xi(t)=Ct+E(t)$. Aus Lemma 1.1.3 haben wir dann

$$\begin{aligned}\sum_{n\le x}\frac{1}{\varphi(n)} &= \frac{\Xi(x)}{x}+\int_1^x t^{-2}\Xi(t)\,dt\\ &= C\log x+C+\int_1^{\infty}\frac{E(t)}{t^2}\,dt+O\Big(\frac{\log x}{x}\Big),\end{aligned}$$

denn wir wissen bereits $E(t) \ll \log t$. Durch Vergleich der beiden Formeln bekommen wir (5.37) und nebenbei die kuriose Formel

$$C(\gamma - 1) = \sum_{d=1}^{\infty} \frac{\mu(d)^2}{d\varphi(d)} \log d + \int_1^{\infty} \frac{E(t)}{t^2}\, dt.$$

Für (5.38) ist es zweckmäßig, $\mu(q)^2\varphi(q)^{-1}$ nicht als Faltung mit ϵ, sondern mit $\mu(d)^2$ zu schreiben. Wir definieren also eine arithmetische Funktion h durch die Identität

$$\sum_{d|q} h(d)\mu(q/d)^2 = q\frac{\mu(q)^2}{\varphi(q)}, \tag{5.42}$$

nach den Möbiusschen Umkehrformeln ist h wohldefiniert und multiplikativ. Werten wir (5.42) für Primzahlpotenzen $q = p^l$ aus, finden wir $\frac{p}{p-1} = h(1) + h(p)$, wegen $h(1) = 1$ zeigt das $h(p) = (p-1)^{-1}$. Für $l \geq 2$ liefert (5.42) die Beziehung $h(p^l) + h(p^{l-1}) = 0$, so daß wir

$$h(p^l) = (-1)^{l+1}(p-1)^{-1}$$

für $l \geq 1$ haben. Wir betrachten nun die Dirichletreihe

$$H(s) = \sum_{n=1}^{\infty} h(n)n^{-s},$$

die wir zumindest für $\operatorname{Re} s > 1$ in ein Produkt entwickeln können; Satz 1.4.1 liefert

$$H(s) = \prod_p \Big(1 + \sum_{k=1}^{\infty} \frac{(-1)^{k+1}}{p-1} p^{-ks}\Big) = \prod_p \Big(1 + \frac{1}{(p-1)(p^s+1)}\Big), \tag{5.43}$$

und dasselbe Argument zeigt auch

$$\sum_{n=1}^{\infty} |h(n)|n^{-s} = \prod_p \Big(1 + \frac{1}{(p-1)(p^s-1)}\Big).$$

Diese Produkte konvergieren aber in $\operatorname{Re} s > 0$ absolut, weshalb auch die $H(s)$ definierende Dirichletreihe in $\operatorname{Re} s > 0$ absolut konvergieren muß. Für jedes $\alpha > 0$ und $0 < \epsilon < \alpha$ haben wir dann

$$\sum_{d>D} \frac{|h(d)|}{d^{\alpha}} \leq D^{\epsilon-\alpha} \sum_{d=1}^{\infty} \frac{|h(d)|}{d^{\epsilon}} \ll D^{\epsilon-\alpha}.$$

Mit diesen Informationen läßt sich jetzt unsere Methode anwenden. Zur Abkürzung sei

$$A = \frac{\gamma}{\zeta(2)} - 2\frac{\zeta'(2)}{\zeta(2)^2}.$$

Nach sukzessiver Anwendung von (5.42), (5.35) und der letzten Abschätzung finden wir

$$\sum_{n\le x}\frac{\mu(n)^2}{\varphi(n)} = \sum_{d\le x}\frac{h(d)}{d}\sum_{r\le x/d}\frac{\mu(r)^2}{r} = \sum_{d\le x}\frac{h(d)}{d}\Big(\frac{\log(x/d)}{\zeta(2)} + A + O\Big(\frac{\log x}{\sqrt{x/d}}\Big)\Big)$$

$$= \Big(\frac{\log x}{\zeta(2)} + A\Big)\sum_{d=1}^{\infty}\frac{h(d)}{d} - \frac{1}{\zeta(2)}\sum_{d=1}^{\infty}\frac{h(d)}{d}\log d + O(x^{-\frac12}\log x)$$

$$= \Big(\frac{\log x}{\zeta(2)} + A\Big)H(1) + \frac{H'(1)}{\zeta(2)} + O(x^{-\frac12}\log x).$$

Aus (5.43) haben wir $H(1) = \zeta(2)$, so daß jetzt

$$\sum_{n\le x}\frac{\mu(n)^2}{\varphi(n)} = \log x + \gamma - 2\frac{\zeta'(2)}{\zeta(2)} + \frac{H'(1)}{H(1)} + O(x^{-\frac12}\log x)$$

folgt. Durch logarithmisches Differenzieren von (5.43) sehen wir

$$\frac{H'(1)}{H(1)} = -\sum_p \frac{\log p}{p(p+1)};$$

ferner gilt offenbar

$$-\frac{\zeta'(2)}{\zeta(2)} = \sum_{n=1}^{\infty}\Lambda(n)n^{-2} = \sum_p\sum_{k=1}^{\infty}(\log p)p^{-2k} = \sum_p\frac{\log p}{(p+1)(p-1)},$$

und (5.38) ergibt sich schließlich durch Zusammenfassen dieser beiden Summen.

Die noch fragliche Formel (5.33) kann mit partieller Summation aus (5.38) gewonnen werden. Aus Lemma 1.1.3 mit $f(t) = (1+\frac{t}{Q})^{-1}$ kommt nach kurzer Rechnung

$$\sum_{q\le Q}\Big(1+\frac{q}{Q}\Big)^{-1}\frac{\mu(q)^2}{\varphi(q)}$$

$$= \frac12\log Q + \frac1Q\int_1^Q\Big(1+\frac{t}{Q}\Big)^{-2}\log t\,dt + \gamma + \sum_p\frac{\log p}{p(p-1)} + o(1).$$

Das verbliebene Integral läßt sich mit partieller Integration explizit auswerten, die für den Beweis von (5.33) noch benötigte Asymptotik

$$\frac1Q\int_1^Q\Big(1+\frac{t}{Q}\Big)^{-2}\log t\,dt = \frac12\log Q - \log 2 + o(1)$$

ergibt sich dann ohne weitere Mühe.

Als letzte Anwendung der arithmetischen Form des großen Siebs wollen wir noch die Anzahl $J(x)$ aller Primzahlzwillinge $\leq x$ abschätzen. Sei $Q \leq \sqrt{x}$ ein noch zu wählender Parameter und

$$\mathfrak{N} = (\sqrt{x}, x] \cap \mathbb{Z}, \quad \mathfrak{P} = \{p : p \leq Q\}, \quad \Omega_p = \{0, 2\}$$

das aus 5.3 bekannte Zwillingssieb. Die gesiebte Menge $\mathfrak{N}^*$ enthält alle Zwillinge in $\mathfrak{N}$. Aus Satz 5.3.2 erhalten wir damit die Abschätzung

$$J(x) - J(\sqrt{x}) \leq (x + Q^2)\Big(\sum_{q \leq Q} g(q)\Big)^{-1}, \tag{5.44}$$

wobei

$$g(q) = \mu(q)^2 \prod_{p|q} \frac{\omega(p)}{p - \omega(p)} \qquad \text{mit } \omega(2) = 1,\ \omega(p) = 2\ (p \geq 3) \tag{5.45}$$

zu setzen ist. Wie auch bei der Brun-Titchmarsh-Ungleichung muß nun nur noch eine untere Schranke für die Summe über $g(q)$ gefunden werden. Soll unser Standardrezept zum Auffinden einer asymptotischen Formel angewendet werden, muß g in geeigneter Weise als Faltung geschrieben werden. Dazu zeigen wir

Lemma 5.4.3. *Sei $\nu(q) = \#\{p : p|q\}$ die Anzahl der verschiedenen Primteiler von q. Dann gilt*

$$\sum_{d|q} \mu(d)^2 = 2^{\nu(q)} \tag{5.46}$$

für alle q. Ist g durch (5.45) *gegeben, dann ist durch die Gleichung $qg(q) = 2^\nu * v(q)$ eine multiplikative Funktion v definiert. Es gilt*

$$v(2) = 0, \qquad v(2^k) = 2(-1)^{k-1} \quad (k \geq 2),$$
$$v(p) = \frac{4}{p-2} \quad (p \geq 3), \qquad v(p^k) = 2(-1)^{k-1}\frac{p+2}{p-2} \quad (p \geq 3,\ k \geq 2).$$

Beweis. Ist $q = p^l$ eine Primzahlpotenz, haben beide Seiten von (5.46) den Wert 2, wegen der Multiplikativität beider Seiten folgt (5.46) dann für alle q. Die expliziten Formeln für $v(p^k)$ lassen sich nach dem Verfahren aus Satz 1.3.1 berechnen. Wir betrachten nur den Fall $p \geq 3$ und überlassen die einfachen Modifikationen für $p = 2$ dem Leser. Aus (5.45) haben wir

$$\frac{2p}{p-2} = pg(p) = 2^\nu * v(p) = 2 + v(p),$$

was die Formel für $v(p)$ bestätigt. Für $k \geq 2$ ist $g(p^k) = 0$, und die Werte von $v(p^k)$ ergeben sich aus der Gleichung

$$0 = v(p^k) + 2\frac{p+2}{p-2} + 2\sum_{l=2}^{k-1} v(p^l)$$

mit Induktion über k.

Mit der soeben definierten Funktion v bilden wir die Dirichlet-Reihe

$$V(s) = \sum_{n=1}^{\infty} v(n) n^{-s},$$

die in $\operatorname{Re} s > \frac{1}{2}$ absolut konvergiert, denn es gilt offenbar für $\sigma = \operatorname{Re} s > \frac{1}{2}$ und jedes $N > 1$

$$\begin{aligned} \sum_{n \leq N} \left| \frac{v(n)}{n^s} \right| &\leq \prod_{p \leq N} \left(1 + \sum_{k=1}^{\infty} \frac{|v(p^k)|}{p^{k\sigma}}\right) \\ &\leq 7 \prod_{3 \leq p \leq N} \left(1 + \frac{4}{p^{\sigma}(p-2)} + 10 \sum_{k=2}^{\infty} p^{-k\sigma}\right) \\ &\leq 7 \prod_{3 < p \leq N} \left(1 + \frac{c_1}{p^{\sigma+1}} + \frac{c_2}{p^{2\sigma}}\right) \end{aligned}$$

für geeignete Konstanten c_1, c_2, und das letzte Produkt konvergiert noch mit $N \to \infty$. Für jedes $\alpha > \frac{1}{2}$ und $\epsilon > 0$ haben wir also

$$\sum_{n > N} \frac{|v(n)|}{n^{\alpha}} \ll N^{\frac{1}{2} - \alpha + \epsilon}.$$

Jetzt können wir auf die zu untersuchende Summe zurückkommen. Zuerst ist die Faltungsformel für g aus Lemma 5.4.3 anzuwenden. Wir haben dann

$$\sum_{q \leq Q} g(q) = \sum_{d \leq Q} \frac{2^{\nu(d)}}{d} \sum_{r \leq Q/d} \frac{v(r)}{r} = \sum_{d \leq Q} \frac{2^{\nu(d)}}{d} \left(V(1) + O\left(\left(\frac{d}{Q}\right)^{\frac{1}{4}}\right)\right). \tag{5.47}$$

Jetzt wiederholen wir dieses Prinzip nochmals und schreiben auch 2^{ν} als Faltung. Mit (5.35) finden wir so

$$\begin{aligned} \sum_{d \leq Q} \frac{2^{\nu(d)}}{d} &= \sum_{n \leq Q} \frac{1}{n} \sum_{m \leq Q/n} \frac{\mu(m)^2}{m} \\ &= \sum_{n \leq Q} \frac{1}{n} (\zeta(2)^{-1} \log(Q/n) + O(1)) \\ &= \frac{1}{2} \zeta(2)^{-1} (\log Q)^2 + O(\log Q); \end{aligned} \tag{5.48}$$

beim Übergang zur letzten Zeile ist die asymptotische Formel

$$\sum_{n \leq Q} \frac{1}{n} \log \frac{Q}{n} = \frac{1}{2} (\log Q)^2 + O(\log Q)$$

zu benutzen, die aus (1.17) und (1.18) mit partieller Summation sofort folgt. Verwenden wir nochmals partielle Summation (Lemma 1.1.3 mit $g(x) = x^{1/4}$), dann kommt aus (5.48) noch

$$\sum_{d\le Q} \frac{2^{\nu(d)}}{d^{3/4}} = O(Q^{1/4}\log Q),$$

so daß wir aus (5.47) schließlich

$$\sum_{q\le Q} g(q) = \frac{1}{2}\zeta(2)^{-1}V(1)(\log Q)^2 + O(\log Q)$$

erhalten. Dies setzen wir in (5.44) ein und finden

$$J(x) - J(\sqrt{x}) \le (x+Q^2)\Big(\frac{1}{2}\zeta(2)^{-1}V(1)(\log Q)^2 + O(\log Q)\Big)^{-1}$$

für jedes $Q \le \sqrt{x}$. Wir erzwingen $x + Q^2 = x + o(x)$ durch die Wahl $Q = \sqrt{x}(\log x)^{-1}$. Da auf jeden Fall $J(y) \le y$ sein muß, haben wir dann

$$J(x) \le 8\zeta(2)V(1)^{-1}x(\log x)^{-2} + o(x(\log x)^{-2}). \tag{5.49}$$

Dieses Ergebnis ist nur sinnvoll, wenn wir $V(1) \ne 0$ zeigen können. Dazu interpretieren wir $\zeta(2)^{-1}V(1)$ als Wert der Dirichlet-Reihe

$$\zeta(2s)^{-1}V(s) = \sum_{n=1}^{\infty} b(n)n^{-s}$$

bei $s = 1$. Nach 1.3 hat $\zeta(s)^{-1}$ die Koeffizienten $\mu(n)$, so daß die Entwicklung

$$\zeta(2s)^{-1} = \sum_{m=1}^{\infty} a(m)m^{-s}$$

gilt, wobei $a(m) = 0$ zu setzen ist, wenn m kein Quadrat ist, für die Quadratzahlen muß $a(n^2) = \mu(n)$ gesetzt werden. Dann ist $b = a * v$; die Werte der multiplikativen Funktion b lassen sich also durch v ausdrücken, denn nach Definition von a ist

$$b(n) = \sum_{d^2|n} \mu(d)v(n/d^2).$$

Wird hier $n = p^k$ eingesetzt, folgen sofort die Formeln

$$b(p) = v(p), \qquad b(p^k) = v(p^k) - v(p^{k-2}) \quad (k \ge 2).$$

Aus Lemma 5.4.3 folgt dann weiter $b(p^k) = 0$ für $k \ge 4$; ferner ergeben sich die explizite Werte

$$b(2) = 0, \quad b(4) = -3, \quad b(8) = 2,$$

$$b(p) = \frac{4}{p-2}, \quad b(p^2) = \frac{3p+2}{2-p}, \quad b(p^3) = \frac{2p}{p-2} \quad (p \geq 3).$$

Die Dirichlet-Reihen für $\zeta(2s)^{-1}$ und $V(s)$ konvergieren absolut für $\operatorname{Re} s > \frac{1}{2}$, so daß wir aus Satz 1.4.1 die Produktentwicklung

$$\zeta(2)^{-1}V(1) = \prod_p \left(1 + \frac{b(p)}{p} + \frac{b(p^2)}{p^2} + \frac{b(p^3)}{p^3}\right) = \frac{1}{2}\prod_{p\geq 3}\left(1 + \frac{1}{p(p-2)}\right)$$

erhalten. Bilden wir noch den Kehrwert, ergibt sich $\zeta(2)V(1)^{-1} = \mathfrak{S}$ mit

$$\mathfrak{S} = 2\prod_{p\geq 3}\left(1 - \frac{1}{(p-1)^2}\right). \tag{5.50}$$

Die Zahl $\mathfrak{S}$ heißt *Zwillingskonstante.* Wird dies in (5.49) eingesetzt, ist schließlich gezeigt:

Satz 5.4.3. *Sei* $\mathfrak{S}$ *durch* (5.50) *gegeben. Bezeichne* $J(x)$ *die Anzahl der Primzahlzwillinge unterhalb von* x. *Dann gilt für* $x \to \infty$ *die Ungleichung*

$$J(x) \leq 8\mathfrak{S}\frac{x}{(\log x)^2} + o\left(\frac{x}{(\log x)^2}\right).$$

Nach einer Vermutung von Hardy und Littlewood sollte die asymptotische Formel $J(x) \sim \mathfrak{S}x(\log x)^{-2}$ gelten. Selbst die einfachere Frage, ob es unendlich viele Primzahlzwillinge gibt, ist allerdings noch ungeklärt. Der Satz zeigt aber, daß Zwillinge sehr viel seltener als Primzahlen sind. Als einfache Folgerung ergibt sich noch die Konvergenz der Reihe

$$\sum_{p \text{ Zwilling}} \frac{1}{p}.$$

Aufgaben

1. Für $u > 0$ gilt

$$\rho(u) = \frac{e^\gamma}{2\pi i}\int_{(0)} \exp\left(-us + \int_0^s \frac{e^w - 1}{w}\,dw\right) ds.$$

Für $u < 0$ existiert das Integral ebenfalls und hat den Wert 0.

2. Für $y < (\log x)^2$ zeige $\Psi(x,y) \ll x^{2/3}$.
3. Für $c > 0$ gilt

$$\Psi(x,y) = \frac{1}{2\pi i}\int_{(c)} \left(\prod_{p\leq y}(1-p^{-s})^{-1}\right)\frac{x^s}{s}\,ds.$$

4. Für festes $y \geq 1$ und $x \to \infty$ zeige

$$\Psi(x,y) \sim \left(\pi(y)!\prod_{p\leq y}\log p\right)(\log x)^{\pi(y)}.$$

5. Sei $\sigma(n)$ die Summe aller Teiler von n. Schreibe

$$\sum_{n\leq x}\frac{\sigma(n)}{n}=\zeta(2)x+E(x)$$

und zeige $E(x)=O(\log x)$. Durch Betrachtung von

$$\sum_{n\leq x}\frac{\sigma(n)}{n^2}$$

sowohl direkt als auch mit partieller Summation zeige

$$\int_1^\infty E(t)t^{-2}\,dt=\gamma\zeta(2)+\zeta'(2)-\zeta(2).$$

5.5 Das große Sieb und Charaktersummen

Die Charaktere $e(an/q)$ der additiven Restklassengruppe modulo q und die Charaktere der primen Restklassengruppe sind durch Lemma 2.3.1 miteinander korrelliert. Deshalb lassen sich mit dem großen Sieb auch gewisse Charaktersummen abschätzen. Mit $\sum^*_\chi$ wird im folgenden eine über alle primitiven Charaktere modulo q erstreckte Summe bezeichnet.

Satz 5.5.1. *Seien $a_n\in\mathbb{C}$. Dann gelten*

$$\sum_{q\leq Q}\frac{q}{\varphi(q)}\sum_\chi{}^*\Big|\sum_{M<n\leq M+N}a_n\chi(n)\Big|^2\leq(N+Q^2)\sum_{M<n\leq M+N}|a_n|^2$$

und

$$\sum_{R<q\leq Q}\frac{1}{\varphi(q)}\sum_\chi{}^*\Big|\sum_{M<n\leq M+N}a_n\chi(n)\Big|^2\leq\Big(\frac{N}{R}+Q\Big)\sum_{M<n\leq M+N}|a_n|^2.$$

Beweis. Für primitive Charaktere χ modulo q benutzen wir Lemma 2.3.1 und erhalten unter Berücksichtigung von Lemma 2.3.2

$$\Big|\sum_n a_n\chi(n)\Big|^2=\frac{1}{q}\Big|\sum_{a=1}^q\sum_n\bar\chi(a)e(an/q)a_n\Big|^2.$$

Wird links über die primitiven χ und rechts über alle χ summiert, ergibt sich

$$\begin{aligned}\sum_\chi{}^*\Big|\sum_n a_n\chi(n)\Big|^2 &\leq \frac{1}{q}\sum_\chi\Big|\sum_{a=1}^q\sum_n\bar\chi(a)e(an/q)a_n\Big|^2\\ &= \frac{1}{q}\sum_{a,b=1}^q\sum_{m,n}\sum_\chi\bar\chi(a)\chi(b)\,e\Big(\frac{an-bm}{q}\Big)a_n\bar a_m\end{aligned}$$

$$= \frac{\varphi(q)}{q} \sum_{\substack{a=1 \\ (a,q)=1}}^{q} \sum_{m,n} e\Big(\frac{a(n-m)}{q}\Big) a_n \bar{a}_m$$

$$= \frac{\varphi(q)}{q} \sum_{\substack{a=1 \\ (a,q)=1}}^{q} \Big|S\Big(\frac{a}{q}\Big)\Big|^2,$$

wobei

$$S(\alpha) = \sum_{M<n\leq M+N} a_n e(\alpha n)$$

geschrieben wurde. Die erste Ungleichung in Satz 5.5.1 folgt nun aus Satz 5.2.4, die zweite aus der ersten mit partieller Summation.

Da Charaktere stark multiplikativ sind, können wir mit Satz 5.5.1 auch Ausdrücke des Typs

$$\sum_{q\leq Q} \frac{q}{\varphi(q)} \sum_{\chi}{}^{*} \Big| \sum_{m\leq M} \sum_{n\leq N} a_m b_n \chi(mn) \Big| \tag{5.51}$$

für beliebige $a_m, b_n \in \mathbb{C}$ abschätzen; die Cauchy-Schwarzsche Ungleichung und Satz 5.5.1 liefern hierfür die obere Schranke

$$\ll (M+Q^2)^{\frac{1}{2}}(N+Q^2)^{\frac{1}{2}} \Big(\sum_{m\leq M} |a_m|^2\Big)^{\frac{1}{2}} \Big(\sum_{n\leq N} |b_n|^2\Big)^{\frac{1}{2}}. \tag{5.52}$$

Für eine Anwendung im nächsten Abschnitt brauchen wir eine Variante dieses Resultats.

Satz 5.5.2. *Für beliebige komplexe Zahlen a_m, b_n gilt*

$$\sum_{q\leq Q} \frac{q}{\varphi(q)} \sum_{\chi}{}^{*} \max_{X} \Big| \sum_{\substack{m\leq M,\, n\leq N \\ mn\leq X}} a_m b_n \chi(mn) \Big|$$

$$\ll (M+Q^2)^{\frac{1}{2}}(N+Q^2)^{\frac{1}{2}} \Big(\sum_{m\leq M} |a_m|^2\Big)^{\frac{1}{2}} \Big(\sum_{n\leq N} |b_n|^2\Big)^{\frac{1}{2}} \log(2MN).$$

Für $MN \leq X$ ist die Bedingung $mn \leq X$ leer, so daß das Maximum nur über $X \leq MN$ erstreckt werden muß. Mit folgendem Lemma läßt sich die störende Bedingung $mn \leq X$ entfernen.

Lemma 5.5.1. *Sei $T > 0$, $\beta > 0$, $\alpha \in \mathbb{R}$. Dann gilt*

$$\int_{-T}^{T} e^{it\alpha} \frac{\sin t\beta}{t}\, dt = \begin{cases} \pi + O(T^{-1}(\beta - |\alpha|)^{-1}) & \textit{für } |\alpha| < \beta, \\ O(T^{-1}(|\alpha| - \beta)^{-1}) & \textit{für } |\alpha| > \beta. \end{cases}$$

Sind γ_m, η_n beliebige komplexe Zahlen, dann zeigt das Lemma mit $\beta = \log X$ und $\alpha = \log mn$

$$\sum_{\substack{m \le M, n \le N \\ mn \le X}} \gamma_m \eta_n = \int_{-T}^{T} \Big(\sum_{m \le M} \gamma_m m^{it} \Big) \Big(\sum_{n \le N} \eta_n n^{it} \Big) \frac{\sin(t \log X)}{\pi t} \, dt$$
$$+ O\Big(T^{-1} \sum_{\substack{m \le M \\ n \le N}} |\gamma_m \eta_n| \Big| \log \frac{mn}{X} \Big|^{-1} \Big).$$

Wir können ohne Einschränkung X als halbzahlig annehmen, d.h. $X = [X] + \frac{1}{2}$. Dann ist $|\frac{mn}{X} - 1| \ge \frac{1}{2X}$, also $|\log \frac{mn}{X}| \gg \frac{1}{X} \gg \frac{1}{MN}$ nach unserer Annahme $MN \ge X$. Mit der trivialen Abschätzung $\sin(t \log X) \le \min(1, |t| \log 2MN)$ folgt

$$\sum_{\substack{m \le M, n \le N \\ mn \le X}} \gamma_m \eta_n \ll \int_{-T}^{T} \Big| \sum_{m \le M} \gamma_m m^{it} \sum_{n \le N} \eta_n n^{it} \Big| \min(\tfrac{1}{|t|}, \log 2MN) \, dt$$
$$+ \frac{MN}{T} \sum_{\substack{m \le M \\ n \le N}} |\gamma_m \eta_n|. \tag{5.53}$$

Hier kann links noch das Maximum über X genommen werden, denn die rechte Seite ist von X unabhängig. In diese Ungleichung setzen wir $\gamma_m = a_m \chi(m)$, $\eta_n = b_n \chi(n)$ ein und schreiben kürzer $\Xi(t) = \min(\frac{1}{|t|}, \log 2MN)$ und

$$A(t, \chi) = \sum_{m \le M} a_m \chi(m) m^{it}, \qquad B(t, \chi) = \sum_{n \le N} b_n \chi(n) n^{it}.$$

Wird mit diesen Bezeichnungen (5.53) über χ und q aufsummiert, kommt

$$\sum_{q \le Q} \frac{q}{\varphi(q)} \sum_{\chi}{}^{*} \max_X \Big| \sum_{\substack{m \le M, n \le N \\ mn \le X}} a_m b_n \chi(mn) \Big|$$
$$\ll \int_{-T}^{T} \sum_{q \le Q} \frac{q}{\varphi(q)} \sum_{\chi}{}^{*} |A(t, \chi) B(t, \chi)| \Xi(t) \, dt + \frac{Q^2 MN}{T} \sum_{\substack{m \le M \\ n \le N}} |a_m b_n|$$
$$\ll (M + Q^2)^{\frac{1}{2}} (N + Q^2)^{\frac{1}{2}} \Big(\sum_{m \le M} |a_m|^2 \Big)^{\frac{1}{2}} \Big(\sum_{n \le N} |b_n|^2 \Big)^{\frac{1}{2}} \int_{-T}^{T} \Xi(t) \, dt$$
$$+ \frac{Q^2 (MN)^{\frac{3}{2}}}{T} \Big(\sum_{m \le M} |a_m|^2 \Big)^{\frac{1}{2}} \Big(\sum_{n \le N} |b_n|^2 \Big)^{\frac{1}{2}}.$$

Hier haben wir (5.51), (5.52) mit $a'_m = a_m m^{it}$, $b'_n = b_n n^{it}$ benutzt. Mit $T = (MN)^{3/2}$ folgt Satz 5.5.2.

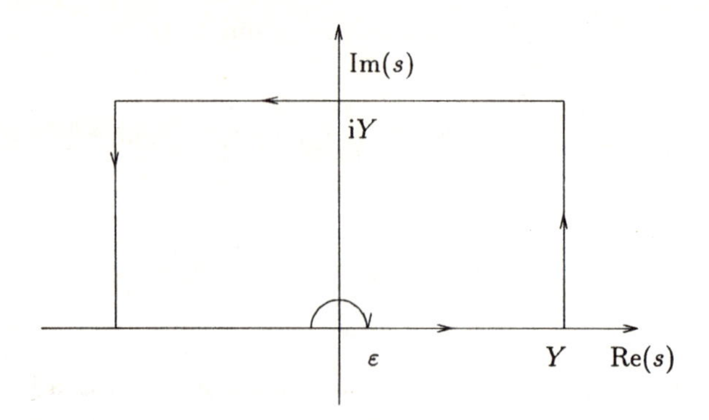

Lemma 5.5.1 ist eine Version der Perronschen Formel. Bei sorgfältigem Grenzübergang $c \to 0$ kann Lemma 5.5.1 aus Lemma 1.4.1 gefolgert werden. Wir geben hier dennoch einen direkten Beweis, der allerdings auf den Ideen des Beweises von Lemma 1.4.1 basiert. Mit der Eulerschen Formel haben wir sofort

$$\int_{-T}^{T} e^{i\alpha t} \frac{\sin t\beta}{t}\, dt = \frac{1}{2i} \int_{-T}^{T} \frac{e^{i(\alpha+\beta)t} - e^{i(\alpha-\beta)t}}{t}\, dt. \tag{5.54}$$

Dies bringt das zu untersuchende Integral in eine symmetrische Form. Es liegt nun nahe, das Integral über die beiden Summanden auf der rechten Seite getrennt zu berechnen. Dabei ist etwas Vorsicht geboten, denn e^{iz}/z hat bei $z = 0$ einen Pol erster Ordnung. Deshalb existiert nur der Cauchy-Hauptwert

$$\lim_{\epsilon \to 0} \left(\int_{-Y}^{-\epsilon} + \int_{\epsilon}^{Y} \right) \frac{e^{iz}}{z}\, dz, \tag{5.55}$$

nicht aber das Integral

$$\int_{-Y}^{Y} \frac{e^{it}}{t}\, dt \tag{5.56}$$

im eigentlichen Sinne. Wir benutzen dennoch die Schreibweise (5.56) als Abkürzung für (5.55).

Sei $\lambda \neq 0$ reell, $\operatorname{sgn}(\lambda) = \lambda/|\lambda|$ bezeichne das Vorzeichen von λ. Für $Y > 0$ gilt dann

$$\left| \int_{-Y}^{Y} \frac{e^{i\lambda t}}{t}\, dt - i\pi \operatorname{sgn} \lambda \right| \leq \frac{4}{|\lambda| Y}, \tag{5.57}$$

wie wir gleich sehen werden. Aus dieser Beziehung folgt Lemma 5.5.1 sofort aus (5.54), denn für $|\alpha| < \beta$ ist $\alpha + \beta > 0$, $\alpha - \beta < 0$, und für $|\alpha| > \beta$ hat man $\operatorname{sgn}(\alpha + \beta) = \operatorname{sgn}(\alpha - \beta)$.

Zum Beweis von (5.57) betrachten wir in der komplexen Ebene den Integrationsweg Γ bestehend aus dem Halbkreis K_ϵ um 0 von $-\epsilon$ nach ϵ in der oberen Halbebene und den Geraden $[\epsilon, Y]$, $[Y, Y + iY]$, $[Y + iY, -Y + iY]$, $[-Y + iY, -Y]$, $[-Y, -\epsilon]$.

Es gilt dann

$$\int_{\Gamma} \frac{e^{iz}}{z}\, dz = 0$$

nach dem Cauchyschen Integralsatz. In der Nähe von $z = 0$ ist $e^{iz} = 1 + O(|z|)$, es folgt

$$\int_{K_\epsilon} \frac{e^{iz}}{z}\, dz = -\pi i + O(\epsilon).$$

Die Integrale über die Geraden lassen sich leicht abschätzen. Mit $z = x + iy$ sehen wir wegen $|e^{iz}| = e^{-y}$

$$\left| \int_{Y+iY}^{-Y+iY} \frac{e^{iz}}{z}\, dz \right| \le \int_{-Y}^{Y} \frac{dx}{Y e^{Y}} \le 2e^{-Y} \le \frac{2}{Y}$$

und genauso rasch

$$\left| \int_{\pm Y}^{\pm Y+iY} \frac{e^{iz}}{z}\, dz \right| = \left| \int_0^Y \frac{e^{-y}}{\pm Y + iy}\, dy \right| \le \frac{1}{Y} \int_0^Y e^{-y}\, dy \le \frac{1}{Y}.$$

Mit $\epsilon \to 0$ finden wir also

$$\left| \int_{-Y}^{Y} \frac{e^{it}}{t}\, dt - \pi i \right| \le \frac{4}{Y}.$$

Dies ist der Fall $\lambda = 1$ von (5.57). Eine triviale Variablensubstitution liefert dann (5.57) für beliebiges $\lambda > 0$. Der Beweis für $\lambda < 0$ kann genauso geführt werden, wenn der Weg Γ an der reellen Achse gespiegelt wird.

Aufgaben

1. Leite Lemma 5.5.1 aus Lemma 1.4.1 her.
2. Ist $C > 0$ eine genügend kleine Konstante und $Q = \sqrt{N}$, so zeige

$$\sum_{q \le CQ} \log(Q/q) \sum\nolimits_{\chi}^{*} |\psi(N, \chi)|^2 < N^2 \log N.$$

3. Sei $c_r(n)$ die Ramanujan-Summe. Zeige

$$\sum_{q,r} \frac{q}{\varphi(qr)} \sum\nolimits_{\chi}^{*} \left| \sum_{n \le N} a_n \chi(n) c_r(n) \right|^2 \le (N + Q^2) \sum_{n \le N} |a_n|^2,$$

wobei die Doppelsumme über alle q, r mit $qr \le Q$ und $(q, r) = 1$ läuft.

5.6 Gleichverteilung in Restklassen

In diesem Abschnitt soll eine Idee aus 5.3 erneut aufgegriffen werden. In Satz 5.3.3 wurde die "Varianz" einer Folge über arithmetische Progressionen abgeschätzt. Mit Hilfe des großen Siebs wollen wir nun zeigen, daß jede hinreichend dichte Folge, die in Restklassen zu kleinen Moduln gleichverteilt ist, auch in "fast allen" Restklassen zu sehr viel größeren Moduln dasselbe Verhalten zeigt. Die Begriffe "dicht", "gleichverteilt" etc. müssen zuvor natürlich geeignet präzisiert werden.

Sei w eine arithmetische Funktion. Für $q \in \mathbb{N}$ und $(a,q)=1$ sei

$$\Delta_w(x;q,a) = \sum_{\substack{n \le x \\ n \equiv a \bmod q}} w(n) - \frac{1}{\varphi(q)} \sum_{\substack{n \le x \\ (n,q)=1}} w(n). \tag{5.58}$$

Grob gesprochen sollte Δ_w klein ausfallen, wenn w in den primen Restklassen modulo q gleichverteilt ist. Dies wollen wir genauer fassen. Sei $B \ge 0$. Dann genügt w *der Siegel-Walfisz-Bedingung zum Parameter* B, wenn für jedes $A > 0$ und alle $q \le x$, $l \le x$, $(a,q)=1$ gilt

$$\sum_{\substack{n \le x \\ n \equiv a \bmod q \\ (n,l)=1}} w(n) - \frac{1}{\varphi(q)} \sum_{\substack{n \le x \\ (n,ql)=1}} w(n) \ll \frac{\sqrt{x}\, d(l)^B}{(\log x)^A} \Big(\sum_{n \le x} |w(n)|^2 \Big)^{\frac{1}{2}}, \tag{5.59}$$

wobei die implizite Konstante allein von A abhängen darf.

Satz 5.6.1 (Bombieri, Friedlander, Iwaniec). *Die arithmetische Funktion w genüge der Siegel-Walfisz-Bedingung zum Parameter B. Dann gilt für $q \le x$ und jedes $A > 0$*

$$\sum_{q \le Q} \sum_{\substack{a=1 \\ (a,q)=1}}^{q} |\Delta(x;q,a)|^2 \ll \Big(Q + \frac{x}{(\log x)^A} \Big) \sum_{n \le x} |w(n)|^2.$$

Die Bedeutung des Satzes verdeutlichen wir an einem konkreten Beispiel. Die von Mangoldt-Funktion Λ genügt der Siegel-Walfisz-Bedingung mit $B = 0$, denn es gilt

$$\sum_{\substack{n \le x \\ n \equiv a \bmod q \\ (n,l)=1}} \Lambda(n) - \frac{1}{\varphi(q)} \sum_{\substack{n \le x \\ (n,ql)=1}} \Lambda(n) = \psi(x;q,a) - \frac{\psi(x)}{\varphi(q)} + O\Big(\sum_{p^k | ql} \log p \Big),$$

so daß (5.59) mit $B = 0$ aus dem Satz von Siegel-Walfisz und dem Primzahlsatz folgt. Aus Satz 5.6.1 folgt also für jedes $A > 0$ und $Q \le x$

$$\sum_{q\leq Q}\sum_{\substack{a=1\\(a,q)=1}}^{q}\left|\psi(x;q,a)-\frac{\psi(x)}{\varphi(q)}\right|^2 \ll Qx\log x+\frac{x^2}{(\log x)^A}. \tag{5.60}$$

Nach dem Primzahlsatz können wir hier noch $\psi(x)$ durch x ersetzen, der daraus resultierende Fehler in (5.60) ist durch $O(x^2(\log x)^{-A})$ beschränkt. Das zeigt

Satz 5.6.2 (Barban-Davenport-Halberstam). *Für* $1\leq Q\leq x$ *und jedes* $A>0$ *gilt*

$$\sum_{q\leq Q}\sum_{\substack{a=1\\(a,q)=1}}^{q}\left|\psi(x;q,a)-\frac{x}{\varphi(q)}\right|^2 \ll Qx\log x+x^2(\log x)^{-A}.$$

Die Gleichverteilung in Restklassen zu kleinen Moduln q, die im Falle von Primzahlen durch den Satz von Siegel-Walfisz gesichert ist, bleibt im quadratischen Mittel für sehr viel größere Moduln richtig. Satz 5.6.1 lehrt, daß dieses Phänomen bei einer größeren Klasse arithmetischer Funktionen auftritt. Die Siegel-Walfish-Bedingung ist für die meisten bisher betrachteten arithmetischen Funktionen erfüllt (jedoch nicht immer mit $B=0$). Wir führen hier nur die Beispiele $d(n)$, $\mu(n)$ und $\mu(n)^2$ an und verweisen auf die Aufgaben.

Zum Beweis von Satz 5.6.1 bezeichne S die linke Seite der zu verifizierenden Ungleichung. Die Orthogonalitätsrelation für Dirichlet-Charaktere zeigt dann

$$S=\sum_{q\leq Q}\frac{1}{\varphi(q)}\sum_{\chi\neq\chi_0}\left|\sum_{n\leq x}w(n)\chi(n)\right|^2.$$

Zu jedem χ modulo q gibt es ein eindeutig bestimmtes $q_1|q$ und einen primitiven Charakter χ_1 modulo q_1, der χ induziert. Ist $q=q_1l$, dann gilt

$$\sum_{n\leq x}w(n)\chi(n)=\sum_{\substack{n\leq x\\(n,l)=1}}w(n)\chi_1(n)=W(x;l,\chi_1), \tag{5.61}$$

wobei die letzte Gleichung als Definition für $W(x;l,\chi_1)$ zu lesen ist. Wegen $\varphi(q_1l)\geq\varphi(q_1)\varphi(l)$ folgt

$$S\leq\sum_{\substack{l\geq 1,q_1\geq 2\\q_1l\leq Q}}\frac{1}{\varphi(q_1)\varphi(l)}\sum_{\chi_1}{}^{*}\,|W(x;l,\chi_1)|^2; \tag{5.62}$$

die Summe über χ_1 ist dabei über die primitiven Charaktere modulo q_1 erstreckt. Sei $2\leq\xi\leq Q$ ein noch zu bestimmender Parameter. Wir betrachten in (5.62) zunächst die Terme mit $q_1>\xi$. Aus Satz 5.5.1 folgt

$$\sum_{\xi<q_1\leq Q/l}\frac{1}{\varphi(q_1)}\sum_{\chi_1}{}^{*}\,|W(x;l,\chi_1)|^2\ll\left(\frac{Q}{l}+\frac{x}{\xi}\right)\sum_{n\leq x}|w(n)|^2,$$

anschließende Summation über l ergibt

$$\sum_{l\le Q}\sum_{\xi<q_1\le Q/l}\frac{1}{\varphi(l)\varphi(q_1)}\sum_{\chi_1}{}^{*}|W(x;l,\chi_1)|^2\ll\Big(Q+\frac{x\log x}{\xi}\Big)\sum_{n\le x}|w(n)|^2. \tag{5.63}$$

Nun sind noch die Terme mit $q_1\le\xi$ in (5.62) abzuschätzen. Dazu sortieren wir in (5.61) nach Restklassen modulo q_1 und erhalten aus der Siegel-Walfisz-Bedingung (5.59) und der Charakterrelation

$$\begin{aligned} W(x;l,\chi_1) &= \sum_{\substack{b=1\\(b,q_1)=1}}^{q_1}\chi_1(b)\sum_{\substack{n\le x\\ n\equiv b \bmod q_1\\(n,l)=1}}w(n)\\ &= O\Big(q_1x^{\frac12}\Big(\sum_{n\le x}|w(n)|^2\Big)^{\frac12}d(l)^B(\log x)^{-A}\Big).\end{aligned}$$

Es folgt

$$\begin{aligned} &\sum_{l\le Q}\sum_{q_1\le\xi}\frac{1}{\varphi(l)\varphi(q_1)}\sum_{\chi_1}{}^{*}|W(x;l,\chi_1)|^2\\ &\ll\frac{x}{(\log x)^{2A}}\Big(\sum_{n\le x}|w(n)|^2\Big)\sum_{l\le Q}\sum_{q_1\le\xi}\frac{q_1^2d(l)^{2B}}{\varphi(l)}\\ &\ll\frac{x\xi^3}{(\log x)^{2A-1}}\Big(\sum_{n\le x}|w(n)|^2\Big)(\log Q)^{4^B+1}.\end{aligned}$$

Für $\xi=(\log x)^{A/2}$ und $A>8(4^B+1)$ folgt nun mit (5.63) und (5.62)

$$S\ll(Q+x(\log x)^{-A/3})\sum_{n\le x}|w(n)|^2.$$

Damit ist Satz 5.6.1 bewiesen.

Aufgaben

1. Zeige

$$\sum_{q\le Q}\sum_{a=1}^{q}\Big|\sum_{\substack{w\le x\\ w\equiv a \bmod q}}\mu(w)^2-g(q,(q,a))x\Big|^2\ll(Qx)^{1+\epsilon}$$

mit

$$g(q,\delta)=\frac{6}{\pi^2}\frac{\mu(\delta)^2}{\delta\varphi(q/\delta)}\prod_{p|q}\Big(1-\frac1p\Big)^{-1}$$

2. Zeige für $A>0$

$$\sum_{q\le Q}\sum_{a=1}^{q}\Big|\sum_{\substack{w\le x\\ w\equiv a \bmod q}}\mu(w)\Big|^2\ll_A Qx+x^2(\log x)^{-A}.$$

3. Sei $\mathcal{W} \subset \mathbb{N}$ eine unendliche Menge natürlicher Zahlen und $g(q,d)$ eine für $q \in \mathbb{N}$ und $d|q$ erklärte Funktion mit $g(1,1) > 0$. Sei $\mathcal{W}(x) = \{w \in \mathcal{W} : w \leq x\}$. Die Menge $\mathcal{W}$ heiße g-wohlverteilt, wenn gleichmäßig in a, q für jedes $A > 0$ gilt

$$\#\{w \in \mathcal{W}(x) : \ w \equiv a \bmod q\} = g(q,(q,a))x + O(x(\log x)^{-A}).$$

Für eine g-wohlverteilte Folge zeige (siehe Hooley 1981)

$$\sum_{q \leq Q} \sum_{a=1}^{q} |\#\{w \in \mathcal{W}(x) : \ w \equiv a \bmod q\} - g(q,(q,a))x|^2 \ll Qx + x^2(\log x)^{-A}.$$

6. Vaughan-Identitäten und deren Anwendungen

6.1 Fast eine Trivialität

Viele Probleme der analytischen Zahlentheorie führen auf Fragen nach der Größenordung von Summen des Typs

$$\sum_{p \leq x} f(p) \tag{6.1}$$

oder

$$\sum_{n \leq x} \Lambda(n) f(n) \tag{6.2}$$

mit einer arithmetischen Funktion f. Diese beiden Summen sind von ähnlicher Natur, und oftmals lassen sich Resultate über eine dieser Summen auf die andere mit partieller Summation übertragen, wie wir schon häufig gesehen haben.

Die Schwierigkeit dieses Problems schon bei einfachsten Funktionen wie $f = 1$ haben wir bereits kennengelernt. Ist f monoton, lassen sich die Summen mit dem Primzahlsatz und partieller Summation abschätzen. Aber bereits der Primzahlsatz in arithmetischen Progressionen erforderte die Einführung von Dirichlet-Charakteren, mit deren Hilfe die charakteristische Funktion der Progression als Linearkombination dieser Charaktere dargestellt werden kann.

Alternativ kann man die Summe (6.1) auch mit dem *Sieb des Eratosthenes* transformieren, das bereits aus 5.3 bekannt ist. Sei P das Produkt aller Primzahlen $\leq \sqrt{x}$. Ist $2 \leq n \leq x$, dann gilt $(n, P) = 1$ genau dann, wenn n eine Primzahl im Intervall $(\sqrt{x}, x]$ ist. Also ist

$$\sum_{\sqrt{x} < p \leq x} f(p) = \sum_{\substack{2 \leq n \leq x \\ (n,P)=1}} f(n).$$

Nach den Eigenschaften der Möbiusfunktion kann dies auch in der Form

$$f(1) + \sum_{\sqrt{x} < p \leq x} f(p) = \sum_{k \mid P} \mu(k) \sum_{m \leq x/k} f(mk) \tag{6.3}$$

geschrieben werden. Jetzt treten rechts Summen von f über arithmetische Progressionen auf, die viel leichter handzuhaben sind als Summen über Primzahlen. Dennoch führt das Sieb des Eratosthenes nur sehr selten zum Erfolg, denn selbst wenn die Summen $\sum_m f(mk)$ gut verstanden sind, muß anschließend noch über $k|P$ summiert werden, und diese Summe enthält sehr viele Terme, die überdies noch $\mu(k)$ enthalten, so daß das Vorzeichen der einzelnen Terme schwer zu kontrollieren ist.

In diesem Abschnitt stellen wir eine Methode von Vaughan vor, die ebenfalls die Ausdrücke (6.1) und (6.2) in Summen von Summen des Typs $\sum_m f(km)$ übersetzt, aber sehr viel flexibler ist als das Sieb des Eratosthenes. Den Ausgangspunkt unserer Überlegungen bildet eine triviale Identität. Sind F und G beliebige Funktionen (z.B. auf $\operatorname{Re} s > 1$), dann gilt sicher

$$-\frac{\zeta'}{\zeta}(s) = F(s) - \zeta(s)F(s)G(s) - \zeta'(s)G(s) + \Big(-\frac{\zeta'}{\zeta}(s) - F(s)\Big)(1 - \zeta(s)G(s)). \tag{6.4}$$

Nun ist $-\frac{\zeta'}{\zeta}(s) = \sum \Lambda(n)n^{-s}$. Wählen wir für F und G ebenfalls Dirichlet-Reihen, dann wird die rechte Seite zu einer Summe von vier Dirichlet-Reihen. Durch Koeffizientenvergleich gewinnen wir so eine Zerlegung von $\Lambda(n)$ in eine Summe von vier arithmetischen Funktionen, die natürlich die noch nicht näher bestimmten Koeffizienten von F und G enthalten. Wir wählen F als "Approximation" an $-\frac{\zeta'}{\zeta}$ und G an $1/\zeta$. Dazu seien U und V noch freie Parameter und

$$F(s) = \sum_{n \le U} \Lambda(n)n^{-s}, \quad G(s) = \sum_{n \le V} \mu(n)n^{-s}.$$

Dann zeigt ein Koeffizientenvergleich in (6.4) nach Ausmultiplizieren der Produkte von Dirichlet-Reihen auf der rechten Seite

$$\Lambda(n) = a_1(n) + a_2(n) + a_3(n) + a_4(n)$$

mit

$$a_1(n) = \begin{cases} \Lambda(n) & (n \le U), \\ 0 & (n > U), \end{cases} \qquad a_3(n) = \sum_{\substack{kl=n \\ l \le V}} \mu(l) \log k, \tag{6.5}$$

$$a_2(n) = -\sum_{\substack{klm=n \\ l \le U,\, m \le V}} \Lambda(l)\mu(m), \qquad a_4(n) = -\sum_{\substack{mk=n \\ m > U,\, k > 1}} \Lambda(m) \sum_{\substack{d|k \\ d \le V}} \mu(d). \tag{6.6}$$

Diese Zerlegung von $\Lambda(n)$ multiplizieren wir mit $f(n)$ und summieren auf. So erhalten wir die *Vaughan-Identität*

$$\sum_{n \le x} \Lambda(n)f(n) = S_1 + S_2 + S_3 + S_4 \tag{6.7}$$

mit

$$S_i = \sum_{n \le x} a_i(n) f(n).$$

Die Summen S_2 und S_3 sind in der Tat von ähnlicher Gestalt wie die rechte Seite von (6.3). Um das einzusehen, setzen wir $t = lm$ in der Summationsbedingung von a_2, es folgt

$$S_2 = -\sum_{t \le UV} \alpha(t) \sum_{k \le x/t} f(kt) \tag{6.8}$$

mit

$$\alpha(t) = \sum_{\substack{ml=t \\ m \le V,\, l \le U}} \Lambda(l)\mu(m).$$

In S_3 stört der Term $\log k$. Deshalb transformieren wir S_3 zunächst vermöge $\log k = \int_1^k y^{-1}\, dy$ und finden dann

$$\begin{aligned} S_3 &= \sum_{l \le V} \mu(l) \sum_{k \le x/l} f(kl) \int_1^k \frac{dy}{y} \\ &= \int_1^x \sum_{l \le V} \mu(l) \sum_{y < k \le x/l} f(kl) \frac{dy}{y} \\ &\ll (\log x) \sum_{l \le V} \max_w \Big| \sum_{w < k \le x/l} f(kl) \Big|. \end{aligned} \tag{6.9}$$

Sind also die Summen $\sum_{k \le y} f(kt)$ hinreichend gut auch für nicht allzu kleine t bekannt, lassen sich S_2 und S_3 durch geeignete Wahl von U und V unter Kontrolle bringen. Die Summe S_4 ist etwas komplizierter. Man hat

$$\sum_{\substack{d \mid k \\ d \le V}} \mu(d) = 0$$

für $1 < k \le V$. Es folgt also

$$S_4 = -\sum_{U < m \le x/V} \sum_{V < k \le x/m} \Lambda(m)\beta(k) f(km) \tag{6.10}$$

mit

$$\beta(k) = \sum_{\substack{d \mid k \\ d \le V}} \mu(d).$$

Es bietet sich nun an, die Summe S_2 in zwei Teile zu zerlegen, $S_2 = S_5 + S_6$, wobei S_5 den Anteil der Summe in (6.8) mit $t \le U$ und S_6 denjenigen mit $U < t \le UV$ bezeichne. Die Summe S_5 genügt dann im wesentlichen derselben Abschätzung wie S_3, denn wegen $\sum_{l \mid t} \Lambda(l) = \log t$ haben wir $|\alpha(t)| \le \log t$ und damit auch

$$|S_5| \le (\log x) \sum_{l \le U} \max_w \Big| \sum_{w<k\le x/l} f(kl) \Big|. \tag{6.11}$$

Für die verbleibende Summe S_6 ergibt sich

$$S_6 = - \sum_{U<m\le UV} \sum_{k \le x/m} \alpha(m) f(km).$$

Dieser Ausdruck ist von ähnlicher Gestalt wie die rechte Seite von (6.10).

Die Summe S_1 stimmt im wesentlichen mit der Ausgangssumme (6.2) überein, ist aber "kürzer", wenn U klein gegen x gewählt wird, und wird daher am besten von (6.7) subtrahiert. Aus (6.9), (6.10) und (6.11) ergibt sich damit folgender

Satz 6.1.1. *Seien $U \ge 1, V \ge 1, UV \le x$. Dann gilt für jede arithmetische Funktion f die Abschätzung*

$$\sum_{U<n\le x} f(n)\Lambda(n) \ll (\log x) T_1 + T_2 + T_3$$

mit

$$T_1 = \sum_{l \le \max(U,V)} \max_w \Big| \sum_{w<k\le x/l} f(kl) \Big|,$$

$$T_i = \Big| \sum_{U<m\le \max(x/V,UV)} \sum_{k\le x/m} a_i(m) b_i(k) f(mk) \Big| \quad (i = 2,3),$$

wobei $a_i(m), b_i(k)$ arithmetische Funktionen bezeichnen, die nur von U und V abhängen und den Ungleichungen $|b_i(k)| \le d(k)$ und $|a_i(k)| \le \log k$ für alle $k \in \mathbb{N}$ genügen.

Zum Beweis ist lediglich $a_2(m) = \Lambda(m)$ für $m \le x/V$ und 0 sonst, $a_3(m) = \alpha(m)$ für $m \le UV$ und 0 sonst, $b_2(k) = \beta(k)$ für $k > V$ und 0 sonst, und $b_3(k) = 1$ zu setzen.

Alternativ können wir auf die Zerlegung von S_2 in zwei Teile verzichten und die gesamte Summe S_2 wie S_3 abschätzen. Das führt dann zur folgenden Variante des vorigen Satzes.

Satz 6.1.2. *Seien $U \ge 1, V \ge 1, UV \le x$. Dann gilt für jede arithmetische Funktion f die Abschätzung*

$$\sum_{U<n\le x} f(n)\Lambda(n) \ll (\log x) T_1' + T_2'$$

mit

$$T_1' = \sum_{l \le UV} \max_w \Big| \sum_{w<k\le x/l} f(kl) \Big|,$$

$$T_2' = \Big| \sum_{U<m\le x/V} \sum_{V<k\le x/m} \Lambda(m) b(k) f(mk) \Big|,$$

wobei $b(k)$ eine arithmetische Funktion bezeichnet, die nur von V abhängt und der Ungleichung $|b(k)| \le d(k)$ genügt.

Die optimale Wahl der Parameter U und V hängt von f ab. In den folgenden Abschnitten stellen wir einige Anwendungen dieser Methode zur Diskussion.

Aufgaben

1. Sei $G(s) = \sum_{n \leq U} \mu(n) n^{-s}$. Durch Betrachtung der Identität

$$\frac{1}{\zeta(s)} = 2G(s) - G(s)^2 \zeta(s) - (\zeta(s)G(s) - 1)\left(\frac{1}{\zeta(s)} - G(s)\right)$$

zeige die *Vaughan-Identität für die Möbius-Funktion*

$$\sum_{n \leq x} \mu(n) f(n) = 2S_1 - S_2 - S_3$$

mit

$$S_1 = \sum_{n \leq U} \mu(n) f(n),$$

$$S_2 = \sum_{n \leq U^2} \sum\nolimits_{n \leq x/m} f(mn) \sum_{\substack{k \leq U,\, l \leq U \\ kl = m}} \mu(k)\mu(l),$$

$$S_3 = \sum_{\substack{m > U,\, n > U \\ nm \leq x}} f(mn)\mu(n) \sum_{\substack{d \mid m \\ d \leq U}} \mu(d).$$

6.2 Der Satz von Bombieri-Vinogradov

Der Satz von Barban-Davenport-Halberstam zeigt, daß das Restglied im Primzahlsatz über arithmetische Progressionen, also die Größe

$$E(x, q, a) = \psi(x; q, a) - \frac{x}{\varphi(q)}$$

im quadratischen Mittel über a und q klein ausfällt. Hier soll das schwierigere Problem der Abschätzung von $\max_a |E(x, q, a)|$ im Mittel über q behandelt werden.

Satz 6.2.1 (Bombieri-Vinogradov, 1966). *Sei $A \geq 1$ beliebig. Dann gilt*

$$\sum_{q \leq Q} \max_{(a,q)=1} \max_{y \leq x} |E(y, q, a)| \ll x(\log x)^{-A} + Q\sqrt{x}(\log Qx)^6.$$

Alternativ kann dieses Ergebnis auch für $\pi(x; q, a)$ anstelle von $\psi(x; q, a)$ formuliert werden.

Satz 6.2.2. *Sei $A \geq 1$ beliebig. Dann gilt*

$$\sum_{q \leq Q} \max_{(a,q)=1} \max_{y \leq x} \left| \pi(y; q, a) - \frac{1}{\varphi(q)} \int_2^y \frac{dt}{\log t} \right| \ll x(\log x)^{-A} + Q\sqrt{x}(\log Qx)^6.$$

Der Leser verschaffe sich einen Eindruck von der Kraft dieses Resultats. Natürlich ist der Primzahlsatz in arithmetischen Progressionen enthalten. Es gilt aber weit mehr (vgl. Aufg. 1). In vielen Anwendungen kann dieser Satz dieselbe Information liefern wie die Riemannsche Vermutung für Dirichletsche L-Reihen. Wir illustrieren dies im nächsten Abschnitt. Zunächst soll aber der Satz von Bombieri-Vinogradov bewiesen werden. Die Vaughan-Identität und das große Sieb in der Form des Satzes 5.5.2 liefern dazu folgenden wichtigen Hilfssatz.

Lemma 6.2.1. *Sei $x \geq 1, Q \geq 1$. Dann gilt*

$$\sum_{q \leq Q} \frac{q}{\varphi(q)} \sum_{\chi}^{*} \max_{y \leq x} |\psi(y, \chi)| \ll (x + x^{5/6}Q + \sqrt{x}Q^2)(\log xQ)^5.$$

Beweis. An dieser Stelle sei nochmals an die Schreibweise

$$\psi(x, \chi) = \sum_{n \leq x} \Lambda(n)\chi(n)$$

erinnert. Der Fall $Q^2 > x$ bereitet keinerlei Schwierigkeiten; hier folgt das Lemma sofort aus (5.52) mit $M = 1, N = x, a_1 = 1, b_n = \Lambda(n)$.

Wir können von nun an $Q^2 \leq x$ annehmen. Ferner sei $y = y(\chi) \leq x$ so gewählt, daß gilt

$$|\psi(y, \chi)| = \max_{z \leq x} |\psi(z, \chi)|.$$

Sind U, V Parameter, die den Bedingungen des Satzes 6.1.1 genügen, dann haben wir nach diesem Satz mit $f = \chi$ die Abschätzung

$$|\psi(y, \chi)| \ll U + (\log x)T_1(\chi) + T_2(\chi) + T_3(\chi) \tag{6.12}$$

mit

$$T_1(\chi) = \sum_{l \leq \max(U,V)} \max_{w} \Big| \sum_{w < k \leq y/l} \chi(kl) \Big|, \tag{6.13}$$

$$T_i(\chi) = \Big| \sum_{U < m \leq \max(UV, x/V)} \sum_{k \leq x/m} a_i(m) b_i(k) \chi(km) \Big| \quad (i = 2, 3). \tag{6.14}$$

Werden U und V als Funktionen allein von x und Q, also unabhängig von q oder gar χ gewählt, dann kann (6.12) über alle χ und q aufsummiert werden, und es folgt

$$\sum_{q \leq Q} \frac{q}{\varphi(q)} \sum_{\chi}^{*} |\psi(y(\chi), \chi)| \ll UQ^2 + (\log x)K_1 + K_2 + K_3 \tag{6.15}$$

mit

$$K_j = \sum_{q \leq Q} \frac{q}{\varphi(q)} \sum_{\chi}^{*} T_j(\chi). \tag{6.16}$$

Die Summe K_1 kann sofort mit der Polya-Vinogradov-Ungleichung abgeschätzt werden, denn für $q > 1$ folgt aus Satz 2.3.1

$$\sum_{w<k\leq z} \chi(k) \ll q^{1/2} \log q$$

für beliebige w und z. Wird der Term $q = 1$ in K_1 trivial abgeschätzt, folgt wegen $\chi(kl) = \chi(k)\chi(l)$ aus (6.16) und (6.13)

$$K_1 \ll \max(U,V) \sum_{2\leq q\leq Q} q^{3/2} \log q + \sum_{l\leq \max(U,V)} \frac{x}{l} \ll (Q^{5/2} \max(U,V) + x) \log x. \tag{6.17}$$

Zur Abschätzung von K_2 und K_3 betrachten wir für $M \leq x$ und arithmetische Funktionen a, b den Ausdruck

$$K_M = \sum_{q\leq Q} \frac{q}{\varphi(q)} \sum_{\chi}{}^{*} \Big| \sum_{M<m\leq 2M} \sum_{k\leq x/m} a(m)b(k)\chi(km)\Big|.$$

Die innere Summationsbedingung kann auch als $k \leq x/M$, $km \leq x$ geschrieben werden. Aus Satz 5.5.2 folgt deshalb

$$K_M \ll (\log x)(Q^2 + M)^{\frac{1}{2}}(Q^2 + \frac{x}{M})^{\frac{1}{2}}\Big(\sum_{M<m\leq 2M} |a(m)|^2\Big)^{\frac{1}{2}}\Big(\sum_{k\leq x/M} |b(k)|^2\Big)^{\frac{1}{2}}$$

Gelten die Ungleichungen $|a(m)| \leq \log m$ und $|b(k)| \leq d(k)$ für alle m und k, dann haben wir

$$\sum_{m\leq 2M} |a(m)|^2 \ll M(\log M)^2, \qquad \sum_{k\leq z} |b(k)|^2 \ll z(\log z)^3; \tag{6.18}$$

es folgt

$$K_M \ll (\log x)^4 (Q^2\sqrt{x} + QxM^{-1/2} + Q(xM)^{1/2} + x).$$

Sei $W \leq x$. Für $M = 2^\nu U$ mit $\nu = 0, 1, 2, \ldots$ und $M \leq W$ summieren wir diese Abschätzung über ν auf. Wegen $\nu \ll \log x$ haben wir dann

$$\sum_{q\leq Q} \frac{q}{\varphi(q)} \sum_{\chi}{}^{*} \Big| \sum_{U<m\leq W} \sum_{k\leq x/m} a(m)b(k)\chi(km)\Big|$$
$$\ll \quad (\log x)^5 (Q^2\sqrt{x} + QxU^{-1/2} + Q(xW)^{1/2} + x).$$

Wird $W = \max(UV, x/V)$ und $a = a_j$, $b = b_j$ für $j = 2, 3$ eingesetzt, entstehen die Summen K_j, und es folgt

$$K_2 + K_3 \ll (\log x)^5 (Q^2\sqrt{x} + QxU^{-1/2} + QxV^{-1/2} + Q(xUV)^{1/2} + x). \tag{6.19}$$

Mit $U = V$ und $U = x^{2/3}Q^{-1}$ für $x^{1/3} \leq Q \leq x^{1/2}$ bzw. $U = x^{1/3}$ für $Q < x^{1/3}$ ergibt sich die Behauptung des Lemmas aus (6.15), (6.17) und (6.19).

Jetzt kann der Satz von Bombieri-Vinogradov bewiesen werden. Ausgangspunkt ist (3.18). Wir subtrahieren davon aber noch den Hauptterm $x/\varphi(q)$ und schreiben

$$\psi'(x,\chi) = \begin{cases} \psi(x,\chi) & (\chi \neq \chi_0), \\ \psi(x,\chi_0) - x & (\chi = \chi_0). \end{cases}$$

Dann zeigt (3.18)

$$E(y,q,a) = \psi(y;q,a) - \frac{y}{\varphi(q)} = \frac{1}{\varphi(q)} \sum_{\chi} \bar{\chi}(a)\psi'(y,\chi).$$

Dem entnehmen wir

$$|E(y,q,a)| \leq \frac{1}{\varphi(q)} \sum_{\chi} |\psi'(y,\chi)|,$$

und da die rechte Seite nicht mehr von a abhängt, ergibt sich weiter

$$\max_{a:\,(a,q)=1} |E(y,q,a)| \leq \frac{1}{\varphi(q)} \sum_{\chi} |\psi'(y,\chi)|.$$

Jetzt soll Lemma 6.2.1 angewendet werden. Leider kann nicht einfach über χ und q aufsummiert werden, denn in der letzten Ungleichung kommen noch nicht-primitive Charaktere vor. Wird jedoch χ modulo q von dem primitiven Charakter χ_1 modulo q_1 mit $q_1|q$ induziert, dann wissen wir aus 3.3

$$\psi'(y,\chi) - \psi'(y,\chi_1) \ll (\log qy)^2,$$

so daß wir zunächst

$$\max_{a:\,(a,q)=1} |E(y,q,a)| \ll \frac{1}{\varphi(q)} \sum_{\chi} |\psi'(y,\chi_1)| + (\log qy)^2$$

erhalten. Hier bilden wir zuerst das Maximum über $y \leq x$ und summieren dann über q auf. So ergibt sich

$$\sum_{q\leq Q} \max_{y\leq x} \max_{(a,q)=1} |E(y,q,a)| \ll \sum_{q\leq Q} \frac{1}{\varphi(q)} \sum_{\chi} \max_{y\leq x} |\psi'(y,\chi_1)| + Q(\log Qx)^2.$$

Nun sind alle Terme mit demselben χ_1 zusammenzufassen. Da jeder primitive Charakter χ_1 modulo q_1 genau einen Charakter χ zu jedem Vielfachen q von q_1 induziert, folgt sofort

$$\begin{aligned} &\sum_{q\leq Q} \max_{y\leq x} \max_{(a,q)=1} |E(y,q,a)| \\ &\quad \ll \sum_{q_1\leq Q} \sideset{}{^*}\sum_{\chi_1 \bmod q_1} \sum_{l\leq Q/q_1} \frac{1}{\varphi(q_1 l)} \max_{y\leq x} |\psi'(y,\chi_1)| + Q(\log Qx)^2. \end{aligned}$$

Hier schreiben wir wieder χ für χ_1 und q für q_1. Wegen $\varphi(ql) \geq \varphi(q)\varphi(l)$ vereinfacht sich die vorige Abschätzung zu

$$\sum_{q\leq Q} \max_{y\leq x} \max_{(a,q)=1} |E(y,q,a)|$$
$$\ll \quad (\log Q)\sum_{q\leq Q} \tfrac{1}{\varphi(q)} {\sum}^*_\chi \max\nolimits_{y\leq x} |\psi'(y,\chi)| + Q(\log Qx)^2. \quad (6.20)$$

Die verbleibende Summe auf der rechten Seite wird jetzt in zwei Teile zerlegt. Mit partieller Summation und Lemma 6.2.1 kommt

$$\sum_{Q_1<q\leq Q} \frac{1}{\varphi(q)} \sum_\chi{}^* \max_{y\leq x} |\psi'(y,\chi)| \ll (xQ_1^{-1} + x^{5/6}\log Q + x^{1/2}Q)(\log Qx)^5.$$

Wir wählen $Q_1 = (\log x)^{A+6}$. Ist $q > Q_1$ und χ modulo q primitiv, dann gilt $\psi(y,\chi) = \psi'(y,\chi)$, so daß für den Beitrag der Terme mit $Q_1 < q \leq Q$ in (6.20) eine ausreichende Abschätzung gefunden ist. Für die $q \leq Q_1$ gilt $\psi'(y,\chi) \ll x(\log x)^{-2A}$ nach Satz 3.3.1 und dem Satz von Siegel. Der Beitrag der Terme mit $q \leq Q_1$ zu (6.20) ist damit $O(x(\log x)^{-A})$ für $Q \leq x$. Damit ist Satz 6.2.1 bewiesen.

Gewöhnlich lassen sich verwandte Aussagen über $\pi(x;q,a)$ oder $\psi(x;q,a)$ mit partieller Summation ineinander überführen. Dies ist auch bei den Sätzen 6.2.1 und 6.2.2 der Fall. Da die Einzelheiten vielleicht nicht völlig auf der Hand liegen, sollen einige Details angegeben werden. Einerseits hat man

$$\sum_{\substack{n\leq y\\ n\equiv a \bmod q}} \frac{\Lambda(n)}{\log n} = \sum_{k=1}^\infty \frac{1}{k} \sum_{\substack{p\leq y^{1/k}\\ p^k\equiv a \bmod q}} 1 = \pi(y;q,a) + O(y^{1/2})$$

mit einer nicht von q abhängenden impliziten Konstante in der O-Notation; diese beinahe triviale Abschätzung genügt hier. Andererseits zeigt partielle Summation

$$\sum_{\substack{n\leq y\\ n\equiv a \bmod q}} \frac{\Lambda(n)}{\log n} = \frac{\psi(y;q,a)}{\log y} + \int_2^y \frac{\psi(t;q,a)}{t(\log t)^2}\,dt.$$

Daraus folgt dann unmittelbar

$$\sum_{q\leq Q} \max_{(a,q)=1} \max_{y\leq x} \left|\pi(y;q,a) - \frac{1}{\varphi(q)}\int_2^y \frac{dt}{\log t}\right| \quad (6.21)$$
$$\ll Qx^{\frac{1}{2}} + \sum_{q\leq Q} \max_{2\leq y\leq x} \max_a \left|\frac{\psi(y;q,a)}{\log y} + \int_2^y \frac{\psi(t;q,a)}{t(\log t)^2}\,dt - \frac{1}{\varphi(q)}\int_2^y \frac{dt}{\log t}\right|.$$

Von den hier auftretenden Primzahlfunktionen $\psi(z;q,a)$ subtrahieren wir jeweils den erwarteten Hauptterm $z/\varphi(q)$ und fügen denselben anschließend wieder hinzu. So läßt sich die rechte Seite von (6.21) durch

$$\ll Qx^{1/2} + E_1 + E_2 + E_3$$

mit

$$\begin{aligned} E_1 &= \sum_{q \le Q} \max_{y \le x} \max_{(a,q)=1} \left| \psi(y;q,a) - \frac{y}{\varphi(q)} \right| (\log y)^{-1}, \\ E_2 &= \sum_{q \le Q} \max_{y \le x} \max_{(a,q)=1} \int_2^y \left| \frac{\psi(t;q,a) - (t/\varphi(q))}{t(\log t)^2} \right| dt, \\ E_3 &= \sum_{q \le Q} \frac{1}{\varphi(q)} \max_{y \le x} \left(\int_2^y \frac{dt}{(\log t)^2} + \frac{y}{\log y} - \int_2^y \frac{dt}{\log t} \right) \end{aligned}$$

abschätzen. Besonders einfach ist E_3, denn nach partieller Integration des ersten Integrals auf der rechten Seite zeigt sich, daß der Ausdruck in Klammern absolut beschränkt ist, und es folgt $E_3 \ll \log Q$. Wegen $\log y \ge 1$ kann E_1 unmittelbar mit Satz 6.2.1 abgeschätzt werden. Dasselbe gilt für E_2, denn es gilt

$$E_2 \ll \sum_{q \le Q} \max_{t \le x} \max_{(a,q)=1} \left| \psi(t;q,a) - \frac{t}{\varphi(q)} \right| \int_2^x \frac{dt}{t(\log t)^2},$$

und das Integral $\int_2^\infty t^{-1}(\log t)^{-2}\, dt$ ist konvergent. Satz 6.2.2 folgt also tasächlich aus Satz 6.2.1.

Aufgaben

1. Sei $B > 2$ eine hinreichend große Konstante und $Q = \sqrt{x}(\log x)^{-2B-6}$. Zeige: Es gilt $E(x,q,a) \ll \frac{x}{\varphi(q)}(\log x)^{-B}$ gleichmäßig in a, q mit $(a,q) = 1$ und $q \le Q$ mit Ausnahme von höchstens $O(Q(\log x)^{-B})$ Werten von q.
(Dies erklärt, wieso der Satz von Bombieri-Vinogradov oft die Riemannsche Vermutung ersetzen kann: abgesehen von "wenigen" Ausnahmen gilt der Primzahlsatz in arithmetischen Progressionen gleichmäßig in $q \le Q$.)
2. Zeige

$$\sum_{q \le Q} \max_a \max_{y \le x} \left| \sum_{\substack{n \le y \\ n \equiv a \bmod q}} \mu(n) \right| \ll x(\log x)^{-A} + x^{1/2} Q (\log qx)^5$$

für jedes $A > 0$.

6.3 Die Teiler von $p+1$

Zu den einfachsten unter den zahlreichen Anwendungen des Satzes von Bombieri-Vinogradov gehören Untersuchungen der Teiler von $p+1$. Hier soll der Frage nachgegangen werden, ob die Teilerstatistik auf den Zahlen der Form $p+1$ Auffälligkeiten im Vergleich mit den Resultaten aus Abschnitt 1.2 zeigt. Dort hatten wir $\log n$ als mittlere Ordnung von $d(n)$ und $(\log 2) \log\log n$ als Normalordnung von $\log d(n)$ erkannt.

Zuerst müssen die Begriffe mittlere Ordnung und Normalordnung in geeigneter Weise verallgemeinert werden. Sei $\mathcal{B}$ eine unendliche Teilmenge von $\mathbb{N}$ und f eine reellwertige arithmetische Funktion. Eine monotone Funktion $g : \mathbb{N} \to (0, \infty)$ heißt *mittlere Ordnung von f bezüglich $\mathcal{B}$*, wenn gilt

$$\lim_{N\to\infty} \frac{\sum\limits_{n\le N,\, n\in\mathcal{B}} f(n)}{\sum\limits_{n\le N,\, n\in\mathcal{B}} g(n)} = 1.$$

Eine monotone Funktion $h : \mathbb{N} \to (0, \infty)$ heißt *Normalordnung von f bezüglich $\mathcal{B}$*, wenn für jedes $\epsilon > 0$ gilt

$$\lim_{N\to\infty} \Big(\sum_{\substack{n\le N\\ n\in\mathcal{B}}} 1 \Big)^{-1} \#\{n \le N : n \in \mathcal{B},\ |f(n) - h(n)| > \epsilon h(n)\} = 0.$$

In der Folge werden diese Begriffe nur mit $\mathcal{B} = \{p+1 : p \text{ prim}\}$ benutzt, wir sprechen dann kürzer von mittlerer Ordnung und Normalordnung von $f(p+1)$.

Satz 6.3.1 (Erdös). *Sei $\mathcal{E}_\nu(N)$ die Menge aller $p \le N$ mit*

$$|\nu(p+1) - \log\log p| > (\log\log p)^{\frac{2}{3}}. \tag{6.22}$$

Dann gilt

$$\#\mathcal{E}_\nu(N) \ll \frac{N}{(\log N)(\log\log N)^{1/3}}.$$

Ist $\mathcal{E}_\Omega(N)$ analog mit $\Omega(p+1)$ anstelle von $\nu(p+1)$ definiert, dann gilt dieselbe Abschätzung auch für $\#\mathcal{E}_\Omega(N)$.

Insbesondere ist $\log\log p$ Normalordnung von $\nu(p+1)$ und $\Omega(p+1)$. Aus 1.15 folgt weiter, daß $(\log 2)\log\log p$ Normalordnung von $\log d(p+1)$ ist. Dies ist durchaus bemerkenswert: im Vergleich mit der Situation auf ganz $\mathbb{N}$ dominieren weder Zahlen mit besonders vielen Teilern noch mit besonders wenigen Teilern unter den Zahlen der Form $p+1$.

Die mittlere Ordnung von $d(p+1)$ ist zuerst von Titchmarsh untersucht worden. Unter Annahme der Richtigkeit der Riemannschen Vermutung für alle Dirichletschen L-Funktionen hatte er folgenden Satz gefunden, den wir aus dem Satz von Bombieri-Vinogradov ohne diese Hypothese ableiten können.

Satz 6.3.2. *Mit $C = \prod_p (1 + \frac{1}{p(p-1)})$ gilt*

$$\sum_{p\le x} d(p+1) = Cx + O\Big(x \frac{\log\log x}{\log x}\Big).$$

Die mittlere Ordnung von $d(p+1)$ ist also $C\log p$ und fällt wegen $C > 1$ damit größer aus als die mittlere Ordnung von $d(n)$ bezüglich $\mathbb{N}$. Dieses Phänomen läßt sich durchaus erklären. Da fast alle Zahlen etwa $(\log n)^{\log 2}$ Teiler haben (in dem in (1.23) präzisierten Sinne), muß es einige wenige Zahlen mit deutlich mehr Teilern geben, die die mittlere Ordnung nach oben zu $\log n$ korrigieren. Nach der Restriktion auf $p+1$ kommt dieser Effekt offenbar stärker zum Tragen.

Zum Beweis des Satzes 6.3.2 schreiben wir die zu betrachtende Summe zunächst in der Form

$$\sum_{p\le x} d(p+1) = \sum_{p\le x} \sum_{\substack{u,v:\\ uv=p+1}} 1 = 2\sum_{p\le x} \sum_{\substack{uv=p+1\\ u<v}} 1 + \sum_{p\le x} \sum_{\substack{u:\\ u^2=p+1}} 1.$$

Die Gleichung $u^2 = p+1$ hat wegen $u^2-1 = (u+1)(u-1)$ allein die Lösung $u = 2, p = 3$. Der letzte Term auf der rechten Seite ist demnach beschränkt. Weiter ist die Bedingung $u < v$ im vorletzten Term zu $u < \sqrt{p+1}$ äquivalent. Deshalb haben wir

$$\begin{aligned}\sum_{p\le x} d(p+1) &= 2\sum_{p\le x} \sum_{\substack{u<\sqrt{p+1}\\ p\equiv -1 \bmod u}} 1 + O(1)\\ &= 2 \sum_{u\le\sqrt{x+1}} (\pi(x;u,-1) - \pi(u^2-1;u,-1)) + O(1).\end{aligned}$$

Der Term mit $u = 1$ stört in den nachfolgenden Umformungen, leistet aber nach dem Primzahlsatz nur einen Beitrag $O(x/\log x)$. Die verbleibende Summe über $2 \le u \le \sqrt{x+1}$ zerlegen wir in zwei Teile und erhalten dann eine Gleichung der Form

$$\sum_{p\le x} d(p+1) = 2(\Sigma_1 + \Sigma_2) + O\Big(\frac{x}{\log x}\Big),$$

wobei wir zuerst eine Konstante $A > 20$ fixieren, dann $U = \sqrt{x}(\log x)^{-A}$ und schließlich

$$\begin{aligned}\Sigma_1 &= \sum_{2\le u\le U} (\pi(x;u,-1) - \pi(u^2-1;u,-1)),\\ \Sigma_2 &= \sum_{U<u\le\sqrt{x+1}} (\pi(x;u,-1) - \pi(u^2-1;u,-1))\end{aligned}$$

setzen. Zur Auswertung von Σ_1 werden die beiden π-Funktionen durch das entsprechende Hauptglied ersetzt. Schreiben wir

$$D(y,q,a) = \pi(y;q,a) - \frac{1}{\varphi(q)}\int_2^y \frac{dt}{\log t}, \tag{6.23}$$

dann erhalten wir so

$$\Sigma_1 = \sum_{2 \le u \le U} \frac{1}{\varphi(u)} \int_{u^2-1}^{x} \frac{dt}{\log t} + O\Big(\sum_{u \le U} \max_{y \le x} |D(y, u, -1)| \Big).$$

Das Restglied kann mit Satz 6.2.2 durch $O(x(\log x)^{-2})$ abgeschätzt werden. Für den Hauptterm haben wir

$$\sum_{2 \le u \le U} \frac{1}{\varphi(u)} \int_{u^2-1}^{x} \frac{dt}{\log t} = \frac{x}{\log x} \sum_{2 \le u \le U} \frac{1}{\varphi(u)} + O\Big(\frac{x}{\log x}\Big),$$

so daß aus (5.37) nun folgt

$$\Sigma_1 = \tfrac{1}{2} C x + O\Big(\frac{x}{\log x} \log\log x \Big).$$

Für Σ_2 benutzen wir die Brun-Titchmarsh-Ungleichung, beachten aber zuerst noch $\pi(u^2 - 1; u, -1) \le \pi(x; u, -1)$ für $u \le \sqrt{x+1}$. Mit Satz 5.4.2 sieht man nun leicht

$$\Sigma_2 \ll \sum_{U < u \le \sqrt{x+1}} \pi(x; u, -1) \ll \sum_{U < u \le \sqrt{x+1}} \frac{x}{\varphi(u) \log \frac{x}{u}} \ll \frac{x}{\log x} \sum_{U < u \le \sqrt{x+1}} \frac{1}{\varphi(u)}.$$

Aus (5.37) folgt aber noch

$$\sum_{U < u \le \sqrt{x+1}} \frac{1}{\varphi(u)} = C \log \sqrt{x} - C \log \frac{\sqrt{x}}{(\log x)^A} + O(1) = O(\log\log x).$$

Damit ist $\Sigma_2 \ll x (\log\log x)(\log x)^{-1}$ gezeigt und auch Satz 6.3.2 bewiesen.

Eine genaue Durchsicht des Beweises von Satz 1.2.3 zeigt deutlich die Schlüsselrolle, die Lemma 1.2.1 für den Erfolg der Methode spielt. Wir wollen versuchen, Satz 6.3.1 mit derselben Technik zu beweisen. Dazu benötigen wir vor allem ein der neuen Situation gerecht werdendes Analogon von Lemma 1.2.1.

Lemma 6.3.1. *Es gilt*

$$\sum_{p \le x} (\nu(p+1) - \log\log p)^2 \ll \frac{x}{\log x} \log\log x.$$

Aus diesem Lemma folgt Satz 6.3.1 für ν wörtlich wie Satz 1.2.3 aus Lemma 1.2.1, in dem auf Lemma 1.2.1 folgenden Argument ist lediglich $\delta = \frac{1}{6}$ und $p+1$ für n zu lesen. Ebenso folgt Satz 6.3.1 für Ω, wenn zusätzlich noch

$$\sum_{p \le x} (\Omega(p+1) - \nu(p+1)) \ll \frac{x}{\log x} \tag{6.24}$$

bekannt ist, so daß wir uns auf die Verifikation von Lemma 6.3.1 und (6.24) konzentrieren können.

Im folgenden bezeichne neben p auch ϖ eine Primzahl. Zunächst bestimmen wir die mittlere Ordnung von $\nu(p+1)$. Es gilt

$$\sum_{p\leq x}\nu(p+1)=\sum_{p\leq x}\sum_{\varpi|p+1}1=\sum_{p\leq x}\Big(\sum_{\substack{\varpi|p+1\\ \varpi\leq x^{1/4}}}1+O(1)\Big),$$

denn jedes $n\leq x+1$ hat höchstens vier Primteiler $>x^{1/4}$. Vertauschen der Summationsreihenfolge führt nun auf

$$\begin{aligned}\sum_{p\leq x}\nu(p+1) &= \sum_{\varpi\leq x^{1/4}}\sum_{\substack{p\leq x\\ p\equiv -1 \bmod \varpi}}1+O(\pi(x))\\ &= \sum_{\varpi\leq x^{1/4}}\Big(\frac{1}{\varphi(\varpi)}\int_2^x\frac{dt}{\log t}+D(x,\varpi,-1)\Big)+O\Big(\frac{x}{\log x}\Big).\end{aligned}$$

Wegen $\varphi(\varpi)=\varpi-1$ folgt mit Satz 6.2.2

$$\begin{aligned}\sum_{p\leq x}\nu(p+1) &= \int_2^x\frac{dt}{\log t}\sum_{\varpi\leq x^{1/4}}\frac{1}{\varpi-1}+O\Big(\frac{x}{\log x}\Big)\\ &= \frac{x}{\log x}\sum_{\varpi\leq x^{1/4}}\frac{1}{\varpi}+O\Big(\frac{x}{\log x}\Big),\end{aligned}$$

und aus Satz 1.1.5 ergibt sich schließlich

$$\sum_{p\leq x}\nu(p+1)=\frac{x}{\log x}\log\log x+O\Big(\frac{x}{\log x}\Big). \tag{6.25}$$

Einfache Manipulationen in obiger Rechnung liefern

$$\sum_{p\leq x}\Omega(p+1)=\frac{x}{\log x}\log\log x+O\Big(\frac{x}{\log x}\Big),$$

und (6.24) folgt durch Subtraktion dieser beiden asymptotischen Formeln.

Den Beweis von Lemma 6.3.1 führen wir wie den von Lemma 1.2.1. Multiplizieren wir das Quadrat auf der linken Seite der gesuchten Ungleichung aus, dann folgt Lemma 6.3.1 aus den asymptotischen Formeln

$$\sum_{p\leq x}\nu(p+1)^2 = \frac{x}{\log x}(\log\log x)^2+O\Big(\frac{x}{\log x}\log\log x\Big), \tag{6.26}$$

$$\sum_{p\leq x}\nu(p+1)\log\log p = \frac{x}{\log x}(\log\log x)^2+O\Big(\frac{x}{\log x}\log\log x\Big), \tag{6.27}$$

$$\sum_{p\leq x}(\log\log p)^2 = \frac{x}{\log x}(\log\log x)^2+O\Big(\frac{x}{\log x}\log\log x\Big). \tag{6.28}$$

Hier folgt (6.27) aus (6.25) mit partieller Summation und (6.28) ebenfalls mit partieller Summation aus dem Primzahlsatz. Zum Beweis von (6.26) beachten wir

$$\sum_{p\le x}\nu(p+1)^2=\sum_{p\le x}\Big(\sum_{\varpi|p+1}1\Big)^2=\#\{(p,\varpi_1,\varpi_2):\,p\le x,\ \varpi_i|p+1\}.$$

Der Beitrag der Tripel (p,ϖ_1,ϖ_2) mit $\varpi_1=\varpi_2$ ist gleich der Summe links in (6.25). Wegen Symmetrie in ϖ_1 und ϖ_2 folgt

$$\sum_{p\le x}\nu(p+1)^2=2\sum_{p\le x}\sum_{\substack{\varpi_i|p+1\\ \varpi_1<\varpi_2}}1+O\Big(\frac{x}{\log x}\log\log x\Big). \tag{6.29}$$

In der Summe rechts schätzen wir den Beitrag von Termen mit $\varpi_2>x^{1/8}$ ab. Wegen $\varpi_2|p+1$ und $p\le x$ bleiben bei gegebenen p und ϖ_1 höchstens acht Möglichkeiten für ϖ_2, und die Anzahl der möglichen Paare p,ϖ_1 mit $p\le x$ und $\varpi_1|p+1$ ist wiederum durch (6.25) beschränkt. Wir können also die Summation rechts in (6.29) auf $\varpi_2\le x^{1/8}$ einschränken und den entstehenden Fehler in das Restglied absorbieren. Vertauschen wir anschließend die Summationsreihenfolge, kommt

$$\sum_{p\le x}\nu(p+1)^2=2\sum_{\varpi_1<\varpi_2\le x^{1/8}}\ \sum_{\substack{p\le x\\ p\equiv-1\bmod\varpi_1\\ p\equiv-1\bmod\varpi_2}}1+O\Big(\frac{x}{\log x}\log\log x\Big).$$

Die simultanen Kongruenzen $p\equiv-1\bmod\varpi_i$ sind äquivalent mit $p\equiv-1\bmod\varpi_1\varpi_2$. Mit Satz 6.2.2 folgt nun

$$\begin{aligned}\sum_{p\le x}\nu(p+1)^2 &= 2\sum_{\varpi_1<\varpi_2\le x^{1/8}}\pi(x;\varpi_1\varpi_2,-1)+O\Big(\frac{x}{\log x}\log\log x\Big)\\ &= 2\int_2^x\frac{dt}{\log t}\sum_{\varpi_1<\varpi_2\le x^{1/8}}\frac{1}{\varphi(\varpi_1\varpi_2)}\\ &\quad +O\Big(\sum_{q\le x^{1/4}}|D(x,q,-1)|+\frac{x}{\log x}\log\log x\Big)\\ &= 2\frac{x}{\log x}\sum_{\varpi_1<\varpi_2\le x^{1/8}}\frac{1}{(\varpi_1-1)(\varpi_2-1)}+O\Big(\frac{x}{\log x}\log\log x\Big).\end{aligned}$$

Nach zweimaliger Anwendung von Satz 1.1.5 und partieller Summation finden wir

$$\begin{aligned}\sum_{\varpi_1<\varpi_2\le y}\frac{1}{(\varpi_1-1)(\varpi_2-1)} &= \sum_{\varpi_2\le y}\frac{\log\log\varpi_2+O(1)}{\varpi_2-1}\\ &= \tfrac12(\log\log y)^2+O(\log\log y),\end{aligned}$$

was nach Einsetzen in die vorige Formel (6.26) bestätigt.

Aufgaben

1. Sei $a \in \mathbb{Z}$, $a \neq 0$. Sei $\mathcal{B} = \{p + a : p + a > 0\}$. Bestimme die mittlere Ordnung von $d(n)$ bezüglich $\mathcal{B}$ und die Normalordnung von $\log d(n)$ bezüglich $\mathcal{B}$.
2. Sei $\mathcal{B}$ die Menge der Quadrate ganzer Zahlen. Bestimme die mittlere Ordnung von $d(n)$ bezüglich $\mathcal{B}$.

6.4 Das ternäre Goldbachsche Problem

Ob sich jede gerade natürliche Zahl $n \geq 6$ als Summe zweier Primzahlen schreiben läßt, ist noch immer eine offene Frage, obwohl sie schon 1742 von Goldbach in einem Brief an Euler aufgeworfen wurde. Summen von drei Primzahlen sind hingegen seit den Arbeiten Vinogrodovs (1937) recht befriedigend verstanden. Für die Anzahl $R(n)$ der Darstellungen einer natürlichen Zahl n als Summe von drei Primzahlen gilt sogar eine asymptotische Formel. Anstelle von $R(n)$ wollen wir hier

$$r(n) = \sum_{\substack{k_1,k_2,k_3 \\ k_1+k_2+k_3=n}} \Lambda(k_1)\Lambda(k_2)\Lambda(k_3)$$

betrachten.

Satz 6.4.1. *Sei $A > 0$. Dann gilt*

$$r(n) = \frac{1}{2}\Big\{\prod_{p|n}\Big(1 - \frac{1}{(p-1)^2}\Big)\prod_{p\nmid n}\Big(1 + \frac{1}{(p-1)^3}\Big)\Big\}n^2 + O(n^2(\log n)^{-A}).$$

Für gerade n verschwindet das Produkt, und der Satz liefert nur eine völlig triviale obere Schranke für $r(n)$. Ist n ungerade, dann folgt aber

$$r(n) \geq \frac{1}{2}n^2 \prod_{p\geq 3}\Big(1 - \frac{1}{(p-1)^2}\Big) + O(n^2(\log n)^{-A}),$$

und das Produkt ist positiv. Insbesondere kommt $r(n) \gg n^2$. Daraus folgt nun leicht, daß jede hinreichend große ungerade Zahl n Summe von drei Primzahlen ist. Dazu setzen wir

$$r^*(n) = \sum_{\substack{p_1,p_2,p_3 \\ p_1+p_2+p_3=n}} (\log p_1)(\log p_2)(\log p_3).$$

Dann ist $|r(n) - r^*(n)| \leq 3(\log n)^3 W$, wenn W die Anzahl der Lösungen von $p^l + k_1 + k_2 = n$ in p, l, k_1, k_2 mit $l \geq 2$, p prim, $k_1 \geq 1, k_2 \geq 1$ bezeichnet. Für p, l gibt es nur $O(\sqrt{n})$ Möglichkeiten, es folgt also $W \ll n^{3/2}$, was

$$r(n) = r^*(n) + O(n^{3/2}(\log n)^3)$$

zur Folge hat. Andererseits ist $R(n) \gg (\log n)^{-3} r^*(n)$ offensichtlich. Jede hinreichend große ungerade natürliche Zahl n hat damit mindestens $\gg n^2(\log n)^{-3}$ Darstellungen als Summe dreier Primzahlen. Mit etwas mehr Sorgfalt liefert Satz 6.4.1 auch die asymptotische Formel für $R(n)$.

Vinogradovs Beweis benutzt eine zunächst kurios und nutzlos anmutende Idee. Wir betrachten die Exponentialsumme

$$S(\alpha) = \sum_{k \le n} \Lambda(k) e(\alpha k)$$

und multiplizieren drei solche Summen zusammen. Dann folgt sofort

$$r(n) = \int_0^1 S(\alpha)^3 e(-\alpha n)\, d\alpha. \tag{6.30}$$

Nun kann man versuchen, das Integral auf andere Weise auszuwerten. Eine Möglichkeit dafür ergäbe sich, wenn für den Integranden eine asymptotische Formel gefunden werden könnte, die sich dann integrieren ließe. Deshalb soll die Summe

$$S(\alpha, x) = \sum_{k \le x} \Lambda(k) e(\alpha k)$$

zunächst für rationale $\alpha = \frac{a}{q}$ diskutiert werden (wir reservieren nach wie vor die Abkürzung $S(\alpha)$ ausschließlich für $S(\alpha, n)$). Da in der Formel

$$S(a/q, x) = \sum_{k \le x} \Lambda(k) e\left(\frac{ak}{q}\right)$$

der Faktor $e(ak/q)$ nicht von k, sondern nur von der Restklasse von k modulo q abhängt, bietet es sich an, die k nach Restklassen (mod q) zu ordnen. So ergibt sich dann

$$S(a/q, x) = \sum_{b=1}^{q} e\left(\frac{ab}{q}\right) \sum_{\substack{k \le x \\ k \equiv b \bmod q}} \Lambda(k) = \sum_{\substack{b=1 \\ (b,q)=1}}^{q} e\left(\frac{ab}{q}\right) \psi(x; q, b) + O((\log qx)^2).$$

Hier kann der Satz von Siegel-Walfisz angewendet werden. Geben wir eine Konstante $A > 0$ vor, dann gilt gleichmäßig in $q \le (\log x)^A$ die Beziehung

$$S(a/q, x) = \frac{x}{\varphi(q)} \sum_{\substack{b=1 \\ (b,q)=1}}^{q} e\left(\frac{ab}{q}\right) + O(x \mathrm{e}^{-c\sqrt{\log x}}) \tag{6.31}$$

mit einer geeigneten Konstante $c > 0$. Nehmen wir noch $(a, q) = 1$ an, dann ist die Summe über b nach Lemma 1.3.1 gerade $\mu(q)$. Nun folgt ohne Mühe

Lemma 6.4.1. *Sei $A > 0$ vorgegeben. Dann gibt es ein $c > 0$, so daß gleichmäßig in $x \le n$, $q \le (\log n)^A$ und $(a,q) = 1$ gilt*

$$S(a/q, x) = \frac{\mu(q)}{\varphi(q)} x + O(n e^{-c\sqrt{\log n}}).$$

Beweis. Für $x \le \sqrt{n}$ ist die Aussage des Lemmas trivial, und für $\sqrt{n} < x \le n$ folgt das Lemma sofort aus (6.31); die Konstanten in (6.31) und im Lemma sind allerdings nicht dieselben.

Als nächsten Schritt wollen wir die Asymptotik aus (6.31) in die Nähe der Stelle a/q ausdehnen, wobei von nun an stets $(a,q) = 1$ angenommen werden soll. Dazu ist partielle Summation zu benutzen. Mit Lemma 1.1.3 und Lemma 6.4.1 finden wir

$$\begin{aligned} S\Big(\frac{a}{q} + \beta\Big) &= \sum_{k \le n} \Lambda(k) e\Big(\frac{ak}{q}\Big) e(\beta k) \\ &= e(n\beta) S\Big(\frac{a}{q}\Big) - 2\pi \mathrm{i} \beta \int_1^n e(\beta x) S\Big(\frac{a}{q}, x\Big)\, dx \\ &= \frac{\mu(q)}{\varphi(q)} \Big(n e(\beta n) - 2\pi \mathrm{i} \beta \int_1^n x e(\beta x)\, dx \Big) \\ &\quad + O(n(1 + n|\beta|) e^{-c\sqrt{\log n}}). \end{aligned}$$

Wenden wir andererseits Lemma 1.1.3 auf die Summe

$$T(\beta) = \sum_{k \le n} e(\beta k) \tag{6.32}$$

an, dann kommt

$$T(\beta) = n e(\beta n) - 2\pi \mathrm{i} \beta \int_1^n [x] e(\beta x)\, dx.$$

Für $|\beta| \le n^{-1} (\log n)^A$ lassen sich die beiden Gleichungen kombinieren. Wir haben damit gezeigt:

Lemma 6.4.2. *Sei $A > 0$ gegeben. Dann gibt es ein $c > 0$, so daß für $(a,q) = 1$, $|\beta| \le n^{-1} (\log n)^A$ und $q \le (\log n)^A$ gilt*

$$S\Big(\frac{a}{q} + \beta\Big) = \frac{\mu(q)}{\varphi(q)} T(\beta) + O(n e^{-c\sqrt{\log n}}).$$

Mit dieser Information können wir zum Integral (6.30) zurückkehren. Wegen der trivialen Abschätzungen $S(\alpha) \ll n$ und $|T(\beta)| \le n$ folgt aus Lemma 6.4.2

$$S\Big(\frac{a}{q} + \beta\Big)^3 = \frac{\mu(q)}{\varphi(q)^3} T(\beta)^3 + O(n^3 e^{-c\sqrt{\log n}}).$$

Wir bezeichnen mit $\mathfrak{M}(q,a)$ das Intervall $|\alpha - \frac{a}{q}| \le (\log n)^A n^{-1}$ und integrieren die vorige Gleichung nach Multiplikation mit $e(-\alpha n)$ über diese Menge. So folgt

$$\begin{aligned}&\int_{\mathfrak{M}(q,a)} S(\alpha)^3 e(-\alpha n)\,d\alpha \\ &\quad = \frac{\mu(q)}{\varphi(q)^3} e\Big(-\frac{an}{q}\Big) \int_{\mathfrak{M}(1,0)} T(\beta)^3 e(-\beta n)\,d\beta + O(n^2 \mathrm{e}^{-\frac{c}{2}\sqrt{\log n}}).\end{aligned}$$

Aus (6.32) sieht man sofort $T(\beta) \ll |\beta|^{-1}$ für $|\beta| \le \frac{1}{2}$. Nochmals mit (6.32) ergibt sich deshalb

$$\begin{aligned}\int_{\mathfrak{M}(1,0)} T(\beta)^3 e(-\beta n)\,d\beta &= \int_0^1 T(\beta)^3 e(-\beta n)\,d\beta + O(n^2(\log n)^{-2A}) \\ &= \sum_{\substack{1<k_i<n \\ k_1+k_2+k_3=n}} 1 + O(n^2(\log n)^{-2A}) \\ &= \frac{1}{2}(n-1)(n-2) + O(n^2(\log n)^{-2A}) = \frac{1}{2}n^2 + O(n^2(\log n)^{-2A}).\end{aligned}$$

Die vorige Asymptotik vereinfacht sich damit zu

$$\begin{aligned}&\int_{\mathfrak{M}(q,a)} S(\alpha)^3 e(-\alpha n)\,d\alpha \\ &\quad = \frac{1}{2}n^2 \frac{\mu(q)}{\varphi(q)^3} e\Big(-\frac{an}{q}\Big) + O(n^2\varphi(q)^{-3}(\log n)^{-2A}) + O(n^2 \mathrm{e}^{-\frac{c}{2}\sqrt{\log n}}).\end{aligned}$$

Für $(a,q)=1$ und $q \le (\log n)^A$ sind bei genügend großem n die Intervalle $\mathfrak{M}(q,a)$ offenbar disjunkt, und die in der O-Notation implizite Konstante ist nach Lemma 6.4.2 von q unabhängig. Wir können also die vorige Gleichung über $1 \le a \le q$, $(a,q)=1$ und $q \le (\log n)^A$ aufsummieren und erhalten so

$$\begin{aligned}\int_{\mathfrak{M}} S(\alpha)^3 e(-\alpha n)\,d\alpha &= \frac{1}{2}n^2 \sum_{q \le (\log n)^A} \frac{\mu(q)}{\varphi(q)^3} c_q(n) \\ &\quad + O(n^2(\log n)^{-2A}),\end{aligned} \tag{6.33}$$

wenn $c_q(n)$ durch (1.30) gegeben ist und $\mathfrak{M}$ die Vereinigung der $\mathfrak{M}(q,a)$ mit $1 \le a \le q$, $(a,q)=1$ und $q \le (\log n)^A$ bezeichnet. Weiter haben wir

$$\sum_{q \le (\log n)^A} \frac{\mu(q)}{\varphi(q)^3} c_q(n) = \sum_{q=1}^{\infty} \frac{\mu(q)}{\varphi(q)^3} c_q(n) + O((\log n)^{1-A}),$$

wobei die unendliche Reihe absolut konvergiert. Deren Glieder sind multiplikativ in q. Aus Satz 1.4.1 und Lemma 1.3.1 folgt nun sofort, daß die unendliche Reihe mit dem Produkt in Satz 6.4.1 übereinstimmt. Setzen wir dies in (6.33) ein, haben wir schließlich

$$\int_{\mathfrak{M}} S(\alpha)^3 e(-\alpha n)\, d\alpha = \frac{1}{2}\Big\{\prod_{p|n}\Big(1-\frac{1}{(p-1)^2}\Big)\prod_{p\nmid n}\Big(1+\frac{1}{(p-1)^3}\Big)\Big\}n^2 + O(n^2(\log n)^{1-A}). \tag{6.34}$$

Das Hauptglied im Satz ist also gefunden!

Wir setzen $\mathfrak{m} = [0,1] \setminus \mathfrak{M}$ und zeigen nun

$$\int_{\mathfrak{m}} |S(\alpha)|^3\, d\alpha \ll n^2(\log n)^{5-\frac{1}{2}A}. \tag{6.35}$$

Satz 6.4.1 folgt dann zusammen mit (6.34), denn A war beliebig. Wir beginnen mit der Bemerkung

$$\int_0^1 |S(\alpha)|^2\, d\alpha = \sum_{k\leq n} \Lambda(k)^2 \ll n\log n.$$

Zum Beweis von (6.35) reicht es also,

$$|S(\alpha)| \ll n(\log n)^{4-\frac{1}{2}A} \tag{6.36}$$

für $\alpha \in \mathfrak{m}$ zu zeigen.

Vinogradovs wichtiger Beitrag war der Beweis von (6.36). Genauer zeigte er im wesentlichen folgendes.

Satz 6.4.2. *Ist* $|\alpha - \frac{a}{q}| \leq q^{-2}$ *mit* $(a,q) = 1$, *dann gilt*

$$S(\alpha, x) \ll (\log x)^4(xq^{-1/2} + x^{4/5} + (qx)^{1/2})$$

An dieser Stelle brauchen wir ein einfaches Lemma über Approximationen von reellen Zahlen durch rationale, das oft als *Dirichletscher Approximationssatz* bezeichnet wird.

Lemma 6.4.3. *Sei* $X \geq 1$ *und* $\alpha \in \mathbb{R}$. *Dann gibt es teilerfremde ganze Zahlen* a, q *mit* $1 \leq q \leq X$ *und* $|\alpha - \frac{a}{q}| \leq (qX)^{-1}$.

Beweis. Nach Multiplikation mit q ist $|q\alpha - a| \leq X^{-1}$ zu lösen. Für reelles β sei $\{\beta\} = \beta - [\beta]$ der gebrochene Anteil von β. Wir zerlegen das Intervall $[0,1]$ in $[X]+1$ disjunkte Teilintervalle der Länge $([X]+1)^{-1}$ und betrachten die Zahlen $\{\alpha q\}$ mit $q \leq X$. Gibt es ein q mit $\{\alpha q\} \in [0, ([X]+1)^{-1}]$ oder $[1-([X]+1)^{-1}, 1]$, leistet dieses q mit geeignetem a das Gewünschte. Gibt es ein solches q nicht, verteilen sich die $[X]$ Werte von $\{\alpha q\}$ auf die $[X]-1$ verbleibenden Intervalle. Zumindest eines von diesen muß deshalb zwei solche Werte enthalten, d.h. es gibt $1 \leq q_1 < q_2 \leq X$ mit

$$|\{\alpha q_2\} - \{\alpha q_1\}| \leq \frac{1}{[X]+1} < \frac{1}{X}.$$

Für geeignetes $b \in \mathbb{Z}$ hat man aber $\{\alpha q_2\} - \{\alpha q_1\} = \alpha(q_2 - q_1) + b$, so daß die Behauptung mit $\frac{a}{q} = \frac{b}{q_2 - q_1}$ folgt.

Jetzt folgt (6.36) ohne Mühe. In Lemma 6.4.3 wählen wir $X = n(\log n)^{-A}$. Ist $\alpha \in \mathfrak{m}$, dann gibt es teilerfremde Zahlen a, q mit $(\log n)^A < q \leq X$ und $|\alpha - \frac{a}{q}| \leq (qX)^{-1} \leq q^{-2}$. Also folgt (6.36) aus Satz 6.4.2.

Zum Beweis von Satz 6.4.2 wenden wir Satz 6.1.2 mit $U = V$ und $f(k) = e(\alpha k)$ an. Dann kommt

$$S(\alpha, x) \ll U + (\log x)T_1 + T_2$$

mit

$$T_1 = \sum_{l \leq U^2} \max_{w} \Big| \sum_{w \leq k \leq x/l} e(\alpha k l) \Big|,$$

$$T_2 = \Big| \sum_{U < m \leq x/U} \sum_{U < k \leq x/m} \Lambda(m) b(k) e(\alpha k m) \Big|.$$

Die innere Summe in T_1 ist ein Abschnitt der geometrischen Reihe, was sofort die vorläufige Abschätzung

$$T_1 \ll \sum_{l \leq U^2} \min\left(\frac{x}{l}, \|\alpha l\|^{-1}\right)$$

liefert, wenn $\| \quad \|$ den Abstand zur nächsten ganzen Zahl bezeichnet. Zur Vorbereitung von T_2 vertauschen wir zuerst die Summationen über k und m und zerlegen die nun äußere Summe über k in Abschnitte $K < k \leq 2K$, wobei K die Werte $K = 2^\nu U$ mit $K \leq x/U$ durchläuft. Wegen $\nu \ll \log x$ folgt so

$$T_2 \ll (\log x) \max_{U \leq K \leq x/U} T(K)$$

mit

$$T(K) = \Big| \sum_{K < k \leq 2K} b(k) \sum_{U < m \leq x/k} \Lambda(m) e(\alpha m k) \Big|.$$

Mit der Cauchy-Schwarzschen Ungleichung erhalten wir

$$T(K)^2 \leq \Big(\sum_{k \leq 2K} |b(k)|^2 \Big) \sum_{K < k \leq 2K} \Big| \sum_{U < m \leq x/k} \Lambda(m) e(\alpha k m) \Big|^2,$$

hier können wir den ersten Faktor mit (6.18) abschätzen und das Quadrat ausmultiplizieren. Dann folgt

$$T(K)^2 \ll K(\log K)^3 \sum_{K < k \leq 2K} \sum_{U < m_1, m_2 \leq x/k} \Lambda(m_1)\Lambda(m_2) e(\alpha k(m_1 - m_2)).$$

Hier separieren wir die Terme mit $m_1 = m_2$, deren Beitrag sofort abgeschätzt werden kann. Für die Terme mit $m_1 \neq m_2$ führen wir zuerst die Summe über k aus und finden so

$$T(K)^2 \ll Kx(\log x)^5 + K(\log x)^5 \sum_{U<m_2<m_1\le x/K} \min(K, \|\alpha(m_1-m_2)\|^{-1}).$$

Hier setzen wir noch $l = m_1 - m_2$. Ist $U < m_2 < m_1 \le x/K$, dann ist $1 \le l \le x/K$, und für jedes l hat $l = m_2 - m_1$ höchstens x/K Lösungen. Damit vereinfacht sich die vorige Ungleichung wegen $x/l \ge K$ zu

$$T(K)^2 \ll Kx(\log x)^5 + x(\log x)^5 \sum_{l\le x/K} \min(\frac{x}{l}, \|\alpha l\|^{-1}).$$

Damit sind die Abschätzungen von T_1 und T_2 auf Summen desselben Typs zurückgeführt, die wir mit dem folgenden Hilfssatz kontrollieren können.

Lemma 6.4.4. *Es sei* $|\alpha - \frac{a}{q}| \le q^{-2}$ *mit* $(a,q) = 1$, *ferner werde* $L \ge 1$, $x > 1$ *und* $q \ge 1$ *angenommen. Dann gilt*

$$\sum_{l\le L} \min(x/l, \|\alpha l\|^{-1}) \ll (xq^{-1} + L + q)(\log 2Lqx).$$

Mit diesem Lemma haben wir

$$T(K) \ll (Kx)^{1/2}(\log x)^{5/2} + (xq^{-1/2} + xK^{-1/2} + (xq)^{1/2})(\log x)^3,$$

wenn $q \le x$ vorausgesetzt wird. Damit ist auch

$$T_2 \ll (\log x)^4(xq^{-1/2} + xU^{-1/2} + (qx)^{1/2})$$

gezeigt. Ebenso ergibt sich aus dem Lemma

$$T_1 \ll (\log x)(xq^{-1} + U^2 + q).$$

Mit $U = x^{2/5}$ ist Satz 6.4.2 damit unter der zusätzlichen Annahme $q \le x$ bewiesen. Für $q > x$ ist die Behauptung in Satz 6.4.2 aber trivial.

Beweis für Lemma 6.4.4. Wir setzen $\alpha = \frac{a}{q} + \beta$; dann ist $|\beta| \le q^{-2}$. Schreiben wir noch $l = hq + r$ mit $1 \le r \le q$, so folgt

$$\sum_{l\le L} \min(x/l, \|\alpha l\|^{-1}) \le \sum_{0\le h\le L/q} \sum_{r=1}^{q} \min\left(\frac{x}{hq+r}, \left\|\frac{ra}{q} + hq\beta + r\beta\right\|^{-1}\right).$$

Für $1 \le r \le \frac{1}{2}q$ ist $|r\beta| \le \frac{1}{2q}$. Der Beitrag der Summanden mit $h = 0$, $r \le \frac{1}{2}q$ ist also durch

$$\ll \sum_{r\le\frac{1}{2}q} \left(\left\|\frac{ra}{q}\right\| - \frac{1}{2q}\right)^{-1} \ll \sum_{r\le q} \frac{q}{r} \ll q\log q$$

beschränkt. Bei den verbleibenden Summanden ist $hq + r \gg (h+1)q$, so daß noch

$$\sum_{0\le h\le L/q}\sum_{r=1}^{q}\min\left(\frac{x}{(h+1)q},\left\|\frac{ra}{q}+hq\beta+r\beta\right\|^{-1}\right) \tag{6.37}$$

abzuschätzen ist. Sei I ein Intervall der Länge $1/q$. Wegen $|r\beta|\le 1/q$ gibt es bei festem h zu

$$\frac{ra}{q}+hq\beta+r\beta\in I(\mathrm{mod}\,1) \tag{6.38}$$

höchstens vier Lösungen in $1\le r\le q$. Wir wählen $I=I_s=[\frac{s}{q},\frac{s+1}{q}]$ mit $0\le s\le q-1$ und sortieren in (6.37) bei festem h die r nach dem entsprechenden s, so daß (6.38) mit $I=I_s$ gilt. So ergibt sich für (6.37) die Schranke

$$\ll\frac{1}{q}\sum_{h\le L/q}\frac{x}{h}+\sum_{0\le h\le L/q}\sum_{s=1}^{q/2}\frac{q}{s}\ll\frac{x}{q}\log L+L\log q.$$

Das war auch zu zeigen.

Die hier vorgestellte Methode, die Lösungsanzahl eines diophantischen Problems als Integral über ein trigonometrisches Polynom zu schreiben, geht auf Hardy und Littlewood zurück, die diese Idee auf die diophantische Gleichung

$$n=x_1^k+x_2^k+\ldots+x_s^k$$

angewendet haben (*Waring'sches Problem*). Summen von drei Primzahlen konnten Hardy und Littlewood nur unter Annahme der Riemannschen Vermutung für Dirichletsche L-Reihen behandeln, ihnen fehlte das Herzstück unseres Beweises, Satz 6.4.2.

Aufgaben

1. Sei $E(N)$ die Anzahl aller geraden $n\le N$, die sich nicht als Summe von zwei Primzahlen schreiben lassen. Zeige $E(N)\ll_A N(\log N)^{-A}$. Für "fast alle" n ist Goldbachs These über Summen zweier Primzahlen also richtig.
   Anleitung. Mit den Bezeichnungen dieses Abschnitts zeige zuerst
   $$\sum_{n\le N}\left|\int_{\mathfrak{m}}S(\alpha,N)^2e(-\alpha n)\,d\alpha\right|^2\ll N^2(\log N)^{-A}$$
   und leite daraus
   $$\int_{\mathfrak{m}}S(\alpha,N)^2e(-\alpha n)\,d\alpha\ll n(\log n)^{-1}$$
   für fast alle n (im obigen Sinne) ab.
2. Sei $|\alpha-(a/q)|\le q^{-2}$. Zeige
   $$\sum_{n\le x}e(\alpha x^2)\ll(\log x)(xq^{-1/2}+(qx)^{1/2}).$$
3. Finde eine asymptotische Formel für die Anzahl der Darstellungen von n als Summe von fünf Quadraten.
4. Für $n\in\mathbb{N}$ finde eine asymptotische Formel für die Anzahl der Lösungen von $n=p_1+p_2+x^2$ in Primzahlen p_1,p_2 und ganzem x.

7. Die Nullstellen der Zetafunktion

7.1 Benachbarte Primzahlen

Bereits in Satz 2.8.3 haben wir gesehen, daß die horizontale Verteilung der Nullstellen der Zetafunktion die Güte des Restgliedes im Primzahlsatz bestimmt. Auch bei anderen Problemen der Primzahlverteilung spielen die Nullstellen eine wichtige Rolle. Wir betrachten hier den Abstand benachbarter Primzahlen. Ist die Riemannsche Vermutung richtig, dann ist aus Satz 2.8.3 die asymptotische Formel $\psi(x) = x + O(x^{1/2}(\log x)^2)$ bekannt. Ist $h = h(x)$ eine monoton wachsende Funktion mit der Eigenschaft

$$\frac{x^{1/2}(\log x)^2}{h} \to 0 \qquad \text{mit } x \to \infty,$$

dann folgt, wenn der Einfachheit halber noch $h \leq x$ angenommen wird,

$$\psi(x+h) - \psi(x) = h + O(x^{1/2}(\log x)^2) = h + o(h).$$

Insbesondere enthält das Intervall $[x, x+h]$ für genügend großes x stets eine Primzahl. Damit ist auch eine Abschätzung für den Abstand benachbarter Primzahlen gefunden. Sei $\{p_n\}$ die Folge der Primzahlen, die der Größe nach geordnet sei (also $p_1 = 2 < p_2 < p_3 < \ldots$). Unter Annahme der Riemannschen Vermutung haben wir soeben

$$p_{n+1} - p_n = O(p_n^{1/2}(\log p_n)^{2+\epsilon}) \tag{7.1}$$

gezeigt.

Für Resultate dieses Typs und auch andere Anwendungen ist die Riemannsche Vermutung eine unnötig starke Voraussetzung. Meist genügt es zu wissen, daß es rechts der Geraden $\operatorname{Re} s = \frac{1}{2}$ nur wenige Nullstellen gibt, und zwar umso weniger, je weiter man sich von der kritischen Geraden entfernt. Zur quantitativen Formulierung dieser Idee setzen wir

$$N(\sigma, T) = \#\{\varrho \in \mathcal{N} : \operatorname{Re} \varrho > \sigma,\, 0 < \operatorname{Im} \varrho < T\}. \tag{7.2}$$

Hier werden also die Nullstellen der Zetafunktion mit $0 < \operatorname{Im} \varrho < T$ rechts der Geraden $\operatorname{Re} s = \sigma$ gezählt. Es sei an die Riemann-v. Mangoldt-Formel

$$N(0,T) = N(T) = \frac{T}{2\pi}\log\frac{T}{2\pi} + O(T)$$

erinnert, die in den Sätzen 2.9.1 und 2.9.2 in genauerer Form bewiesen wurde. Bei festem T ist $N(\sigma,T)$ als Funktion von σ monoton fallend. Da wir alle oder zumindest fast alle Nullstellen auf $\operatorname{Re} s = \frac{1}{2}$ erwarten, interessiert uns nur der Bereich $\sigma \geq \frac{1}{2}$. Abschätzungen der Form

$$N(\sigma,T) \ll T^{A(\sigma)(1-\sigma)+\epsilon} \quad \text{oder} \quad N(\sigma,T) \ll T^{A(\sigma)(1-\sigma)}(\log T)^B \tag{7.3}$$

werden aus naheliegenden Gründen als Dichteabschätzungen (*zero density estimates*) bezeichnet. Nach der Riemann-v. Mangoldt-Formel ist (7.2) mit $A(\sigma) = (1-\sigma)^{-1}$, $B = 1$ trivial. Ist die Riemannsche Vermutung richtig, dann kann $A(\sigma) = 0$ für $\sigma > 1/2$ gewählt werden. Die "Dichtehypothese" (*density hypothesis*)

$$N(\sigma,T) \ll T^{2(1-\sigma)}(\log T)^B \quad (\tfrac{1}{2} < \sigma < 1) \tag{7.4}$$

mit festem B kann in manchen Anwendungen die Riemannsche Vermutung ersetzen, so auch bei den benachbarten Primzahlen.

Satz 7.1.1. *Sei $C \geq 2$, $B \geq 0$ und $\theta > 1 - \frac{1}{C}$, es gelte $N(\sigma,T) \ll T^{C(1-\sigma)}(\log T)^B$ für $\sigma > 1/2$. Dann gilt*

$$\psi(x+h) - \psi(x) = h + o(h)$$

für $x \geq h \geq x^\theta$ und $x \to \infty$.

Mit $C = 2$ ist das Ergebnis nur unwesentlich schwächer als unter Annahme der Riemannschen Vermutung.

Beweis. Für jede Nullstelle $\varrho \in \mathcal{N}$ sei $\varrho = \beta + i\gamma$ die Zerlegung in Real- und Imaginärteil. Für $1 \leq T \leq x$ entnehmen wir der expliziten Formel die Beziehung

$$\psi(x+h) - \psi(x) = h - \sum_{\substack{\varrho\in\mathcal{N} \\ |\gamma|<T}} \frac{(x+h)^\varrho - x^\varrho}{\varrho} + O(xT^{-1}(\log x)^2).$$

Wegen $\beta < 1$ haben wir

$$\left|\frac{(x+h)^\varrho - x^\varrho}{\varrho}\right| \leq \int_x^{x+h} |t^{\varrho-1}|\,dt \leq hx^{\beta-1},$$

so daß unter der zusätzlichen Annahme $T \geq xh^{-1}(\log x)^3$ jetzt

$$\psi(x+h) - \psi(x) = h + O\Big(h \sum_{\substack{\varrho\in\mathcal{N} \\ |\gamma|<T}} x^{\beta-1}\Big) + O\Big(\frac{h}{\log x}\Big) \tag{7.5}$$

folgt. In der noch verbliebenen Summe separieren wir zunächst alle ϱ mit $\beta \leq \frac{1}{2}$. Hier kann mit Lemma 2.6.3 trivial abgeschätzt werden. Wird $T \leq x^{1/2}(\log x)^{-2}$ vorausgesetzt, ergibt sich

$$\sum_{\substack{|\gamma|<T \\ \beta \leq \frac{1}{2}}} x^{\beta-1} \leq 2x^{-\frac{1}{2}} N(T) \ll x^{-\frac{1}{2}} T \log T \ll (\log x)^{-1}. \tag{7.6}$$

Den Beitrag zur selben Summe von den Termen mit $\beta > \frac{1}{2}$ kontrollieren wir mit der Voraussetzung über $N(\sigma, T)$. Zur Abkürzung werde $L = \log x$ gesetzt. Für $\sigma \geq \frac{1}{2}$ haben wir dann

$$\sum_{\substack{|\gamma|<T \\ \sigma<\beta\leq\sigma+L^{-1}}} x^{\beta-1} \leq 2\mathrm{e} x^{\sigma-1} N(\sigma, T) \ll x^{\sigma-1} T^{C(1-\sigma)} L^B.$$

Nun wählen wir $T = x^{\frac{1}{C}-\delta}$ mit $\delta > 0$. Ist δ genügend klein, dann ist diese Wahl mit den bisherigen Bedingungen $xh^{-1}(\log x)^3 \leq T \leq x^{1/2}(\log x)^{-2}$ verträglich, denn es war $C \geq 2$ und $h \geq x^\theta$ angenommen worden. Die vorige Ungleichung wird mit diesem T zu

$$\sum_{\substack{|\gamma|<T \\ \sigma<\beta\leq\sigma+L^{-1}}} x^{\beta-1} \ll L^B x^{-C\delta(1-\sigma)}$$

vereinfacht. Hier setzen wir $\sigma = \frac{1}{2} + rL^{-1}$ mit $r = 0, 1, 2, \ldots, R$ ein, wobei R die größte ganze Zahl bezeichnet, die der Bedingung

$$\frac{1}{2} + RL^{-1} \leq \max_{|\gamma|<T} \beta \tag{7.7}$$

genügt. Nach Summation über r folgt dann

$$\sum_{\substack{\varrho\in\mathcal{N} \\ |\gamma|<T}} x^{\beta-1} \ll L^B \sum_{r=0}^{R} x^{C\delta(rL^{-1}-\frac{1}{2})} \ll L^B x^{-\frac{1}{2}C\delta} \mathrm{e}^{C\delta R}.$$

Nun muß noch R nach oben abgeschätzt werden. Sei $0 < \Theta \leq 1$ ein noch zu bestimmender Parameter. Wir nehmen an, daß die Ungleichung

$$\max_{|\gamma|<T} \beta \leq 1 - (\log T)^{-\Theta} \tag{7.8}$$

für hinreichend große T bekannt ist. Dann kommt aus (7.7)

$$\mathrm{e}^R \leq \mathrm{e}^{\frac{1}{2}L - L(\log T)^{-\Theta}} = x^{\frac{1}{2}} \mathrm{e}^{-\alpha(\log x)^{1-\Theta}}$$

mit geeignetem $\alpha > 0$, und es folgt

$$\sum_{\substack{\varrho \in \mathcal{N} \\ |\gamma| < T}} x^{\beta - 1} \ll L^B e^{-\alpha (\log x)^{1-\Theta}}, \tag{7.9}$$

denn wir können $C\delta < 1$ annnehmen. Ist $\Theta < 1$, dann wird die rechte Seite von (7.9) zu $o(1)$ für $x \to \infty$, und der Satz folgt mit (7.5) und (7.6). Hier ist allerdings zu bemerken, daß das nullstellenfreie Gebiet nach Satz 2.8.1 für diese Anwendung nicht ausreicht. Nach (2.65) gilt jedoch (7.8) im Bereich $\Theta > \frac{2}{3}$, und jeder feste Wert $\Theta < 1$ reicht an dieser Stelle hin.

7.2 Der Nullstellendetektor

Im folgenden sollen einige Methoden zur Herleitung von Dichteabschätzungen vorgestellt werden. Wesentlicher Bestandteil ist stets eine Methode, mit der sich die Nullstellen von $\zeta(s)$ "beobachten" lassen. Der hier benutzte "Nullstellendetektor" mag auf den ersten Blick recht kompliziert erscheinen, ist aber sehr flexibel und eignet sich für viele Nullstellenbetrachtungen, auch solche, die hier nicht zur Sprache kommen werden.

Sei $X \geq 1$ ein Parameter und

$$M_X(s) = \sum_{n \leq X} \mu(n) n^{-s}.$$

Wir schreiben nun

$$\zeta(s) M_X(s) = \sum_{k=1}^{\infty} a(k) k^{-s}. \tag{7.10}$$

Es gilt dann

$$a(k) = \sum_{\substack{d | k \\ d \leq X}} \mu(d),$$

also insbesondere

$$a(1) = 1, \quad a(k) = 0 \text{ für } 2 \leq k \leq X. \tag{7.11}$$

Wir benötigen noch die einfache Formel

$$\frac{1}{2\pi i} \int_{(2)} \Gamma(s) x^s \, ds = e^{-1/x}. \tag{7.12}$$

Um (7.12) einzusehen, integriere man $\Gamma(s) x^s$ über ein Rechteck mit den Ecken $2 \pm iT$ und $-K - \frac{1}{2} \pm iT$ mit $K \in \mathbb{N}$. Mit $T \to \infty$ ergibt sich dann zunächst unter Berücksichtigung der Pole von $\Gamma(s)$ an den negativen ganzen Zahlen

$$\frac{1}{2\pi i} \int_{(2)} \Gamma(s) x^s \, ds = \frac{1}{2\pi i} \int_{(-K-\frac{1}{2})} \Gamma(s) x^s \, ds + \sum_{k=0}^{K} \frac{(-1)^k}{k! x^k};$$

mit $K \to \infty$ folgt dann (7.12). Die genaue Durchführung mittels der Stirlingschen Formel kann als Übung überlassen werden.

Sei $Y \geq 1$ ein weiterer Parameter. Aus (7.12) mit $x = Y/k$ und (7.10), (7.11) folgt jetzt die Formel

$$\frac{1}{2\pi i}\int_{(2)} \zeta(s+w)M_X(s+w)Y^s\Gamma(s)\,ds = e^{-1/Y} + \sum_{k>X} a(k)k^{-w}e^{-k/Y}$$

für alle $w \in \mathbb{C}$ mit $0 < \operatorname{Re} w \leq 1$. Ist aber $w = \varrho$ eine Nullstelle von ζ im kritischen Streifen, dann ist $\zeta(s+\varrho)\Gamma(s)$ bei $s = 0$ holomorph. Schreiben wir wie zuvor $\varrho = \beta + i\gamma$ und verschieben den Integrationsweg in der vorigen Formel auf die Gerade $\operatorname{Re} s = \frac{1}{2} - \beta$, dann folgt für alle $\varrho \in \mathcal{N}$ mit $\beta > 1/2$ wegen des Pols von $\zeta(s+\varrho)$ bei $s = 1 - \varrho$

$$\begin{aligned}\frac{1}{2\pi i}&\int_{(\frac{1}{2}-\beta)} \zeta(s+\varrho)M_X(s+\varrho)Y^s\Gamma(s)\,ds \\ &= e^{-1/Y} + \sum_{k>X} a(k)k^{-\varrho}e^{-k/Y} - M_X(1)Y^{1-\varrho}\Gamma(1-\varrho). \qquad (7.13)\end{aligned}$$

Diese Formel ist der Schlüssel zum Abzählen der Nullstellen; sie soll noch etwas modifiziert werden, um spätere Rechnungen zu vereinfachen. Sei von nun an $\varrho = \beta + i\gamma \in \mathcal{N}$ eine Nullstelle mit $\beta \geq \sigma$ und $(\log T)^2 < \gamma \leq T$. Die untere Schranke für γ hat technische Gründe; Nullstellen mit kleinem Imaginärteil gibt es nach Lemma 2.6.3 ohnehin nur wenige. Ferner seien Konstanten c_1, c_2 mit $0 < c_1 < 1 < c_2$ fest vorgegeben und die Parameter X, Y so gewählt, daß $1 \ll T^{c_1} \leq X \leq Y \leq T^{c_2}$ gilt. Wir haben dann stets $\log T \ll \log X \leq \log Y \ll \log T$.

Wegen $\gamma > (\log T)^2$ kommt aus der Stirlingschen Formel sofort

$$M_X(1)Y^{1-\varrho}\Gamma(1-\varrho) = o(1) \qquad \text{für } T \to \infty.$$

Mit derselben Begründung ergibt sich

$$\begin{aligned}&\int_{(\frac{1}{2}-\beta)} \zeta(s+\varrho)M_X(s+\varrho)Y^s\Gamma(s)\,ds \\ &= i\int_{-(\log T)^2}^{(\log T)^2} \zeta(\tfrac{1}{2}+i\gamma+it)M_X(\tfrac{1}{2}+i\gamma+it)Y^{\frac{1}{2}-\beta+it}\Gamma(\tfrac{1}{2}-\beta+it)\,dt + o(1)\end{aligned}$$

mit $T \to \infty$. Die Abschätzung

$$\sum_{k>Y(\log Y)^2} a(k)k^{-\varrho}e^{-k/Y} = o(1) \qquad (Y \to \infty)$$

ist offensichtlich. Da $T \to \infty$ stets $Y \to \infty$ zur Folge hat, können wir aus (7.13) die Gleichung

$$\frac{1}{2\pi}\int_{-(\log T)^2}^{(\log T)^2} \zeta(\tfrac{1}{2}+\mathrm{i}\gamma+\mathrm{i}t)M_X(\tfrac{1}{2}+\mathrm{i}\gamma+\mathrm{i}t)Y^{\frac{1}{2}-\beta+\mathrm{i}t}\Gamma(\tfrac{1}{2}-\beta+\mathrm{i}t)\,dt$$
$$=\mathrm{e}^{-1/Y}+\sum_{X<k\le Y(\log Y)^2} a(k)k^{-\varrho}\mathrm{e}^{-k/Y}+o(1)$$

für $T\to\infty$ entnehmen. Ist T hinreichend groß, dann gilt sicher $\mathrm{e}^{-1/Y}\ge\frac{9}{10}$, und der $o(1)$-Term wird dem Betrage nach kleiner als $\frac{1}{4}$. Dann ist aber zumindest das Integral auf der linken Seite oder die Summe auf der rechten Seite nach unten beschränkt. Wir haben gezeigt:

Lemma 7.2.1. *Sei $\varrho=\beta+\mathrm{i}\gamma\in\mathcal{N}$ mit $\frac{1}{2}<\beta<1$ und $(\log T)^2<\gamma\le T$. Sei $1\ll T^{c_1}\le X\le Y$ bei festem $c_1>0$. Dann gilt mindestens eine der beiden Ungleichungen*

$$\Bigl|\sum_{X<k\le Y(\log Y)^2} a(k)k^{-\varrho}\mathrm{e}^{-k/Y}\Bigr|>\frac{1}{2}, \tag{A}$$

$$\Bigl|\int_{-(\log T)^2}^{(\log T)^2} \zeta(\tfrac{1}{2}+\mathrm{i}\gamma+\mathrm{i}t)M_X(\tfrac{1}{2}+\mathrm{i}\gamma+\mathrm{i}t)Y^{\frac{1}{2}-\beta+\mathrm{i}t}\Gamma(\tfrac{1}{2}-\beta+\mathrm{i}t)\,dt\Bigr|>\frac{1}{2}. \tag{B}$$

Wir nennen eine Nullstelle *vom Typ A* bzw. *Typ B*, wenn die entsprechende Ungleichung im Lemma gilt. Um eine Abschätzung für $N(\sigma,T)$ zu erhalten, ist nun abzuzählen, wieviele Nullstellen mit $\beta>\sigma$ vom Typ A oder B sind. Dazu kann zum Beispiel das Quadrat der Ungleichung (A) über alle ϱ vom Typ A aufsummiert werden. So ergibt sich eine obere Schranke für die Anzahl aller Nullstellen vom Typ A durch den Mittelwert eines Dirichletpolynoms, den wir unter anderem mit Satz 4.4.4 abschätzen können. Ähnlich kann mit der Ungleichung (B) verfahren werden. Zur genauen Durchführung dieser Idee ist es wünschenswert, daß die Nullstellen ϱ nicht zu nahe beieinander liegen. Solche Manipulationen lassen sich ohne größeren Aufwand durchführen, wir fassen das Ergebnis in folgendem Satz zusammen.

Satz 7.2.1. *Seien c_1,c_2 fest vorgegebene Konstanten mit $0<c_1<1<c_2$. Sei $1\ll T^{c_1}\le X\le Y\le T^{c_2}$. Sei $\sigma>\frac{1}{2}$. Dann gibt es Teilmengen $\mathcal{R}_\mathrm{A},\mathcal{R}_\mathrm{B}\subset\{\varrho\in\mathcal{N}:\ \beta>\sigma,\ (\log T)^2<\gamma\le T\}$ und ein $N\in[X,Y(\log Y)^2]$, so daß gilt:*

(i) $$N(\sigma,T)\ll(\log T)^6(1+\#\mathcal{R}_\mathrm{A}+\#\mathcal{R}_\mathrm{B}).$$

(ii) *Für $\varrho\ne\varrho'\in\mathcal{R}_\mathrm{A}$ oder $\mathcal{R}_\mathrm{B}$ gilt* $|\mathrm{Im}\,(\varrho-\varrho')|>(\log T)^4$.

(iii) *Für alle $\varrho\in\mathcal{R}_\mathrm{A}$ gilt*

$$\Bigl|\sum_{N<n\le 2N} a(n)n^{-\varrho}\mathrm{e}^{-n/Y}\Bigr|\ge(4\log Y)^{-1}.$$

(iv) *Alle $\varrho=\beta+\mathrm{i}\gamma\in\mathcal{R}_\mathrm{B}$ sind vom Typ B.*

Beweis. Nach Lemma 2.6.3 enthält jeder Streifen $y \leq \operatorname{Im} s \leq y+1$ höchstens $O(\log y)$ Nullstellen ϱ. Für $H \leq T$ enthält damit jeder Streifen $H < \operatorname{Im} s \leq H + (\log T)^4$ höchstens $O((\log T)^5)$ Nullstellen. Deshalb können die Nullstellen vom Typ B in $O((\log T)^5)$ disjunkte Teilmengen zerlegt werden, so daß in jeder dieser Teilmengen $|\operatorname{Im}(\varrho - \varrho')| > (\log T)^4$ für $\varrho \neq \varrho'$ gilt. Unter diesen Teilmengen wählen wir eine aus, die die meisten Nullstellen enthält und bezeichnen diese mit $\mathcal{R}_{\mathrm{B}}$. Es gelten dann (ii) und (B); die Anzahl aller Nullstellen vom Typ B ist $O((\log T)^5 \# \mathcal{R}_{\mathrm{B}})$ nach Konstruktion.

Die Nullstellen vom Typ A werden zunächst genauso behandelt. So erhalten wir eine Teilmenge $\mathcal{R}_{\mathrm{A}}^*$ von Nullstellen vom Typ A, so daß (ii) und (A) gelten, und daß die Anzahl aller Nullstellen vom Typ A durch $O((\log T)^5 \# \mathcal{R}_{\mathrm{A}}^*)$ beschränkt ist. Wir betrachten

$$\Bigl| \sum_{N<k\leq 2N} a(k) k^{-\varrho} \mathrm{e}^{-k/Y} \Bigr| \tag{7.14}$$

für $N = 2^j X$ mit $j = 0, 1, 2, \ldots$ und $N \leq Y(\log Y)^2$. Insbesondere ist $j \leq 2 \log Y$ für hinreichend großes Y. Wegen (A) muß es zu jedem $\varrho \in \mathcal{R}_{\mathrm{A}}^*$ mindestens ein N geben, für das (7.14) zumindest $\geq (4 \log Y)^{-1}$ ausfällt. Da N nur $O(\log Y) = O(\log T)$ Werte durchläuft, gibt es mindestens ein solches N und eine Teilmenge $\mathcal{R}_{\mathrm{A}} \subset \mathcal{R}_{\mathrm{A}}^*$ mit den Eigenschaften (ii), (iii) und $\# \mathcal{R}_{\mathrm{A}} \gg (\log Y)^{-1} \# \mathcal{R}_{\mathrm{A}}^*$. Berücksichtigen wir noch die bisher von der Diskussion ausgeschlossenen $\varrho \in \mathcal{N}$ mit $0 < \gamma \leq (\log T)^2$, dann haben wir

$$N(\sigma, T) \ll (\log T)^6 (\# \mathcal{R}_{\mathrm{A}} + \# \mathcal{R}_{\mathrm{B}}) + N((\log T)^2).$$

Aus Lemma 2.6.3 folgt $N((\log T)^2) \ll (\log T)^3$, womit der Satz bewiesen ist.

Wir hatten schon bemerkt, daß sich Abschätzungen für $\# \mathcal{R}_{\mathrm{A}}$ und $\# \mathcal{R}_{\mathrm{B}}$ aus Mittelwertsätzen für Dirichletpolynome gewinnen lassen. Dieser Zusammenhang soll nun zunächst bei den Nullstellen vom Typ A näher untersucht werden. Die zugrunde liegende Idee ist einfach: die Ungleichung aus Satz 7.2.1, (iii), kann man zuerst quadrieren und dann über alle $\varrho \in \mathcal{R}_{\mathrm{A}}$ aufsummieren, was auf die Schranke

$$\# \mathcal{R}_{\mathrm{A}} \ll (\log Y)^2 \sum_{\varrho \in \mathcal{R}_{\mathrm{A}}} \Bigl| \sum_{N<n\leq 2N} a(n) n^{-\varrho} \mathrm{e}^{-n/Y} \Bigr|^2$$

führt. Hier ist $n^{-\varrho} = n^{-\beta} n^{-\mathrm{i}\gamma}$ zu beachten. Hinge β nicht von ϱ ab, ließe sich wegen Satz 7.2.1, (ii), die rechte Seite sofort mit Satz 4.4.4 nach oben abschätzen. Wir erzwingen jetzt eine solche Situation, indem wir $n^{-\varrho}$ durch $n^{-\sigma-\mathrm{i}\gamma}$ ersetzen.

Lemma 7.2.2. *Bezeichnungen und Voraussetzungen wie in Satz* 7.2.1, *ferner sei* $\alpha = 1$ *oder* $\alpha = 2$. *Es gibt reelle Zahlen* $b(n)$ *mit* $|b(n)| \leq d(n)$, *so daß für jede Teilmenge* $\mathcal{Q} \subset \mathcal{R}_{\mathrm{A}}$ *gilt*

$$\# \mathcal{Q} \ll (\log Y)^\alpha \sum_{\varrho \in \mathcal{Q}} \Bigl| \sum_{N<n\leq 2N} b(n) n^{-\sigma-\mathrm{i}\gamma} \mathrm{e}^{-n/Y} \Bigr|^\alpha.$$

Beweis. Zur Vereinfachung der Notation schreiben wir

$$f(n,\varrho) = a(n)n^{-\sigma-\mathrm{i}\gamma}\mathrm{e}^{-n/Y}.$$

Mit partieller Summation erhalten wir

$$\begin{aligned}&\sum_{N<n\le 2N} a(n)n^{-\varrho}\mathrm{e}^{-n/Y}\\ &\quad= (2N)^{\sigma-\beta}\sum_{N<n\le 2N} f(n,\varrho) - (\sigma-\beta)\int_N^{2N}\lambda^{\sigma-\beta-1}\sum_{N<n\le\lambda} f(n,\varrho)\,d\lambda;\end{aligned}$$

wegen $\beta > \sigma$ für alle $\varrho \in \mathcal{R}_{\mathrm{A}}$ folgt weiter

$$\begin{aligned}&\Big|\sum_{N<n\le 2N} a(n)n^{-\varrho}\mathrm{e}^{-n/Y}\Big|\\ &\quad\le \Big|\sum_{N<n\le 2N} f(n,\varrho)\Big| + N^{-1}\int_N^{2N}\Big|\sum_{N<n\le\lambda} f(n,\varrho)\Big|\,d\lambda; \qquad (7.15)\end{aligned}$$

Dies ist über alle $\varrho \in \mathcal{Q}$ aufzusummieren. Unter Beachtung von Satz 7.2.1, (iii), ergibt sich

$$\begin{aligned}\#\mathcal{Q} &\ll (\log Y)\Big(\sum_{\varrho\in\mathcal{Q}}\Big|\sum_{N<n\le 2N} f(n,\varrho)\Big| + N^{-1}\int_N^{2N}\sum_{\varrho\in\mathcal{Q}}\Big|\sum_{N<n\le\lambda} f(n,\varrho)\Big|\,d\lambda\Big)\\ &\ll (\log Y)\sup_{N<\lambda\le 2N}\sum_{\varrho\in\mathcal{Q}}\Big|\sum_{N<n\le\lambda} a(n)n^{-\sigma-\mathrm{i}\gamma}\mathrm{e}^{-n/Y}\Big|.\end{aligned}$$

Nun fixieren wir ein λ, für das das Supremum angenommen wird, und setzen $b(n) = a(n)$ für $N < n \le \lambda$, und $b(n) = 0$ für $\lambda < n \le 2N$. Dies bestätigt das Lemma im Falle $\alpha = 1$. Für $\alpha = 2$ wird Satz 7.2.1, (iii), zuerst quadriert und dann aufsummiert. Mit (7.15) und der Cauchy-Schwarzschen Ungleichung ergibt sich für $\#\mathcal{Q}$ die Abschätzung

$$\begin{aligned}&\ll (\log Y)^2\Big(\sum_{\varrho\in\mathcal{Q}}\Big|\sum_{N<n\le 2N} f(n,\varrho)\Big|^2 + N^{-2}\sum_{\varrho\in\mathcal{Q}}\Big(\int_N^{2N}\Big|\sum_{N<n\le\lambda} f(n,\varrho)\Big|\,d\lambda\Big)^2\Big)\\ &\ll (\log Y)^2\Big(\sum_{\varrho\in\mathcal{Q}}\Big|\sum_{N<n\le 2N} f(n,\varrho)\Big|^2 + N^{-1}\int_N^{2N}\sum_{\varrho\in\mathcal{Q}}\Big|\sum_{N<n\le\lambda} f(n,\varrho)\Big|^2\,d\lambda\Big).\end{aligned}$$

Jetzt kann wie im Falle $\alpha = 1$ fortgefahren werden.

Für eine erste Abschätzung von $\#\mathcal{R}_{\mathrm{A}}$ wenden wir das vorige Lemma mit $\alpha = 2$ an. Wegen der Bedingung (ii) aus Satz 7.2.1 kann Satz 4.4.4 (mit $a_n = b(n)n^{-\sigma}\mathrm{e}^{-n/Y}$) benutzt werden, der dann zeigt

$$\begin{aligned}\#\mathcal{R}_{\mathrm{A}} &\ll (\log Y)^3\Big(T\sum_{N<n\le 2N}|b(n)|^2 n^{-2\sigma}\mathrm{e}^{-\frac{2n}{Y}}+\sum_{N<n\le 2N} n^{1-2\sigma}|b(n)|^2\mathrm{e}^{-\frac{2n}{Y}}\Big)\\ &\ll (\log Y)^3\mathrm{e}^{-2N/Y}(T+N)N^{-2\sigma}\sum_{n\le 2N} d(n)^2.\end{aligned}$$

Die Summe über $d(n)^2$ ist $O(N(\log N)^3)$, und wir wissen noch $X\le N\le Y(\log Y)^2$, so daß wir schließlich

$$\#\mathcal{R}_{\mathrm{A}} \ll (\log Y)^8(TX^{1-2\sigma}+Y^{2-2\sigma}) \tag{7.16}$$

erhalten.

Ganz ähnlich kann man bei Nullstellen vom Typ B vorgehen. Zur Vereinfachung der Notation sei $l=(\log T)^2$. Die Abschätzung für $\#\mathcal{R}_{\mathrm{B}}$ erhält eine besonders günstige Form, wenn die Ungleichung (B) aus Lemma 7.2.1 zur Potenz $\frac{4}{3}$ erhoben und anschließend über $\varrho\in\mathcal{R}_{\mathrm{B}}$ aufsummiert wird. Die resultierende Ungleichung

$$\#\mathcal{R}_{\mathrm{B}}\le 4\sum_{\varrho\in\mathcal{R}_{\mathrm{B}}}\Big|\int_{-l}^{l}\zeta(\tfrac12+\mathrm{i}\gamma+\mathrm{i}t)M_X(\tfrac12+\mathrm{i}\gamma+\mathrm{i}t)Y^{\frac12-\beta+\mathrm{i}t}\Gamma(\tfrac12-\beta+\mathrm{i}t)\,dt\Big|^{\frac43}$$

ist Ausgangspunkt unserer Überlegungen. Für jedes $\varrho\in\mathcal{R}_{\mathrm{B}}$ sei $I(\varrho)=[\gamma-l,\gamma+l]$. Die Höldersche Ungleichung für Integrale liefert dann

$$\begin{aligned}&\Big|\int_{-l}^{l}\zeta(\tfrac12+\mathrm{i}\gamma+\mathrm{i}t)M_X(\tfrac12+\mathrm{i}\gamma+\mathrm{i}t)Y^{\frac12-\beta+\mathrm{i}t}\Gamma(\tfrac12-\beta+\mathrm{i}t)\,dt\Big|\\ &\le \Big(\int_{I(\varrho)}|\zeta(\tfrac12+\mathrm{i}t)|^4dt\Big)^{\frac14}\Big(\int_{I(\varrho)}|M_X(\tfrac12+\mathrm{i}t)|^2dt\Big)^{\frac12}\\ &\qquad\times\Big(\int_{-l}^{l}|\Gamma(\tfrac12-\beta+\mathrm{i}t)|^4dt\Big)^{\frac14}Y^{\frac12-\sigma},\end{aligned}$$

denn wir haben $\beta>\sigma\ge\frac12$ für alle $\varrho\in\mathcal{R}_{\mathrm{B}}$. Aus der Stirlingschen Formel folgt ohne Mühe

$$\int_{-\infty}^{\infty}|\Gamma(\tfrac12-\beta+\mathrm{i}t)|^4\,dt\ll 1$$

für $\frac12<\sigma\le\beta\le 1$, so daß wir mit der Hölderschen Ungleichung für Summen weiter

$$\begin{aligned}\#\mathcal{R}_{\mathrm{B}} &\ll Y^{\frac23-\frac43\sigma}\sum_{\varrho\in\mathcal{R}_{\mathrm{B}}}\Big(\int_{I(\varrho)}|\zeta(\tfrac12+\mathrm{i}t)|^4\,dt\Big)^{\frac13}\Big(\int_{I(\varrho)}|M_X(\tfrac12+\mathrm{i}t)|^2\,dt\Big)^{\frac23}\\ &\ll Y^{\frac23-\frac43\sigma}\Big(\sum_{\varrho\in\mathcal{R}_{\mathrm{B}}}\int_{I(\varrho)}|\zeta(\tfrac12+\mathrm{i}t)|^4\,dt\Big)^{\frac13}\Big(\sum_{\varrho\in\mathcal{R}_{\mathrm{B}}}\int_{I(\varrho)}|M_X(\tfrac12+\mathrm{i}t)|^2\,dt\Big)^{\frac23}\\ &\ll Y^{\frac23-\frac43\sigma}\Big(\int_{-2T}^{2T}|\zeta(\tfrac12+\mathrm{i}t)|^4\,dt\Big)^{\frac13}\Big(\int_{-2T}^{2T}|M_X(\tfrac12+\mathrm{i}t)|^2\,dt\Big)^{\frac23}\end{aligned}$$

erhalten, denn die Intervalle $I(\varrho)$ sind nach Satz 7.2.1, (ii) disjunkt und in $[-2T, 2T]$ enthalten. Die beiden noch vorkommenden Momente lassen sich leicht abschätzen. Für die vierte Potenz der Zetafunktion steht Satz 4.5.2 zur Verfügung, und aus Satz 4.4.3 mit $a_n = \mu(n)n^{-\frac{1}{2}}$ kommt

$$\int_{-2T}^{2T} |M_X(\tfrac{1}{2} + it)|^2 \, dt \ll T \log X + X.$$

Unter den Voraussetzungen des Satzes 7.2.1 haben wir also

$$\#\mathcal{R}_{\mathrm{B}} \ll Y^{\frac{2}{3}-\frac{4}{3}\sigma}(T + T^{\frac{1}{3}}X^{\frac{2}{3}})(\log T)^4. \tag{7.17}$$

Wird nun $X = T$, $Y = T^{3/(4-2\sigma)}$ gesetzt, ergibt sich aus Satz 7.2.1, (7.16) und (7.17) eine erste Dichteabschätzung.

Satz 7.2.2 (Ingham). *Sei* $\frac{1}{2} < \sigma \leq 1$. *Dann gilt*

$$N(\sigma, T) \ll T^{\frac{3(1-\sigma)}{2-\sigma}} (\log T)^{15}.$$

Als einfache Folgerung hat man $N(\sigma, T) \ll T^{3(1-\sigma)}(\log T)^{15}$ für $\sigma > \frac{1}{2}$. Dies läßt sich mit Satz 7.1.1 kombinieren: jedes Intervall $[x, x+x^{2/3+\epsilon}]$ enthält eine Primzahl. In den folgenden Abschnitten werden wir noch eine alternative Methode zur Abschätzung von $\#\mathcal{R}_{\mathrm{A}}$ und $\#\mathcal{R}_{\mathrm{B}}$ kennenlernen, die für $\sigma \geq \frac{3}{4}$ bessere Dichteabschätzungen liefert und auch zu einem besseren Ergebnis über benachbarte Primzahlen führt.

7.3 Eine Methode von Halasz

Die verallgemeinerte Hilbertsche Ungleichung nach Montgomery und Vaughan eröffnete einen Zugang zu Mittelwertsätzen für Dirichletpolynome. Es gibt eine weitere Methode, die im wesentlichen auf Halasz (1968) zurückgeht. Wir betrachten zunächst folgende allgemeine Situation. Sei V ein $\mathbb{C}$-Vektorraum mit Skalarprodukt $(\ ,\ )$. Wie üblich setzen wir $||\mathbf{v}||^2 = (\mathbf{v}, \mathbf{v})$. Ist $\mathbf{e}_1, \ldots, \mathbf{e}_R$ ein orthonormales System von R Vektoren aus V, dann gilt für alle $\mathbf{v} \in V$ die *Besselsche Ungleichung*

$$\sum_{r \leq R} |(\mathbf{v}, \mathbf{e}_r)|^2 \leq ||\mathbf{v}||^2.$$

Der folgende Satz schätzt die linke Seite dieser Ungleichung ab, wenn die $\mathbf{e}_r$ nicht mehr orthonormal sind.

Satz 7.3.1 (Halasz-Montgomery-Ungleichungen). *Sei V ein $\mathbb{C}$-Vektorraum mit Skalarprodukt $(\ ,\ )$. Seien $\mathbf{v}, \varphi_1, \ldots, \varphi_R \in V$. Dann gelten die Ungleichungen*

$$\sum_{r\le R} |(\mathbf{v},\varphi_r)| \quad \le \quad \|\mathbf{v}\|\Big(\sum_{1\le r,s\le R} |(\varphi_r,\varphi_s)|\Big)^{\frac{1}{2}}, \tag{7.18}$$

$$\sum_{r\le R} |(\mathbf{v},\varphi_r)|^2 \quad \le \quad \|\mathbf{v}\|^2 \max_{r\le R}\sum_{s\le R} |(\varphi_r,\varphi_s)|. \tag{7.19}$$

Offenbar ist die Besselsche Ungleichung in (7.19) enthalten.

Beweis. Für beliebige $c_r \in \mathbb{C}$ ist

$$\sum_{r\le R} c_r(\mathbf{v},\varphi_r) = \Big(\mathbf{v},\sum_{r\le R}\bar{c}_r\varphi_r\Big).$$

Mit der Cauchy-Schwarz-Ungleichung erhalten wir also

$$\Big|\sum_{r\le R} c_r(\mathbf{v},\varphi_r)\Big|^2 \le \|\mathbf{v}\|^2\Big\|\sum_{r\le R}\bar{c}_r\varphi_r\Big\|^2 \le \|\mathbf{v}\|^2 \sum_{1\le r,s\le R}\bar{c}_r c_s(\varphi_r,\varphi_s).$$

Hier setzen wir $c_r = \exp(-\mathrm{i}\arg(\mathbf{v},\varphi_r))$ ein. Damit ist (7.18) bewiesen, denn es gilt $|c_r| = 1$ und $c_r(\mathbf{v},\varphi_r) = |(\mathbf{v},\varphi_r)|$.

Zum Beweis von (7.19) sind die c_r anders zu wählen. Wir benutzen $|\bar{c}_r c_s| \le \frac{1}{2}(|c_r|^2 + |c_s|^2)$ und erhalten dann wegen der Symmetrie in r und s

$$\Big|\sum_{1\le r,s\le R}\bar{c}_r c_s(\varphi_r,\varphi_s)\Big| \le \sum_{r\le R}|c_r|^2\sum_{s\le R}|(\varphi_r,\varphi_s)|.$$

Dies setzen wir oben ein und wählen $c_r = \overline{(\mathbf{v},\varphi_r)}$. Das zeigt

$$\begin{aligned}\Big(\sum_{r\le R}|(\mathbf{v},\varphi_r)|^2\Big)^2 \quad &\le \quad \|\mathbf{v}\|^2\sum_{r\le R}|(\mathbf{v},\varphi_r)|^2\sum_{s\le R}|(\varphi_r,\varphi_s)| \\ &\le \quad \|\mathbf{v}\|^2\Big(\sum_{r\le R}|(\mathbf{v},\varphi_r)|^2\Big)\Big(\max_{r\le R}\sum_{s\le R}|(\varphi_r,\varphi_s)|\Big),\end{aligned}$$

woraus (7.19) abgelesen werden kann.

Mit diesen Ungleichungen beweisen wir die folgende Abschätzung für diskrete Mittelwerte von Dirichletpolynomen.

Satz 7.3.2. *Seien $a_n \in \mathbb{C}$ und $t_1 < t_2 < \ldots < t_R$ reelle Zahlen mit $|t_r| \le T$ und $t_{r+1} - t_r \ge 1$ für alle $r \le R$. Dann gilt*

$$\sum_{r\le R}\Big|\sum_{n\le N} a_n n^{\mathrm{i}t_r}\Big|^2 \ll (T^{1/2}R + N)(\log T)\sum_{n\le N}|a_n|^2.$$

Zum Vergleich sei an Satz 4.4.4 erinnert. Für den Beweis schreiben wir zur Abkürzung

$$D(t) = \sum_{n\leq N} a_n n^{it}, \qquad H(t) = \sum_{n\leq N} n^{it}.$$

Wir benutzen Satz 7.3.1 mit $V = \mathbb{C}^N$ und dem Standardskalarprodukt und wählen $\mathbf{v} = (a_n)_{n\leq N}$, $\varphi_r = (n^{-it_r})_{n\leq N}$. Dann haben wir

$$\|\mathbf{v}\|^2 = \sum_{n\leq N} |a_n|^2, \qquad (\varphi_r, \varphi_s) = H(t_s - t_r), \qquad (\mathbf{v}, \varphi_r) = D(t_r),$$

und (7.19) zeigt

$$\sum_{r\leq R} |D(t_r)|^2 \ll \Big(\sum_{n\leq N} |a_n|^2\Big) \max_{r\leq R} \sum_{s\leq R} |H(t_s - t_r)|. \tag{7.20}$$

Die Summe über s können wir mit folgendem Lemma abschätzen.

Lemma 7.3.1. *Sei $t \geq 1$. Dann gilt*

$$\sum_{n\leq N} n^{it} \ll \frac{N}{t} + t^{1/2}\log(1+t).$$

Den Beweis stellen wir einen Moment zurück. Als einfache Folgerung ergibt sich

$$\begin{aligned}\sum_{s\leq R} |H(t_s - t_r)| &\ll N + \sum_{\substack{s=1\\ s\neq r}}^{R} \Big(\frac{N}{|t_s - t_r|} + |t_s - t_r|^{1/2}\log T\Big)\\ &\ll (N + T^{1/2}R)\log T,\end{aligned}$$

denn nach Voraussetzung ist $|s - r| \leq |t_s - t_r| \leq 2T$. Der Satz folgt jetzt aus (7.20).

Beweis für Lemma 7.3.1. Wir zeigen

$$\sum_{M<m\leq 2M} m^{it} \ll \begin{cases} M/t & \text{für } 1 \leq t \leq 5M,\\ t^{1/2} & \text{für } t \geq 5M.\end{cases} \tag{7.21}$$

Daraus folgt Lemma 7.3.1 sofort: man setze $M = 2^{-j}N$ in (7.21) und summiere über $j \ll \log N$.

Zum Beweis von (7.21) beginnen wir mit der van der Corputschen Summenformel, in der $f(x) = \frac{t}{2\pi}\log x$ zu wählen ist. Wir haben dann

$$\sum_{M<m\leq 2M} m^{it} = \sum_{\frac{t}{4\pi M}-\eta<k<\frac{t}{2\pi M}+\eta} \int_M^{2M} e(f(x) - kx)\,dx + O(\log(2 + tM^{-1})), \tag{7.22}$$

wobei z.B. $\eta = \frac{1}{20}$ gesetzt ist. Für $t \leq 5M$ enthält die Summe über k allein den Term $k = 0$, den wir wegen $f'(x) \gg tM^{-1}$ mit Lemma 4.1.1 durch $O(M/t)$ abschätzen können.

Ist $t \geq 5M$, dann ist schätzen wir die Integrale in (7.22) mit Lemma 4.3.1 ab, indem wir dort $g(x) = f(x) - kx$ einsetzen. Es gilt $g''(x) = f''(x) < 0$, und wir haben $|f''(x)| \gg tM^{-2}$. Jedes der in (7.22) vorkommenden Integrale ist also durch $O(Mt^{-1/2})$ beschränkt. Wird dies über k summiert, folgt (7.21).

7.4 Der Dichtesatz von Huxley

Die Halasz-Montgomery-Ungleichungen sollen nun zur Herleitung einer Dichteabschätzung eingesetzt werden. Es wird sich herausstellen, daß sich Satz 7.2.2 für $\sigma > \frac{3}{4}$ verbessern läßt. Den Ausgangspunkt unserer Überlegungen bildet die Situation aus Satz 7.2.1 und Lemma 7.2.2. Die dort eingeführte Notation werden wir im folgenden ohne Kommentar benutzen.

Wir beginnen mit einer neuen Methode zur Abschätzung von $\#\mathcal{R}_{\mathrm{A}}$. Seien Q, T_0 noch freie Parameter mit $1 \leq Q, T_0 \leq T$. Dann setzen wir

$$\mathcal{R}_{\mathrm{A}}(Q) = \{\varrho \in \mathcal{R}_{\mathrm{A}} : Q \leq \gamma \leq Q + T_0\}$$

und zählen zunächst die Elemente in dieser Teilmenge von $\mathcal{R}_{\mathrm{A}}$. Dazu kann die Halasz-Montgomery-Ungleichung (7.18) verwendet werden. Als Vektorraum legen wir den $\mathbb{C}^N$ mit kanonischem Skalarprodukt zugrunde und wählen

$$\mathbf{v} = (b(n) n^{-\sigma} \mathrm{e}^{-n/Y})_{N<n\leq 2N}, \qquad \varphi_\varrho = (n^{-\mathrm{i}\gamma})_{N<n\leq 2N},$$

wobei ϱ eine Nullstelle aus $\mathcal{R}_{\mathrm{A}}$ bezeichnet. Dann haben wir

$$||\mathbf{v}||^2 = \sum_{N<n\leq 2N} |b(n)|^2 n^{-2\sigma} \mathrm{e}^{-2n/Y} \ll N^{1-2\sigma} (\log N)^3,$$

denn aus Lemma 7.2.2 ist $|b(n)| \leq d(n)$ bekannt. Ferner sehen wir

$$(\mathbf{v}, \varphi_\varrho) = \sum_{N<n\leq 2N} b(n) n^{-\sigma+\mathrm{i}\gamma} \mathrm{e}^{-n/Y},$$

$$(\varphi_{\varrho_1}, \varphi_{\varrho_2}) = Z(\gamma_2 - \gamma_1),$$

wenn $\gamma_j = \operatorname{Im} \varrho_j$ und

$$Z(t) = \sum_{N<n\leq 2N} n^{\mathrm{i}t}$$

gesetzt wird. Aus (7.18) und Lemma 7.2.2 folgt nun

$$\begin{aligned} \#\mathcal{R}_{\mathrm{A}}(Q) &\leq (\log Y) \sum_{\varrho \in \mathcal{R}_{\mathrm{A}}(Q)} |(\mathbf{v}, \varphi_\varrho)| \\ &\leq (\log Y) ||\mathbf{v}|| \Big(\sum_{\varrho_1, \varrho_2 \in \mathcal{R}_{\mathrm{A}}(Q)} |(\varphi_{\varrho_1}, \varphi_{\varrho_2})| \Big)^{\frac{1}{2}}. \end{aligned}$$

Diese Ungleichung wird quadriert, in der Doppelsumme sind die Terme mit $\varrho_1 = \varrho_2$ auszusondern, um mit $Z(0) = N$ und der Abschätzung für $\|\mathbf{v}\|^2$ die Schranke

$$(\#\mathcal{R}_{\mathrm{A}}(Q))^2 \ll N^{1-2\sigma}(\log T)^6 \Big(N\#\mathcal{R}_{\mathrm{A}}(Q) + \sum_{\substack{\varrho_1,\varrho_2 \in \mathcal{R}_{\mathrm{A}}(Q) \\ \varrho_1 \neq \varrho_2}} |Z(\gamma_2 - \gamma_1)|\Big)$$

zu erhalten; hier haben wir $\log N \ll \log Y \ll \log T$ benutzt. Aus (7.21) sehen wir wegen $|\gamma_1 - \gamma_2| \leq T_0$ und Satz 7.2.1, (ii),

$$\begin{aligned}\sum_{\substack{\varrho_1,\varrho_2 \in \mathcal{R}_{\mathrm{A}}(Q) \\ \varrho_1 \neq \varrho_2}} |Z(\gamma_2 - \gamma_1)| &\ll \sum_{\substack{\varrho_1,\varrho_2 \in \mathcal{R}_{\mathrm{A}}(Q) \\ \varrho_1 \neq \varrho_2}} \Big(\frac{N}{|\gamma_2 - \gamma_1|} + |\gamma_2 - \gamma_1|^{\frac{1}{2}}\Big) \\ &\ll N\#\mathcal{R}_A(Q) \log T + T_0^{\frac{1}{2}}(\#\mathcal{R}_{\mathrm{A}}(Q))^2,\end{aligned}$$

und es folgt

$$(\#\mathcal{R}_{\mathrm{A}}(Q))^2 \leq CN^{2-2\sigma}(\log T)^7 \#\mathcal{R}_{\mathrm{A}}(Q) + CN^{1-2\sigma}T_0^{\frac{1}{2}}(\log T)^6(\#\mathcal{R}_{\mathrm{A}}(Q))^2$$

für eine Konstante $C > 0$. Jetzt wird deutlich, warum wir anfangs nur eine Teilmenge der Nullstellen abgezählt haben: wird T_0 zu groß, ist die letzte Ungleichung trivial und damit wertlos. Wird aber

$$T_0 = \min(T, \tfrac{1}{16}C^{-2}N^{4\sigma-2}(\log T)^{-12})$$

gesetzt, dann ist der letzte Term der letzten Ungleichung $\leq \frac{1}{4}(\#\mathcal{R}_{\mathrm{A}}(Q))^2$, und wir erhalten

$$\#\mathcal{R}_{\mathrm{A}}(Q) \ll N^{2-2\sigma}(\log T)^7.$$

Die rechte Seite hängt von Q nicht ab. Da $[1,T]$ von $O(TT_0^{-1})$ Intervallen der Form $[Q, Q+T_0]$ überdeckt werden kann, folgt

$$\#\mathcal{R}_{\mathrm{A}} \ll TT_0^{-1}N^{2-2\sigma}(\log T)^7 \ll N^{2-2\sigma}(\log T)^7 + TN^{4-6\sigma}(\log T)^{19}.$$

Wegen $X \leq N \leq Y(\log Y)^2$ ergibt sich für $\sigma \geq \frac{2}{3}$ schließlich

$$\#\mathcal{R}_{\mathrm{A}} \ll Y^{2-2\sigma}(\log T)^9 + TX^{4-6\sigma}(\log T)^{19}. \tag{7.23}$$

Die Halasz-Montgomery-Ungleichung 7.19 ermöglicht einen alternativen Zugang zur Abschätzung von $\#\mathcal{R}_{\mathrm{B}}$. Wir werden den Mittelwertsatz 7.3.2 anwenden, den wir aus dieser Ungleichung gewonnen hatten. Die Nullstellen vom Typ B werden durch die Ungleichung (B) aus Lemma 7.2.1 charakterisiert. Diese müssen wir in eine "diskrete" Form bringen, um Satz 7.3.2 überhaupt anwenden zu können. Wie in 7.2 schreiben wir $l = (\log T)^2$ und $I(\varrho) = [\gamma - l, \gamma + l]$. Für $\frac{1}{2} < \sigma \leq \beta \leq 1$ zeigt die Stirlingsche Formel $\Gamma(\frac{1}{2} - \beta + it) \ll 1$. Für eine geeignete Konstante C gilt also

$$\left|\int_{-l}^{l} \zeta(\tfrac{1}{2} + i\gamma + it) M_X(\tfrac{1}{2} + i\gamma + it) Y^{\frac{1}{2}-\beta+it} \Gamma(\tfrac{1}{2} - \beta + it)\, dt\right|$$
$$\leq C Y^{\frac{1}{2}-\beta} \int_{I(\varrho)} |\zeta(\tfrac{1}{2} + it) M_X(\tfrac{1}{2} + it)|\, dt.$$

Für jedes $\varrho \in \mathcal{R}_{\mathrm{B}}$ ist $\beta > \sigma$ und die linke Seite der vorigen Ungleichung größer als $\frac{1}{2}$. Also gibt es ein $\tau = \tau(\varrho) \in I(\varrho)$ mit

$$|\zeta(\tfrac{1}{2} + i\tau) M_X(\tfrac{1}{2} + i\tau)| \geq \frac{Y^{\sigma-\frac{1}{2}}}{4C(\log T)^2}. \tag{7.24}$$

Sei $U \geq 1$ ein noch zu wählender Parameter. Wir teilen die Nullstellen in $\mathcal{R}_{\mathrm{B}}$ in die beiden Teilmengen

$$\mathcal{U} = \{\varrho \in \mathcal{R}_{\mathrm{B}} : |\zeta(\tfrac{1}{2} + i\tau)| > U\}, \quad \mathcal{V} = \mathcal{R}_{\mathrm{B}} \setminus \mathcal{U}$$

auf. Die Elemente in $\mathcal{U}$ sind leicht zu zählen, denn wegen $\tau \in I(\varrho)$ und Satz 7.2.1, (ii), haben wir $|\tau(\varrho_1) - \tau(\varrho_2)| \geq 1$ für $\varrho_1 \neq \varrho_2$ und genügend großes T. Aus (4.46) folgt deshalb

$$\#\mathcal{U} \leq U^{-4} \sum_{\varrho \in \mathcal{U}} |\zeta(\tfrac{1}{2} + i\tau)|^4 \ll U^{-4} T (\log T)^9. \tag{7.25}$$

Für jedes $\varrho \in \mathcal{V}$ ist $|\zeta(\frac{1}{2}+i\tau)| \leq U$, aus (7.24) folgt also $|M_X(\frac{1}{2}+i\tau)| \geq V$, wenn

$$V = \frac{Y^{\sigma-\frac{1}{2}}}{4C(\log T)^2 U} \tag{7.26}$$

gesetzt wird. Bevor wir die Ungleichung $|M_X(\frac{1}{2}+i\tau)| \geq V$ über $\varrho \in \mathcal{V}$ aufsummieren, wiederholen wir den Zerlegungstrick, der schon bei der Behandlung der Nullstellen vom Typ A entscheidend zum Erfolg der Methode beitrug. Mit $T_0 = V^4 (\log T)^{-5}$ und $1 \leq Q \leq T$ betrachten wir

$$\mathcal{V}(Q) = \{\varrho \in \mathcal{V} : Q \leq \tau(\varrho) \leq Q + T_0\}.$$

Durch Anwendung von Satz 7.3.2 mit $a_n = \mu(n) n^{-\frac{1}{2}+iQ}$ und $t_\varrho = \tau(\varrho) - Q$ gewinnen wir nun die Abschätzung

$$\#\mathcal{V}(Q) \leq V^{-2} \sum_{\varrho \in \mathcal{V}(Q)} |M_X(\tfrac{1}{2} + i\tau)|^2 \ll V^{-2} (T_0^{\frac{1}{2}} \#\mathcal{V}(Q) + X)(\log T)^2,$$

die wegen der speziellen Wahl von T_0 sofort

$$\#\mathcal{V}(Q) \ll V^{-2} X (\log T)^2$$

impliziert. Das schon bekannte Überdeckungsargument liefert dann

$$\#\mathcal{V} \ll \left(\frac{T}{T_0} + 1\right) V^{-2} X (\log T)^2 \ll T V^{-6} X (\log T)^7 + V^{-2} X (\log T)^2. \tag{7.27}$$

Die bisherigen Ergebnisse müssen nur noch durch geeignete Wahl der Parameter optimiert werden. Zur Vereinfachung der Notation schreiben wir jetzt $L = \log T$. Aus (7.23), (7.25) und (7.27) können wir

$$\#\mathcal{R}_{\mathrm{A}} + \#\mathcal{R}_{\mathrm{B}} \ll Y^{2-2\sigma}L^9 + TX^{4-6\sigma}L^{19} + TU^{-4}L^9 + TV^{-6}XL^7 + V^{-2}XL^2$$

entnehmen. Hier setzen wir

$$U = X^{-\frac{1}{10}}Y^{\frac{3}{10}(2\sigma-1)}L^{-1}, \quad V = \frac{1}{4C}X^{\frac{1}{10}}Y^{\frac{1}{5}(2\sigma-1)}L^{-1}.$$

Dies ist mit (7.26) verträglich und erzwingt die Gleichheit des dritten und vierten Terms der vorstehenden Ungleichung. Weiter wird

$$X = T^{\frac{2\sigma-1}{2(\sigma^2+\sigma-1)}}, \quad Y = T^{\frac{5\sigma-3}{2(\sigma^2+\sigma-1)}}$$

eingesetzt. Mit Satz 7.2.1 ergibt sich damit folgendes Resultat.

Satz 7.4.1 (Huxley). *Sei $\sigma \geq \frac{2}{3}$. Dann gilt*

$$N(\sigma,T) \ll T^{\frac{(5\sigma-3)(1-\sigma)}{\sigma^2+\sigma-1}}(\log T)^{25}.$$

Daraus ergeben sich noch einige einfache Folgerungen. Ein direkter Vergleich zeigt, daß Satz 7.4.1 für $\sigma > \frac{3}{4}$ bessere Resultate liefert als Satz 7.2.2. Mit Satz 7.2.2 für $\sigma \leq \frac{3}{4}$ und Satz 7.4.1 für $\sigma > \frac{3}{4}$ kommt insbesondere

$$N(\sigma,T) \ll T^{\frac{12}{5}(1-\sigma)}(\log T)^{25} \qquad (\tfrac{1}{2} \leq \sigma \leq 1),$$

was wir noch mit Satz 7.1.1 kombinieren können:

Satz 7.4.2 (Huxley). *Sei $\theta > \frac{7}{12}$. Dann gilt*

$$\psi(x + x^\theta) - \psi(x) = x^\theta + o(x^\theta) \qquad (x \to \infty).$$

Aufgaben

1. Ist die Riemannsche Vermutung richtig, dann gilt in der Notation von (7.1)

$$p_{n+1} - p_n = O(\sqrt{p_n}\log p_n).$$

(Dies verbessert (7.1) etwas. Ein noch besseres Resultat ist nicht bekannt.)

2. Benutze die Abschätzung

$$\int_0^T |\zeta(\tfrac{1}{2} + it)|^{12}\, dt \ll T^2(\log T)^{17}$$

von Heath-Brown (1979) zu einem Beweis für

$$\#\mathcal{R}_{\mathrm{B}} \ll T^2Y^{6-12\sigma}(\log T)^c$$

mit geeignetem c.

3. Aus der vorigen Aufgabe folgere

$$N(\sigma,T) \ll T^{(3-3\sigma)/(3\sigma-1)}(\log T)^{50}.$$

4. Zeige $\psi(x+h)-\psi(x)=h+o(h)$ für $h \geq x^{7/12}(\log x)^{100}$.
5. Sei $\sigma_0 > 3/4$. Unter Annahme der Lindelöf-Vermutung zeige $N(\sigma,T) \ll T^{\epsilon}$ für jedes feste $\epsilon > 0$ gleichmäßig in $\sigma \geq \sigma_0$.

Literatur

Die Literaturhinweise zu diesem Buch erheben keinen Anspruch auf Vollständigkeit. Die Auswahl ist eher willkürlich und spiegelt den Geschmack des Verfassers wider. Bei den Orginalarbeiten wurden neben den im Text zitierten Aufsätzen einige weitere Titel angegeben, die neueren Datums sind und in engem Zusammenhang mit in diesem Buch behandelten Themen stehen. Ausführliche Literaturverzeichnisse enthalten die Bücher von Ivić und Montgomery, ältere Titel sind bei Landau und Titchmarsh angegeben.

Monographien

H. Davenport, Multiplicative number theory, 2nd edn., rev. H. Montgomery, Berlin 1980.

M. Huxley, The distribution of prime numbers, Oxford 1972.

A. Ivić, The theory of the Riemann zeta function, New York 1985.

E. Landau, Handbuch der Lehre von der Verteilung der Primzahlen, 2 Bd., Leipzig 1909.

H. Montgomery, Topics in multiplicative number theory, Berlin 1972.

S.J. Patterson, An introduction to the theory of the Riemann zeta function, Cambridge 1988.

K. Prachar, Primzahlverteilung, Berlin 1957.

E.C. Titchmarsh, The theory of the Riemann zeta function, 2nd edn. rev. D.R. Heath-Brown, Oxford 1986.

Übersichtsartikel

M.B. Barban, The large sieve method and its applications in the theory of numbers. Uspehi Mat. Nauk 21 (1966) 51–102, Übersetzung in Russian Math. Surveys 21 (1966) 49–103.

E. Bombieri, Le grand crible dans la théorie des nombres. Astérique 18 (1974).

H. Montgomery, The analytic principle of the large sieve. Bull. Amer. Math. Soc. 84 (1978) 547–567.

D. Zagier, The first 50 million prime numbers. Math. Intelligencer 0 (1977) 7–19.

Originalarbeiten

E. Bombieri, J.B. Friedlander, H. Iwaniec, Primes in arithmetic progressions to large moduli, Acta Math. 156 (1986) 203–251.

K. Chandrasekharan & R. Narasimhan, The approximate functional equation for a class of zeta functions, Math. Ann. 152 (1963) 30–64.

E. Fouvry and G. Tenenbaum, Entiers sans grand facteur premier en progressions arithmétique, Proc. London Math. Soc. (3) 63 (1991) 449–494.

P.X. Gallagher, A large sieve density estimate near $\sigma = 1$. Invent. Math. 11 (1970) 329–339.

G. Halasz, Über die Mittelwerte multiplikativer zahlentheoretischer Funktionen, Acta Math. Hungar. 19 (1968) 365–403.

D.R. Heath-Brown, The twelfth power moment of the Riemann zeta function, Quart. J. Math. Oxford (2) 29 (1978) 443–462.

D.R. Heath-Brown, The forth power moment of the Riemann zeta function, Proc. London Math. Soc. (3) 38 (1979) 385–422.

D.R. Heath-Brown, Prime numbers in short intervals and a generalized Vaughan identity, Can. J. Math. 34 (1982) 1365–1377.

D.R. Heath-Brown, Prime twins and Siegel zeros. Proc. London Math. Soc. (3) 47 (1983) 193–224.

D.R. Heath-Brown, The number of primes in a short interval, J. reine angew. Math. 389 (1988) 22–63.

D.R. Heath-Brown, Siegel zeros and the least prime in arithmetic progression, Quart. J. Math. Oxford (2) 41 (1990) 405–418.

D.R. Heath-Brown, Zero-free regions for Dirichlet L-functions, and the least prime in arithmetic progressions, Proc. London Math. Soc. (3) 64 (1992) 265–338.

C. Hooley, On the Barban-Davenport-Halberstam theorem: I, J. reine angew. Math. 274/75 (1975) 206–223, III, J. London Math. Soc. (2) 10 (1975) 249–256.

H. Montgomery & R.C. Vaughan, The large sieve. Mathematika 20 (1973) 119–134.

H. Montgomery & R.C. Vaughan, On Hilbert's inequality. J. London Math. Soc. (2) 8 (1974) 73–81.

B. Riemann, Über die Anzahl der Primzahlen unter einer gegebenen Größe, Monatsber. Berliner Akad. 1858/60, 671–680.

J.B. Rosser & L. Schoenfeld, Approximate formulas for some functions of prime numbers, Illinois J. Math. 6 (1962) 64–94.

C.L. Siegel, Über Riemanns Nachlaß zur analytischen Zahlentheorie, Quellen u. Studien z. Gesch. d. Math. Astr. u. Physik, Abt. B: Studien, 2 (1932) 45–80.

R.C. Vaughan, Some applications of Montgomery's sieve, J. Number Th. 5 (1973) 64–79.

Index

Printing: Saladruck, Berlin
Binding: Buchbinderei Lüderitz & Bauer, Berlin

Wie können wir unsere Lehrbücher noch besser machen?

Diese Frage können wir nur mit Ihrer Hilfe beantworten. Zu den unten angesprochenen Themen interessiert uns Ihre Meinung ganz besonders. Natürlich sind wir auch für weitergehende Kommentare und Anregungen dankbar.

Unter allen Einsendern der ausgefüllten Karten aus **Springer-Lehrbüchern** verlosen wir pro Semester **Überraschungspreise** im Wert von insgesamt **DM 5000.- !**

(Der Rechtsweg ist ausgeschlossen)

Damit wir noch besser auf Ihre Wünsche eingehen können, bitten wir Sie, uns Ihre persönliche Meinung zu diesem Springer-Lehrbuch mitzuteilen.

Bitte kreuzen Sie an:	++		0		––
Didaktische Gestaltung	❑	❑	❑	❑	❑
Qualität der Abbildungen	❑	❑	❑	❑	❑
Erläuterung der Formeln	❑	❑	❑	❑	❑
Sachverzeichnis	❑	❑	❑	❑	❑

	mehr		gerade richtig		weniger
Aufgaben	❑	❑	❑	❑	❑
Beispiele	❑	❑	❑	❑	❑
Abbildungen	❑	❑	❑	❑	❑
Index	❑	❑	❑	❑	❑
Symbolverzeichnis	❑	❑	❑	❑	❑

Zu welchem Zweck haben Sie dieses Buch gekauft?

- ❑ zur Prüfungsvorbereitung im Prüfungsfach ____________
- ❑ Verwendung neben einer Vorlesung
- ❑ zur Nachbereitung einer Vorlesung
- ❑ zum Selbststudium
- ❑ ____________

Anregungen:

____

____

____

____

____

Brüdern: Einführung in die analytische Zahlentheorie

Absender:

____

____

____

Ich bin:

- ❑ Student/in im ______ -ten Fachsemester
- ❑ Grund-
- ❑ Hauptstudium
- ❑ Diplomand/in
- ❑ Doktorand/in
- ❑ _______________

____

Fachrichtung

- ❑ Mathematik
- ❑ Physik
- ❑ Informatik
- ❑ _______________

Hochschule/Universität

____

❑ U ❑ TU ❑ TH ❑ FH

Bitte freimachen

Antwort

An den
Springer-Verlag
Planung Mathematik
Tiergartenstraße 17

D-69121 Heidelberg